Jérôme Depauw

Statistiques

Cours & exercices corrigés

Préface d'Yves Derriennic

MASTER
MATHÉMATIQUES

Vuibert

Déjà parus dans la nouvelle collection de manuels universitaires scientifiques

Éric Canon,
Analyse numérique.
Cours et exercices corrigés – L2 & L3, 256 pages

Vincent Rivoirard & Gilles Stoltz,
Statistique mathématique en action.
Cours, problèmes d'application corrigés et mises en action concrètes – Master & Agrégation externe, 2e édition, 448 pages

Marc Briane & Gilles Pagès,
Analyse. Théorie de l'intégration. Convolution et transformée de Fourier.
Cours et exercices corrigés – L3 & Master 1, 5e édition, 368 pages

Anne Cortella,
Algèbre. Théorie des groupes.
Cours et exercices corrigés – L3 & Master, 224 pages

Bruno Aebischer,
Géométrie. Géométrie affine, géométrie euclidienne & introduction à la géométrie projective.
Cours et exercices corrigés – L3, 288 pages

Bruno Aebischer,
Analyse. Fonctions de plusieurs variables & géométrie analytique.
Cours et exercices corrigés – L2, 448 pages

Bruno Aebischer,
Introduction à l'analyse.
Cours et exercices corrigés – L1, 288 pages

Ariel Dufetel,
Analyse. CAPES externe et Agrégation interne.
Cours et exercices corrigés, coédition CNED, 672 pages

Skander Belhaj,
Mathématiques pour l'économie et la gestion. Analyse et algèbre.
Cours et exercices corrigés – L1, 208 pages

et des dizaines d'autres livres de référence, d'étude ou de culture en mathématiques, informatique et autres spécialités scientifiques

www.vuibert.fr

En couverture : Escalier en double spirale de Giuseppe Momo, Vatican.
© Sylvain Sonnet/Corbis

Maquette intérieure : Sébastien Mengin/Edilibre.net
Composition et mise en page de l'auteur
Couverture : Linda Skoropad/Prescricom

ISBN 978-2-311-00994-1

Registre de l'éditeur : 611

Table des matières

Préface V

Avant-propos VII

Notations IX

Introduction 1

1 Échantillon de la loi de Gauss 5
- 1.1 Notions élémentaires de statistique inférentielle 5
- 1.2 Principales statistiques associées à l'échantillon gaussien 6
- 1.3 Estimateurs sans biais optimaux des paramètres m et σ^2 8
- 1.4 Test de Student 11
- 1.5 Test sur la variance σ^2 19
- 1.6 Exercices 24

2 Méthodes bayésiennes d'estimation d'une proportion 33
- 2.1 Notions élémentaires de statistique bayésienne 33
- 2.2 Estimateurs usuels d'une proportion 35
- 2.3 Statistiques et théorie des jeux 42
- 2.4 Tests aléatoires 50
- 2.5 Exercices 53

3 Tests du chi-carré 57
- 3.1 Tests asymptotiques 57
- 3.2 Loi de Gauss multidimensionnelle 58
- 3.3 Test du chi-carré de Pearson 62
- 3.4 Test du chi-carré d'indépendance 64
- 3.5 Exercices 70

4 Analyse factorielle des correspondances 77
- 4.1 Rappels d'algèbre linéaire 77
- 4.2 Théorème d'Eckart-Young 81
- 4.3 Approximation de rang **1** pour la métrique du chi-carré 82
- 4.4 Représentation graphique 83

4.5 Exercices 87

5 Corrigés des exercices **91**
5.1 Corrigés des exercices du chapitre 1 91
5.2 Corrigés des exercices du chapitre 2 108
5.3 Corrigés des exercices du chapitre 3 115
5.4 Corrigés des exercices du chapitre 4 129

Conclusion **133**

Annexes **137**

A Démonstration du théorème de von Neumann **137**

B Exemples numériques en langage « R » **139**

C Tables statistiques **159**

Bibliographie **163**

Index **165**

Préface

Dans l'avant-propos d'un Rapport de l'Académie des Sciences publié en 2000 et intitulé « La statistique », Jean Dercourt, géologue, Secrétaire perpétuel de l'Académie, a écrit :

> *« Le langage statistique est généralisé, il s'adresse à l'ensemble de la société, il est un des moyens utilisés pour informer les citoyens des situations complexes, non accessibles directement... En France, l'absence de formation en statistique, dans les collèges, les lycées et de vastes secteurs de l'enseignement supérieur, conduit à des attitudes sociales aberrantes. Tel est le cas de la médecine où la politique de santé publique est le fondement d'une politique de prévention : alors que les résultats statistiques fournis par les médias s'accumulent tous les jours, les lecteurs et les auditeurs n'ont pas les moyens de les analyser comme ils le méritent. L'image de la société qu'ils reçoivent est de ce fait très déformée et c'est pourtant par cette image qu'ils exercent leurs droits démocratiques ! »* [1]

Illustrons ce propos par un exemple. Deux hôpitaux, l'hôpital A et l'hôpital B ont soigné chacun 1000 personnes atteintes d'une certaine maladie. Celle-ci doit être bien terrible car 600 malades sont décédés à l'hôpital A et 400 à l'hôpital B. Le pourcentage de morts de 60% en A, comparé aux 40% en B, semble dénoncer une défaillance du premier hôpital. Un examen plus détaillé indique que les 2000 patients se répartissent en 1300 hommes et 700 femmes ; 900 hommes ont été soignés par l'hôpital A et parmi eux 590 sont morts ; 400 hommes ont été soignés par l'hôpital B et parmi eux 300 sont morts ; 100 femmes ont été soignées par l'hôpital A et parmi elles 10 sont mortes ; 600 femmes ont été soignées par l'hôpital B et parmi elles 100 sont mortes. On retrouve bien les nombres de malades et de morts par hôpital donnés initialement. Mais le calcul des pourcentages de morts donne : parmi les hommes 65,5% en A et 75% en B ; parmi les femmes 10% en A et 16,6% en B. Ainsi l'individu malade souhaitant choisir l'hôpital assurant le plus faible taux de mortalité, s'il est un homme, choisira A et s'il est une femme, choisira A aussi ! Il ne choisira B, qui a priori semblait meilleur, que dans le cas où il ignore son sexe !

La plupart des personnes à qui cet exemple est exposé, en restent perplexes. Tout à coup l'arithmétique élémentaire leur semble contraire à l'évidence.

[1] *La statistique. Rapports sur la science et la technologie* n° 8, juillet 2000. Académie des Sciences (éditions TEC&DOC).

L'animateur du groupe d'experts auteur du Rapport précité, était Paul Malliavin, grand analyste et grand probabiliste, parmi les plus grands de la fin du XXe siècle. Sous sa plume on lit :

> *« Si le rôle des probabilités en statistique inférentielle est unanimement reconnu, le rôle des mathématiques en statistique descriptive est minimisé par certains. Certes, il est évident que les possibilités actuelles des ordinateurs permettent le traitement de données autrement inaccessibles, comme par exemple les recherches statistiques contemporaines sur le génome humain. Mais les ordinateurs tournent sur des programmes et seul un scientifique ayant reçu une formation mathématique de haut niveau pourra maîtriser de tels programmes...*
>
> *Une statistique appliquée française, même descriptive, originale et indépendante ne pourra exister que si elle est vivifiée par un puissant groupe de théoriciens ayant reçu la formation mathématique de base la plus élevée...*
>
> *En revanche, le statisticien devra travailler sur des modèles spécifiques que ne soupçonnera même pas, le plus souvent, le probabiliste. En effet, bon nombre de lois du calcul des probabilités ont été découvertes par leur apparition naturelle dans des problèmes de statistique, qui a ainsi joué un rôle conceptuel formateur du calcul des probabilités lui-même »*

Pourrait-on mieux dire pour inviter les étudiants de mathématiques à choisir la statistique comme spécialisation ou débouché professionnel, et pour encourager les professeurs de mathématiques à faire une place aux principes de cette discipline dans leur enseignement ? Car la diffusion de la culture statistique, souhaitée par Jean Dercourt, ne pourra se développer sans les professeurs de mathématiques de l'enseignement secondaire ou supérieur, même si évidemment, la spécialisation professionnelle devra ensuite s'appuyer sur des praticiens.

Dans le livre qu'il propose aux étudiants de master 1 de mathématiques, Jérôme Depauw porte un regard neuf sur quelques questions bien choisies de la statistique mathématique. Sans renier les origines concrètes de ces questions, bien illustrées par des exercices numériques à traiter avec le logiciel R, il montre, dans un style acéré, comment les matières du programme de licence, algèbre linéaire, calcul différentiel et intégral, analyse complexe, probabilités, sont nécessaires à la justification rigoureuse des règles de calcul statistique, même les plus courantes. Car la statistique, contrairement à l'image qu'on en donne trop souvent, offre comme l'analyse ou la géométrie, l'occasion de jolies démonstrations et de raisonnements inventifs.

Yves DERRIENNIC,
professeur émérite
Université de Brest

Avant-propos

CE COURS DE STATISTIQUES s'adresse aux étudiants de master de mathématiques. Mais il pourra aussi intéresser les enseignants de mathématiques qui, confrontés à l'enseignement des statistiques, cherchent une présentation à la fois rigoureuse et concise de ce domaine. Plus largement, il s'adresse à tout mathématicien désireux de découvrir les statistiques. Le prérequis est la connaissance d'un cours de calcul des probabilités de base, tel qu'il peut être enseigné au cours d'un semestre dans un cursus de licence ou de master de mathématiques. La loi des grands nombres et le théorème limite central sont notamment supposés connus.

Les statistiques se voient fréquemment reprocher de présenter deux visages : d'un côté des mathématiques pointilleuses inutilisables en pratique, de l'autre des calculs s'adaptant à tant de situations que l'on peut leur faire prouver n'importe quel résultat voulu à l'avance. Le poids de cette critique a été renforcé, dans l'histoire récente des statistiques, par le développement de l'informatique. Celle-ci n'a pas seulement bouleversé les moyens à disposition des statisticiens, elle a aussi eu une incidence sur les problèmes que ceux-ci se posent. De façon concise, on peut dire qu'avant l'ordinateur le problème était de savoir comment tirer un maximum d'information d'un minimum de données, et que depuis son avénement, le défi est d'extraire une information compréhensible à partir d'une quantité énorme de données. La **statistique inférentielle** et la **théorie de la décision**, domaines essentiellement théoriques dont l'objet était de rendre compte de l'efficacité d'une méthode statistique face au manque d'information, ont dû céder un peu de place à deux nouveaux domaines dont l'objet tourne autour du traitement de grandes quantités de données, à savoir la **statistique asymptotique** et l'**analyse des données**. L'efficacité pratique de ces derniers est impressionnante. Mais il arrive encore que le coût, et l'éthique pour certaines applications notamment médicales, limite la taille des échantillons. Une étude théorique de type inférentiel reste alors nécessaire pour déterminer les risques liés au déficit d'information.

Pour constituer une introduction générale aux statistiques, cet ouvrage se devait de maintenir l'équilibre entre les principaux pôles des statistiques, tout en restant concis. La démarche retenue est la suivante :

- exposer une méthode d'une utilité pratique avérée dans chacun des quatre domaines des statistiques énumérés ci-dessus ;
- présenter les démonstrations mathématiques dans leur intégralité.

Le mathématicien désireux de s'initier aux statistiques trouvera ici les démonstrations complètes relatives à quatre méthodes statistiques parmi les plus employées : le test de Student, l'estimation bayésienne d'une proportion, le test du chi-carré d'indépendance, et enfin l'analyse factorielle des correspondances. Les principales variantes de ces méthodes fondamentales sont proposées en exercices, intégralement corrigés. On trouvera enfin en annexe, pour la plupart de ces méthodes, une illustration par un exemple numérique traité grâce à *R*, logiciel de statistiques sous licence publique.

Cette sélection de méthodes incontournables offre un exposé concis des connaissances fondamentales en statistiques que doit acquérir un étudiant au cours de son master de mathématiques.

Remerciements. L'auteur tient à remercier Yves Derriennic pour ses conseils durant l'élaboration du présent manuel, et pour avoir accepté d'en écrire la préface. Il souhaite aussi remercier Emmanuel Lesigne et Marc Peigné pour leur aide, et notamment pour leurs nombreuses critiques sur le manuscrit. Ses remerciements vont d'autre part à Olivier Durieu qui, par sa relecture finale, a permis les dernières corrections.

L'auteur tient enfin à remercier les éditions Vuibert pour la confiance qu'elles lui font en publiant ce manuel.

Notations

$\text{card}(E)$	cardinal de l'ensemble E ;
$\mathbb{R}$	corps des nombres réels ;
$\mathbb{C}$	corps des nombres complexes ;
$\vec{u}$	vecteur $\vec{u} = (u_1, \dots, u_d) \in \mathbb{R}^d$. Dans les calculs matriciels, celui-ci est identifié suivant le contexte soit au vecteur colonne constitué de la suite de ses coordonnées dans la base canonique, soit à la matrice à d lignes et 1 colonne correspondante ;
$\vec{X}$	vecteur aléatoire $\vec{X} = (X_i)_{1 \leq i \leq d}$; même remarque que ci-dessus ;
A^*	matrice transposée de la matrice A ;
$(\vec{u})^*$	matrice ligne transposée de la matrice colonne associée au vecteur $\vec{u}$;
$\mathbf{1}_E$	fonction indicatrice de l'ensemble E, c'est-à-dire fonction valant 1 sur E et 0 sur son complémentaire ;
$\sigma(X)$	tribu engendrée par la variable aléatoire X ;
$\mathbf{E}(X)$	espérance de la variable aléatoire X ;
$\mathbf{V}(X)$	variance de la variable aléatoire X ;
F_X	fonction de répartition de la variable aléatoire X, définie par $F_X(t) = \mathbf{E}(\mathbf{1}_{(X \leq t)})$;
$(\mathcal{P}_\theta)_{\theta \in \Theta}$	famille de probabilités d'un modèle statistique ;
$\mathbf{E}_\theta$, $\mathbf{V}_\theta$	espérance, variance, sous la probabilité $\mathcal{P}_\theta$;
$\mathcal{L}(\theta, \cdot)$	vraisemblance, définie comme étant la densité $\frac{\mathrm{d}\mathcal{P}_\theta}{\mathrm{d}\mathcal{P}_{\theta_0}}$;
$\mathcal{N}(m, \sigma^2)$	loi normale (ou loi de Gauss, ou loi gaussienne) de moyenne m et de variance σ^2 ;
$\mathcal{N}_d(\vec{m}, \Gamma)$	loi normale (ou loi de Gauss, ou loi gaussienne) de dimension d, de vecteur moyenne $\vec{m}$ et de matrice de covariance Γ ;
$\mathcal{B}(\theta)$	loi de Bernoulli de probabilité de succès θ ;
$St(n)$	loi de Student à n degrés de liberté ;
$\chi^2(n)$	loi du chi-carré à n degrés de liberté ;
$\mathcal{P}_{St(n)}(E)$	probabilité de l'ensemble borélien E sous la loi de Student à n degrés de liberté ;
$\mathcal{P}_{\chi^2(n)}(E)$	probabilité de l'ensemble borélien E sous la loi du chi-carré à n degrés de liberté ;
ssi	si et seulement si ;
3.1416	notation décimale à l'anglaise, avec un point plutôt qu'une virgule, pour la cohérence avec les listings informatiques de l'annexe B.

Introduction

Si la statistique est aujourd'hui indissociable du calcul des probabilités, le lien entre ces deux disciplines sœurs n'est apparu que tardivement. En effet, les statistiques, dont les prémices remontent à l'Antiquité, consistent initialement en des recensements exhaustifs, et le hasard n'y intervient pas. Quand, au XVIIe siècle, apparaît l'extrapolation à partir d'un échantillon, ce dernier représente une telle proportion de la population que l'aspect aléatoire reste négligeable.

C'est du côté de l'astronomie que l'on trouve les premières études de séries de nombres aléatoires, ou considérés comme tels. L'aléatoire vient d'une part des erreurs de mesure, et d'autre part de l'hypothèse (faite en vue de la réfuter) d'un hasard à l'origine des trajectoires des corps célestes. Ces questions ont un rôle important dans le développement du calcul des probabilités au XVIIIe siècle, et plus précisément d'une branche appelée « théorie des erreurs ». Citons les résultats suivants : la loi des grands nombres de J. Bernoulli (1713), l'approximation de la loi binomiale pour le cas équiprobable $p = 1/2$ par la loi de densité $(1/\sqrt{2\pi})e^{-x^2/2}$, découverte par A. de Moivre (1738), le principe de la cause de probabilité maximale de T. Bayes (1765) et enfin la règle de P. S. de Laplace (1812), qui étend le résultat de de Moivre au cas où le paramètre p est inconnu, faisant apparaître le rôle de la variance. Ce théorème sera appelé plus tard le théorème limite central. La loi découverte par de Moivre puis Laplace sera appelée loi normale, ou gaussienne.

Au milieu du XIXe siècle, les statistiques ont déjà fait leur apparition dans de nombreux domaines, comme l'économie, les sciences sociales, l'anthropométrie... L'échantillonnage, ainsi que la recherche de valeurs typiques, se généralisent. L'astronome belge A. Quételet, inventeur de « l'homme moyen », est l'un des plus fervents défenseurs de l'idée que les statistiques doivent devenir une science. Sous son impulsion est organisé le premier congrès international de statistique à Bruxelles en 1853, au cours duquel il œuvre pour faire progresser sa conception d'une science statistique fondée sur le calcul des probabilités.

Les années 1875-1925 marquent la naissance de la statistique en tant que théorie cohérente fondée sur le calcul des probabilités. En même temps que s'ouvre le débat sur la représentativité des échantillons, de nouvelles techniques faisant appel au calcul des probabilités apparaissent. Citons, sans vouloir être exhaustif, la droite de régression de F. Galton (1877), la méthode des moments sur les mélanges de lois gaussiennes (1894), et le test du chi-carré de K. Pearson (1900). Notons à propos de ce dernier test qu'il a ensuite fallu vingt-deux ans pour que la version pour tableau de contingence, avec le nombre correct de degrés de liberté, soit mise au point par R.A. Fisher. La théorie de l'estimation statistique, dont les prémices remontent à Bayes et Laplace, prend forme aussi à cette époque dans les travaux de Fisher. Ce dernier dégage notamment les trois notions fondamentales que sont la vraisemblance, l'exhaustivité et l'information.

La théorie des tests, quant à elle, apparaît réellement en 1925. En effet, avant cette date, les travaux sur les tests consistent à calculer la probabilité d'une observation sous l'hypothèse à tester. Il revient à J. Neyman et E. Pearson (fils du précédent) de mettre en lumière le fait que, puisqu'un test de signification a deux issues possibles, il doit être vu comme mettant en jeu deux hypothèses et non une seule. Ainsi apparaît le risque de seconde espèce et peut se développer la recherche des tests les plus puissants.

Ces concepts seront synthétisés en 1939 par A. Wald, dans sa théorie de la décision. Cette dernière englobe, dans une même démarche inspirée de la théorie des jeux, la problématique de l'estimation et celle du test d'hypothèses. Outre sa vertu unificatrice, la théorie de la décision enracine les statistiques inférentielles dans le calcul des probabilités.

Mais un peu plus tard, la nécessité d'une démarche non déductive réapparaît. Cela se fait autour du traitement de données multidimensionnelles. Le calcul des probabilités multidimensionnelles s'est développé. La notion de corrélation et la généralisation à la dimension 2 de la loi de Gauss ont été mises en évidence par Galton dès 1877, en même temps que la droite de régression. Les méthodes d'analyse de la variance et de plans d'expérience sont dans la lignée de cette démarche. Mais l'augmentation du nombre de dimensions rend peu à peu impossible de considérer tous les paramètres à prendre en compte pour formaliser un modèle probabiliste. Ainsi émerge la démarche inductive de l'analyse des données, consistant à rechercher, sans hypothèse a priori, une structure dans un ensemble de données. Si le calcul des probabilités disparaît dans cette démarche, d'autres outils mathématiques le remplacent, issus de la géométrie euclidienne et de l'algèbre linéaire. Citons seulement le théorème de meilleure approximation d'une matrice par une matrice de rang inférieur, énoncé en 1936 et démontré trois ans plus tard par C. Eckart et G. Young, qui offre une justification mathématique à l'analyse factorielle des correspondances.

Ainsi l'Histoire a-t'elle donné raison à Quételet, lorsqu'il défendait le principe d'une statistique scientifique. Depuis, le champ des statistiques s'est considérablement développé, autant par la variété de leurs utilisations que par le nombre de méthodes disponibles. Cela s'accompagne d'un développement mathématique, visant à assurer la cohérence de démarches de plus en plus complexes. Cependant, le raisonnement statistique obéit toujours aux principes logiques mis en place au début du XXe siècle.

Le but de ce cours est d'exposer ces principes. On s'appuie pour cela sur quatre exemples fondamentaux.

1. L'objet du chapitre 1 est l'échantillon de la loi de Gauss. On étudie les estimateurs de risque minimum et les tests statistiques les plus puissants pour les paramètres moyenne m et variance σ^2.

2. Le chapitre 2 porte sur les méthodes bayésiennes d'estimation d'une proportion. On y voit qu'il n'y a pas de méthode idéale, et que des estimateurs variés peuvent devenir acceptables, suivant la connaissance a priori dont on dispose sur la proportion à estimer.

3. Le calcul des probabilités et l'algèbre linéaire permettent d'expliquer la chute du

nombre de degrés de liberté entre les deux tests du chi-carré, celui d'adéquation de Pearson, et celui d'indépendance de Fisher. Cela est présenté dans le chapitre 3.

4. Enfin, le chapitre 4 est dédié à l'analyse factorielle des correspondances. Cette dernière constitue une forme optimale de représentation graphique d'un tableau de contingence. Elle repose sur la géométrie euclidienne.

Comme on peut s'en rendre compte dans le résumé ci-dessus, le nombre de méthodes statistiques exposées ici est volontairement limité. Par souci de clarté, on a aussi écarté les concepts de calcul des probabilités et de théorie de la décision considérés comme trop avancés (notamment l'espérance conditionnelle, l'exhaustivité et la complétude). Ce double choix permet de présenter en détail, mais de manière accessible, la logique propre du raisonnement mathématique lorsqu'il est appliqué aux statistiques. On met ainsi en évidence le fait que lors d'une étude statistique, à l'inconfort d'une extrapolation qui n'est jamais sans risque, peut se substituer l'assurance d'avoir su tirer le meilleur parti possible de l'information disponible.

On trouvera enfin, page 133, une conclusion qui présente des pistes pour des lectures à suivre et qui contient une bibliographie commentée.

CHAPITRE 1

Échantillon de la loi de Gauss

La loi de Gauss apparaît dans de nombreux phénomènes naturels. Ce chapitre porte sur les estimateurs et les tests mis en œuvre pour « évaluer » les paramètres de cette loi que sont sa moyenne m et sa variance σ^2.

1.1 Notions élémentaires de statistique inférentielle

Considérons un sondage, à partir d'individus tirés au hasard dans une population. Si la composition de cette population est inconnue, celle des échantillons n'est pas prévisible. Réciproquement, l'observation d'un échantillon ne permet pas de savoir si celui-ci est représentatif ou non.

Face à cette situation typique, une des démarches statistiques consiste à modéliser l'inconnu sous la forme de la famille de lois possibles a priori (c'est-à-dire avant toute expérience aléatoire) du phénomène. On dit que l'on fixe le **modèle statistique**. Ce cadre permet de décrire le comportement stochastique des méthodes d'estimation de certains paramètres. Le but est de déterminer les méthodes les moins risquées, en un sens à préciser. Donnons quelques définitions visant à préciser le cadre mathématique de cette démarche, dite « inférentielle ». Bien que nous ayons en tête pour ce chapitre la loi de Gauss, nous présentons ici un cadre un peu plus général, qui servira aussi dans les autres chapitres.

Définition 1.1 (Modèle statistique, échantillon) Soit une famille $(\mu_\theta)_{\theta\in\Theta}$ de lois de probabilité sur $\mathbb{R}$. Un modèle statistique correspondant à l'observation d'un échantillon de loi $(\mu_\theta)_{\theta\in\Theta}$ de taille n est la donnée d'un espace mesurable $(\Omega, \mathcal{A})$, d'une famille de probabilités $(\mathcal{P}_\theta)_{\theta\in\Theta}$ sur Ω et d'une suite $(X_1, \ldots, X_n)$ de fonctions réelles $\mathcal{A}$-mesurables tels que

1. pour tout θ, la loi de $(X_1, \ldots, X_n)$ sous $\mathcal{P}_\theta$ est celle d'une suite de variables aléatoires indépendantes de loi μ_θ.
2. la tribu $\mathcal{A}$ est la tribu engendrée par $(X_1, \ldots, X_n)$.

Par souci de clarté, on utilisera aussi l'expression plus explicite de « modèle statistique correspondant à l'observation de n variables aléatoires indépendantes de loi μ_θ ». Pour ne pas alourdir le texte, on ne spécifiera pas systématiquement la famille de fonctions $(X_i)_{1\leq i\leq n}$ d'un modèle statistique ; celui-ci sera souvent simplement noté $(\Omega, \mathcal{A}, (\mathcal{P}_\theta)_{\theta\in\Theta})$.

Souvent, des considérations assez générales sur la nature du phénomène observé permettent de cerner assez bien le type de lois que ce dernier peut suivre (lois de Gauss, lois de Bernoulli,...). Le paramètre θ a alors une signification probabiliste (moyenne, variance, probabilité de succès,...) et prend ses valeurs dans $\mathbb{R}$ ou éventuellement $\mathbb{R}^d$. Ce sera toujours le cas dans cet ouvrage et Θ est donc pour nous une partie de $\mathbb{R}$ ou de $\mathbb{R}^d$.

Les méthodes statistiques doivent reposer sur des formules faisant intervenir l'aléa ω mais pas le paramètre θ, puisque la valeur de celui-ci est inconnue lorsque la méthode est appliquée. Cela amène la définition suivante.

Définition 1.2 (Statistique) Soit $(\Omega, \mathcal{A}, (\mathcal{P}_\theta)_{\theta\in\Theta})$ un modèle statistique. On appelle statistique toute fonction $\mathcal{A}$-mesurable de Ω dans $\mathbb{R}$.

Une statistique est dite sommable si pour tout $\theta \in \Theta$ elle est intégrable sous $\mathcal{P}_\theta$. On considérera aussi des statistiques vectorielles, c'est-à-dire à valeurs dans $\mathbb{R}^d$. Rappelons que la condition de l'alinéa 2 de la définition 1.1 signifie que pour toute statistique W il existe une fonction borélienne g de $\mathbb{R}^n$ dans $\mathbb{R}$ telle que $W = g(X_1, \ldots, X_n)$. L'interprétation heuristique de cette propriété est que l'on ne dispose d'aucune autre expérience aléatoire que celle correspondant au tirage de l'échantillon $(X_1, \ldots, X_n)$.

1.2 Principales statistiques associées à l'échantillon gaussien

Puisque l'objet du présent chapitre est l'étude statistique de l'échantillon de la loi de Gauss, nous commençons par quelques rappels sur cette loi. Nous nous limitons aux résultats les plus utiles dans la suite.

Soit un modèle statistique correspondant à l'observation de n variables aléatoires indépendantes suivant la loi de Gauss de moyenne $m \in \mathbb{R}$ et de variance $\sigma^2 > 0$. Cette loi est notée $\mathcal{N}(m, \sigma^2)$ suivant l'usage. Pour (m, σ^2) fixé, le vecteur aléatoire $(X_1, \ldots, X_n)$ admet la densité suivante par rapport à la mesure de Lebesgue sur $\mathbb{R}^n$:

$$h_{m,\sigma^2}(x_1, \ldots, x_n) = (2\pi\sigma^2)^{-n/2} \exp\Big[-\frac{1}{2\sigma^2}\Big(\sum_{i=1}^n (x_i - m)^2\Big)\Big]. \tag{1.1}$$

Considérons les statistiques suivantes

$$\overline{X} = \frac{1}{n}\sum_{i=1}^n X_i\,; \qquad \overline{X^2} = \frac{1}{n}\sum_{i=1}^n X_i^2\,;$$

$$S^2 = \frac{n}{n-1}\Big(\overline{X^2} - \overline{X}^2\Big)\,; \qquad T = \frac{\overline{X}\sqrt{n}}{S}.$$

La statistique $\overline{X}$ suit la loi de Gauss $\mathcal{N}(m, \sigma^2/n)$; son espérance et sa variance valent respectivement

$$\mathbf{E}_{m,\sigma^2}(\overline{X}) = m, \qquad \mathbf{V}_{m,\sigma^2}(\overline{X}) = \sigma^2/n.$$

Déterminons maintenant la loi de S^2 et celle du couple $(\overline{X}, S^2)$. Pour cela considérons une matrice orthogonale P telle que les coefficients de la première ligne soient tous égaux à $1/\sqrt{n}$. Pour pouvoir appliquer la notion de produit de matrice à la suite de variables aléatoires $(X_1, \ldots, X_n)$, on considère le vecteur aléatoire colonne $\vec{X} = (X_i)_{1 \leq i \leq n}$. On note $\vec{m}$ le vecteur de $\mathbb{R}^d$ dont toutes les coordonnées sont égales à m. Posons $\vec{Y} = P(\vec{X} - \vec{m})$. En utilisant l'orthogonalité de la matrice P, puis en développant le carré, on obtient

$$\sum_{i=1}^{n} Y_i^2 = \sum_{i=1}^{n} (X_i - m)^2 = n(\overline{X^2} - 2m\overline{X} + m^2).$$

De par le choix de la première ligne de la matrice P on a $Y_1 = \sqrt{n}(\overline{X} - m)$, puis, en élevant au carré

$$Y_1^2 = n(\overline{X}^2 - 2m\overline{X} + m^2).$$

En faisant la différence avec l'égalité précédente, on obtient que la somme des Y_i^2 pour i allant de 2 à n vaut $n(\overline{X^2} - \overline{X}^2)$, soit

$$\sum_{i=2}^{n} Y_i^2 = (n-1)S^2. \tag{1.2}$$

La variable aléatoire S^2 est donc une fonction de $Y_2, \ldots, Y_n$. Or les coordonnées du vecteur aléatoire $\vec{Y}$ sont des variables aléatoires indépendantes[1]. Comme la variable aléatoire $\overline{X}$ est elle même fonction de Y_1, on en déduit que les variables aléatoires $\overline{X}$ et S^2 sont indépendantes.

Remarquons que les coordonnées du vecteur aléatoire $\vec{Y}$ suivent la loi de Gauss[2] centrée $\mathcal{N}(0, \sigma^2)$; il découle alors de l'identité (1.2) que la variable aléatoire S^2 est, à un facteur multiplicatif près, la somme de $n-1$ carrés de variables aléatoires indépendantes de loi $\mathcal{N}(0,1)$. Ce type de variable aléatoire intervient très fréquemment en statistique, ce qui motive la définition suivante.

Définition 1.3 (Loi du chi-carré ou χ^2) La loi du chi-carré à d degrés de liberté, notée $\chi^2(d)$, est la loi de $\sum_{i=1}^{d} Z_i^2$ où $(Z_i)_{1 \leq i \leq d}$ est une suite de d variables aléatoires indépendantes de loi $\mathcal{N}(0,1)$.

Il découle de cette définition et de l'expression (1.2) que $(n-1)S^2/\sigma^2$ suit la loi $\chi^2(n-1)$. Les calculs de l'espérance, de la variance et de la densité de la loi du chi-carré sont proposés dans l'exercice 1.6. On en déduit l'espérance et la variance de S^2

$$\mathbf{E}_{m,\sigma^2}(S^2) = \sigma^2, \qquad \mathbf{V}_{m,\sigma^2}(S^2) = 2\sigma^4/(n-1).$$

Comme on a vu ci-dessus que les variables aléatoires $\overline{X}$ et S^2 sont indépendantes, cela permet le calcul de la loi de T. Celui-ci est proposé dans l'exercice 1.7, dans le cas $m = 0$. Dans cet exercice, on propose aussi de vérifier que les variables aléatoires T et $\overline{X^2}$ sont indépendantes (toujours lorsque $m = 0$).

[1] Cela se vérifie en faisant le changement de variables $\vec{y} = P\vec{x}$ dans la densité (1.1). Voir l'exercice 1.5.

[2] Voir note précédente.

1.3 Estimateurs sans biais optimaux des paramètres m et σ^2

Un des problèmes du statisticien concerne le choix des méthodes d'estimation des paramètres. Une méthode d'estimation (ou un *estimateur*) n'est pas l'estimation elle-même ; elle est établie avant l'expérience, et définit comment calculer, à la vue de l'échantillon, une estimation du paramètre (ou d'une quantité dépendant du paramètre). La définition est la suivante.

Définition 1.4 (Estimateur) Soit $(\Omega, \mathcal{A}, (\mathcal{P}_\theta)_{\theta\in\Theta})$ un modèle statistique. Soit ξ une fonction de Θ dans $\mathbb{R}$. Un estimateur de ξ est une statistique Y à valeurs dans $\xi(\Theta)$.

On quantifie le défaut de précision d'un estimateur par l'espérance du carré de l'écart entre ce dernier et la valeur réelle $\xi(\theta)$. Cette espérance dépend malheureusement du paramètre inconnu θ. Cela donne la définition suivante.

Définition 1.5 (Risque quadratique) Soit $(\Omega, \mathcal{A}, (\mathcal{P}_\theta)_{\theta\in\Theta})$ un modèle statistique. Soient ξ une fonction de Θ dans $\mathbb{R}$ et Y un estimateur de ξ, de carré sommable. Le risque quadratique de Y est la fonction R_Y définie sur Θ par

$$R_Y(\theta) = \mathbf{E}_\theta\Big((Y - \xi(\theta))^2\Big),$$

le symbole $\mathbf{E}_\theta$ désignant l'espérance sous la probabilité $\mathcal{P}_\theta$.

Le risque quadratique se décompose comme somme d'un terme représentant la variabilité de l'estimateur et d'un terme représentant son erreur systématique :

$$R_Y(\theta) = \mathbf{V}_\theta(Y) + \big(\mathbf{E}_\theta Y - \xi(\theta)\big)^2, \tag{1.3}$$

où $\mathbf{V}_\theta$ désigne la variance sous $\mathcal{P}_\theta$. On privilégie souvent les estimateurs dont l'erreur systématique (ou *biais*) $\mathbf{E}_\theta Y - \xi(\theta)$ est nulle. Cela amène la définition suivante.

Définition 1.6 (Estimateur sans biais) Un estimateur Y de ξ est sans biais si pour tout $\theta \in \Theta$ on a $\mathbf{E}_\theta(Y) = \xi(\theta)$.

Nous nous concentrons ici sur les estimateurs sans biais, nous étudierons au chapitre 2 quelques estimateurs de biais non nul. Revenons au modèle qui fait l'objet de ce chapitre, c'est-à-dire celui correspondant à l'observation d'une suite de n variables aléatoires indépendantes de loi $\mathcal{N}(m, \sigma^2)$. Il découle des calculs faits dans le paragraphe 1.2 que les statistiques $\overline{X}$ et S^2 sont des estimateurs sans biais, respectivement de m et σ^2. Leur risque est donc égal à leur variance, et a été calculé dans le paragraphe 1.2.

Puisque pour un estimateur sans biais on a $R_Y(\theta) = \mathbf{V}_\theta(Y)$, la notion d'optimalité correspondante est celle de variance minimale, comme le précise la définition suivante.

Définition 1.7 (Estimateur de variance minimale) Un estimateur sans biais de variance minimale (ESBVM) est un estimateur sans biais qui est de variance minimale parmi les estimateurs sans biais.

On utilise souvent l'expression « estimateur de variance minimale », le caractère sans biais étant sous-entendu. Le théorème suivant décrit les estimateurs de variance minimale pour l'échantillon gaussien.

Théorème 1.8 (Estimateurs pour la loi de Gauss) *Soit un modèle correspondant à l'observation d'une suite de n variables aléatoires indépendantes de loi $\mathcal{N}(m, \sigma^2)$. Les statistiques $\overline{X}$ et S^2 sont les uniques estimateurs sans biais de variance minimale, respectivement des paramètres m et σ^2.*

Démonstration Commençons par le lemme suivant.

Lemme 1.9 Soit un modèle correspondant à l'observation d'une suite de n variables aléatoires indépendantes de loi $\mathcal{N}(m, \sigma^2)$. Soit W une statistique de carré sommable telle que $\mathbf{E}_{m,\sigma^2}(W) = 0$ pour tous m, σ^2. Soient m_0 et $\sigma_0^2 > 0$ deux nombres réels. Alors pour toute variable aléatoire $f(\overline{X}, \overline{X^2}) \in L^2(\mathcal{P}_{m_0,\sigma_0})$, on a $\mathbf{E}_{m_0,\sigma_0^2}(W \cdot f(\overline{X}, \overline{X^2})) = 0$.

Remarque : Dans ce lemme, il est essentiel que W soit une statistique, c'est-à-dire ne dépende pas des paramètres m et σ^2. Par contre la fonction mesurable f peut dépendre de (m_0, σ_0^2).

Démonstration Dans toute la démonstration du lemme 1.9, les réels $m_0 \in \mathbb{R}$ et $\sigma_0 > 0$ sont fixés. Soit W une statistique de carré sommable. D'après la définition 1.1, celle-ci s'écrit sous la forme $W = g(X_1, \ldots, X_n)$ où g est une fonction borélienne. On a donc, en notant h_{m,σ^2} la densité de l'échantillon de la loi de Gauss explicitée ligne (1.1),

$$\mathbf{E}_{m,\sigma^2}(W) = \int_{\mathbb{R}^n} g(x_1, \ldots, x_n) h_{m,\sigma^2}(x_1, \ldots, x_n) \, \mathrm{d}x_1 \ldots \mathrm{d}x_n.$$

En multipliant et en divisant par h_{m_0,σ_0^2}, on peut écrire

$$\mathbf{E}_{m,\sigma^2}(W) = \int_{\mathbb{R}^n} \tilde{g}(x_1, \ldots, x_n) h_{m_0,\sigma_0^2}(x_1, \ldots, x_n) \, \mathrm{d}x_1 \ldots \mathrm{d}x_n \tag{1.4}$$

où $\tilde{g}$ est la fonction borélienne de $\mathbb{R}^n$ dans $\mathbb{R}$ définie par

$$\tilde{g}(x_1, \ldots, x_n) = g(x_1, \ldots, x_n) \frac{h_{m,\sigma^2}(x_1, \ldots, x_n)}{h_{m_0,\sigma_0^2}(x_1, \ldots, x_n)}.$$

Appliquée à la suite $(X_1(\omega), \ldots, X_n(\omega))$, cette dernière égalité devient

$$\tilde{g}(X_1(\omega), \ldots, X_n(\omega)) = W(\omega) \mathcal{L}(m, \sigma^2, \omega), \tag{1.5}$$

où la fonction $\mathcal{L}$ est définie sur $\Theta \times \Omega$ par $\mathcal{L}(m, \sigma^2, \cdot) = \frac{h_{m,\sigma^2}(X_1,\ldots,X_n)}{h_{m_0,\sigma_0^2}(X_1,\ldots,X_n)}$, soit

$$\mathcal{L}(m, \sigma^2, \cdot) =$$

$$\left(\frac{\sigma^2}{\sigma_0^2}\right)^{-n/2} \exp\Big[-\frac{n}{2}\Big((\sigma^{-2} - \sigma_0^{-2})\overline{X^2} - 2(m\sigma^{-2} - m_0\sigma_0^{-2})\overline{X} + m^2\sigma^{-2} - m_0^2\sigma_0^{-2}\Big)\Big].$$

Des lignes (1.4) et (1.5) il découle que $\mathbf{E}_{m,\sigma^2}(W) = \mathbf{E}_{m_0,\sigma_0^2}(W\mathcal{L}(m,\sigma^2,\cdot))$, ce qui signifie que la probabilité $\mathcal{P}_{m,\sigma^2}$ admet pour densité par rapport à la probabilité $\mathcal{P}_{m_0,\sigma_0^2}$ la fonction $\mathcal{L}(m,\sigma^2,\cdot)$. En faisant le changement de paramètre $(m,\sigma^2) \mapsto (z,z')$ défini par $z = -\frac{n}{2}(\sigma^{-2} - \sigma_0^{-2})$ et $z' = n(m\sigma^{-2} - m_0\sigma_0^{-2})$, l'équation $\mathbf{E}_{m,\sigma^2}(W) = 0$ s'écrit maintenant

$$\mathbf{E}_{m_0,\sigma_0^2}\Big(W \exp\Big[z\overline{X^2} + z'\overline{X}\Big]\Big) = 0$$

pour tous $z < n\sigma_0^{-2}/2$ et $z' \in \mathbb{R}$. D'après le théorème des zéros isolés des fonctions holomorphes [3], c'est aussi vrai pour tout nombre complexe z de partie réelle $< n\sigma_0^{-2}/2$ et tout nombre complexe z' (la restriction sur la partie réelle de z permettant d'assurer que l'intégrale converge, et que la dérivation sous l'intégrale est valide). C'est a fortiori vrai pour $z = i\eta$ et $z' = i\zeta$ imaginaires purs :

$$\mathbf{E}_{m_0,\sigma_0^2}\Big(W \exp\Big[i\eta\overline{X^2} + i\zeta\overline{X}\Big]\Big) = 0. \tag{1.6}$$

Or l'adhérence, pour la norme L^2 sous $\mathcal{P}_{m_0,\sigma_0^2}$, de l'espace vectoriel sur $\mathbb{C}$ engendré par la famille de fonctions

$$\omega \mapsto \exp\Big[i\eta\overline{X^2}(\omega) + i\zeta\overline{X}(\omega)\Big]$$

avec $\eta, \zeta \in \mathbb{R}$, est l'espace des fonctions U à valeurs complexes, de carré intégrable, pour lesquelles il existe une fonction borélienne f de $\mathbb{R}^2$ dans $\mathbb{R}$ telle que $U = f(\overline{X^2}, \overline{X})$. Cette propriété de densité [4] permet d'étendre l'égalité (1.6) à toutes les variables aléatoires de cet espace,

$$\mathbf{E}_{m_0,\sigma_0^2}\Big(W f(\overline{X^2}, \overline{X})\Big) = 0,$$

et démontre le lemme. □

Démontrons à présent le théorème 1.8. La démarche est la même pour $\overline{X}$ et S^2. Nous détaillons seulement le cas de S^2. Soit Z un autre estimateur sans biais de σ^2 de carré sommable. En développant le carré $(Z - \sigma_0^2)^2 = [(S^2 - \sigma_0^2) + (Z - S^2)]^2$, puis en intégrant sous $\mathcal{P}_{m_0,\sigma_0^2}$, on obtient

$$(Z - \sigma_0^2)^2 = (S^2 - \sigma_0^2)^2 + (Z - S^2)^2 + 2(Z - S^2)(S^2 - \sigma_0^2),$$

[3] Voir par exemple [Rud80], théorème 10.18.

[4] Cette propriété de densité des fonctions trigonométriques dans L^2 est à la base de la théorie de la transformée de Fourier pour les mesures, appelée aussi transformée de Fourier-Stieltjes. Cela est abordé entre autres dans [KF74]. La démonstration la plus courante de cette propriété de densité se fait en deux étapes. D'abord on montre la densité des fonctions continues à support compact dans L^2 (voir par exemple [Rud80], théorème 3.14.). Puis on utilise le théorème d'approximation uniforme sur un compact des fonctions continues par les polynômes, appelé théorème de Weierstrass (voir par exemple [Rud80], théorème 4.25.). Une autre démonstration n'utilisant pas le théorème d'approximation de Weierstrass est proposée dans l'exercice 1.4 page 25 (dans le cas d'une seule variable aléatoire, et avec une hypothèse d'intégrabilité L^2 sur cette dernière). Pour clore cette note, remarquons enfin que dans le cas présent, puisque les variables aléatoires considérées admettent une densité jointe, le problème se ramène à un problème de transformée de Fourier classique de fonctions définies sur $\mathbb{R}^2$.

puis

$$\mathbf{V}_{m_0,\sigma_0^2}(Z) = \mathbf{V}_{m_0,\sigma_0^2}(S^2) + \mathbf{E}_{m_0,\sigma_0^2}\Big((Z - S^2)^2\Big) + 2\mathbf{E}_{m_0,\sigma_0^2}\Big((Z - S^2)(S^2 - \sigma_0^2)\Big).$$

La statistique $W = S^2 - Z$ est d'espérance nulle sous $\mathcal{P}_{m,\sigma^2}$ pour tout (m, σ^2), puisque Z et S^2 ont même espérance, en tant qu'estimateurs sans biais de σ^2. L'espérance du double produit du développement ci-dessus s'écrit $\mathbf{E}_{m_0,\sigma_0^2}(Wf(\overline{X^2}, \overline{X}))$ avec $f(\overline{X^2}, \overline{X}) = S^2 - \sigma_0^2$; d'après le lemme précédent, elle est nulle. L'égalité ci-dessus devient donc

$$\mathbf{V}_{m_0,\sigma_0^2}(Z) = \mathbf{V}_{m_0,\sigma_0^2}(S^2) + \mathbf{E}_{m_0,\sigma_0^2}\Big((S^2 - Z)^2\Big).$$

Ceci démontre que $\mathbf{V}_{m_0,\sigma_0^2}(S^2) \leq \mathbf{V}_{m_0,\sigma_0^2}(Z)$, c'est-à-dire que S^2 est un estimateur sans biais de variance minimale de σ^2. De plus, si Z est aussi un estimateur sans biais de variance minimale de σ^2, alors la dernière inégalité est une égalité, et l'on a $\mathbf{E}_{m_0,\sigma_0^2}\Big((S^2 - Z)^2\Big) = 0$, ce qui montre l'unicité $\mathcal{P}_{m_0,\sigma_0^2}$-p.s., pour tout $m_0 \in \mathbb{R}$ et $\sigma_0 > 0$. □

Remarque (Statistique exhaustive et complète) : Le lemme 1.9 a une interprétation statistique importante. Dans sa démonstration, on a vérifié d'une part que les densités $\frac{d\mathcal{P}_{m,\sigma^2}}{d\mathcal{P}_{m_0,\sigma_0^2}}$ sont mesurables par rapport à la statistique vectorielle $(\overline{X^2}, \overline{X})$, et d'autre part que l'espace vectoriel qu'elles engendrent est dense dans $L^2(\sigma(\overline{X^2}, \overline{X}), \mathcal{P}_{m_0,\sigma_0^2})$, où $\sigma(\overline{X^2}, \overline{X})$ désigne la tribu engendrée par $(\overline{X^2}, \overline{X})$. Dans cette situation, on dit que $(\overline{X^2}, \overline{X})$ est une statistique exhaustive et complète. Du point de vue heuristique, cela signifie que cette statistique contient toute l'information sur les paramètres disponible dans l'échantillon, et qu'elle est minimale pour cette propriété.

1.4 Test de Student

On a vu ci-dessus comment estimer les valeurs des paramètres m et σ^2 à partir d'un échantillon. Il arrive que l'on se pose la question de l'estimation d'une telle valeur plutôt sous la forme : appartient-elle à un certain ensemble ? Par exemple, la moyenne m est-elle nulle ? ou est-elle positive ? Les méthodes destinées à proposer une réponse à ce type de question sont les tests d'hypothèses. Elles font l'objet du présent paragraphe. On se limite au cas le plus classique de deux hypothèses incompatibles.

1.4.1 Généralités sur les tests de deux hypothèses

On se donne deux sous-ensembles disjoints Θ_0 et $\Theta_1 \subset \Theta$. Un test est une méthode statistique permettant d'estimer, suivant la réalisation de l'échantillon ω, que le paramètre inconnu θ est plutôt dans Θ_0, ou plutôt dans Θ_1. Cette méthode est formalisée sous forme d'une statistique associant à l'observation $\omega \in \Omega$, soit la valeur 0 pour le choix de l'hypothèse $\theta \in \Theta_0$, soit la valeur 1 pour le choix de l'hypothèse $\theta \in \Theta_1$. Ceci conduit à la définition suivante.

Définition 1.10 (Test de deux hypothèses) Soit $(\Omega, \mathcal{A}, (\mathcal{P}_\theta)_{\theta \in \Theta})$ un modèle statistique. On appelle hypothèse tout sous-ensemble non vide de Θ. Soient Θ_0 et $\Theta_1 \subset \Theta$ deux hypothèses disjointes. Un test de l'hypothèse Θ_0 contre l'hypothèse Θ_1 est une statistique à valeurs dans $\Delta = \{0, 1\}$.

Le choix que prendra l'expérimentateur appliquant une telle méthode dépend du hasard, à travers l'aléa du tirage de l'échantillon. Les propriétés stochastiques du test sont caractérisées par les probabilités de prendre chacune des deux décisions possibles. Ces probabilités dépendent (malheureusement) du paramètre inconnu θ. Comme il n'y a que deux décisions possibles, la probabilité de prendre l'une d'entre elle suffit. Cela motive la définition suivante.

Définition 1.11 (Puissance) Soit ϕ un test de l'hypothèse Θ_0 contre l'hypothèse Θ_1. La puissance β du test ϕ est la probabilité de rejet de Θ_0, définie par $\beta(\theta) = \mathcal{P}_\theta(\phi = 1)$.

L'égalité définissant la puissance est souvent écrite $\beta(\theta) = \mathbf{E}_\theta(\phi)$, où $\mathbf{E}_\theta$ désigne l'espérance mathématique sous $\mathcal{P}_\theta$.

Un test d'hypothèse s'applique en général dans la situation suivante. L'expérimentateur est à peu près sûr que le phénomène étudié suit une loi donnée (par exemple un dé est équilibré), représentée par la région $\Theta_0 \subset \Theta$. Il observe un comportement un peu inattendu (la face 6 est sortie 5 fois sur 10 essais par exemple) et se demande si ce comportement peut être considéré comme normal, ou est dû au fait que son hypothèse est fausse (que le dé est pipé dans notre exemple). Il se fixe donc un niveau α caractérisant « l'inattendu » (5% ou 1% usuellement, mais moins si la situation l'exige), et cherche une méthode statistique permettant de déceler les comportements trop inattendus pour être considérés comme compatibles avec l'hypothèse Θ_0. Notons qu'observer un événement n'ayant que 5% de chance d'apparaître n'est pas une preuve formelle que l'hypothèse Θ_0 est fausse. De ce point de vue, le taux α représente aussi le risque que notre méthode statistique nous fasse rejeter à tort l'hypothèse Θ_0, puisque c'est la proportion d'échantillons qui seront considérés comme incompatibles avec Θ_0, alors qu'ils sont possibles, même sous Θ_0.

Lorsque l'hypothèse Θ_0 est multiple, on impose que ce risque soit $\leq \alpha$ sous toutes les valeurs du paramètre $\theta \in \Theta_0$, comme cela est précisé dans la définition suivante.

Définition 1.12 (Niveau) Le niveau d'un test ϕ est la quantité $\alpha_\phi \in [0, 1]$ définie par $\alpha_\phi = \sup_{\theta \in \Theta_0} \beta(\theta)$.

Développons l'exemple typique du test sur la moyenne d'une variable aléatoire gaussienne de variance connue.

Exemple 1.13. Soit un échantillon $(X_i)_{i \leq n}$ de taille n d'une loi de Gauss $\mathcal{N}(m, \sigma^2)$ de paramètre m inconnu, la variance σ^2 étant connue. Soit $m_0 \in \mathbb{R}$. On cherche à contrôler l'hypothèse selon laquelle la valeur du paramètre m est égale à m_0. Un test possible de l'hypothèse $\Theta_0 = \{m_0\}$ contre $\Theta_1 = \mathbb{R} \setminus \Theta_0$ est le test ϕ_n consistant à rejeter Θ_0 lorsque la moyenne empirique

$$\overline{X}_n = \frac{1}{n} \sum_{i=1}^{n} X_i$$

est loin de m_0, c'est-à-dire en dehors de l'intervalle $[m_0 - c_n, m_0 + c_n]$. Le seuil c_n est calculé pour que, lorsque $m = m_0$, la probabilité de cet événement soit égale au niveau α que l'on s'est fixé. Comme $\overline{X}_n$ suit la loi $\mathcal{N}(m, \frac{\sigma^2}{n})$, on prend

$$c_n = \frac{\sigma}{\sqrt{n}} F^{-1}(1 - \alpha/2),$$

où F désigne la fonction de répartition[5] de la loi $\mathcal{N}(0,1)$. On exprime souvent cette condition de rejet de Θ_0 à l'aide de la statistique

$$Z_n = \frac{\overline{X}_n - m_0}{\sqrt{\frac{\sigma^2}{n}}},$$

sous la forme $|Z_n| > z$ avec[6] $z = F^{-1}(1 - \alpha/2)$. Si $m \neq m_0$, alors le test accepte l'hypothèse $\mathbb{R} \setminus \{m_0\}$ (on dit plutôt rejette l'hypothèse $\{m_0\}$) avec une probabilité non précisément quantifiée, mais « grande » au sens où $\lim_{n \to +\infty} \beta_{\phi_n}(m) = 1$. En effet, $|Z_n|$ tend alors en probabilité vers l'infini, d'après la loi des grands nombres. Si $m = m_0$, alors le test accepte l'hypothèse $\{m_0\}$ avec probabilité $1 - \alpha$ (on dit plutôt qu'il ne la rejette pas), qui est grande si l'on a pris soin de choisir α petit.

La probabilité de prendre la mauvaise décision définit le risque du test :

Définition 1.14 (Risque d'un test) Le risque d'un test est la fonction R définie sur $\Theta_0 \cup \Theta_1$ par $R(\theta) = \beta(\theta)$ sur Θ_0 et $R(\theta) = 1 - \beta(\theta)$ sur Θ_1.

On notera β_ϕ et R_ϕ la puissance et le risque du test ϕ, lorsqu'il sera nécessaire de le préciser. Le lemme suivant est immédiat.

Lemme 1.15 Le risque du test ϕ, en tant que test de Θ_0 contre Θ_1, est égal au risque du test $1 - \phi$, en tant que test de Θ_1 contre Θ_0.

Les courbes de risque de deux tests peuvent se croiser. Dans ce cas l'un des tests est plus sûr pour certaines valeurs de θ, l'autre pour d'autres valeurs de θ. Si l'on n'a aucune idée a priori sur la valeur de θ, cela rend impossible la comparaison des tests entre eux. Lorsque qu'au contraire l'un des tests a une courbe de risque partout au dessus de celle de l'autre test, il n'est pas intéressant, puisqu'on dispose d'un test moins risqué pour tout θ. Cela amène la notion suivante de test admissible.

Définition 1.16 (Test admissible) Un test ϕ est admissible s'il n'existe pas de test strictement meilleur, c'est-à-dire dire si pour tout test ψ on a l'alternative suivante :

– les risques coïncident : $R_\psi(\theta) = R_\phi(\theta)$ pour tout $\theta \in \Theta$;
– il existe un $\theta \in \Theta$ tel que $R_\psi(\theta) > R_\phi(\theta)$.

[5] Rappelons que la fonction de répartition F d'une loi de probabilité μ sur $\mathbb{R}$ est définie par $F(t) = \mu(]-\infty, t])$.

[6] Pour les valeurs numériques, voir l'exercice 1.11, dernière question.

Notons que cette dernière notion considère de manière équivalente toutes les valeurs du paramètre $\theta \in \Theta$. Les hypothèses Θ_0 et Θ_1 jouent notamment des rôles complètement symétriques : si ϕ est un test admissible de Θ_0 contre Θ_1, alors $1-\phi$ est un test admissible de Θ_1 contre Θ_0.

Le principe du test, que nous développerons dans ce paragraphe, consiste plutôt à traiter de manière disymétrique le risque sur chaque hypothèse. Nous avons déjà vu dans cet esprit la notion de niveau. Introduisons une autre notion disymétrisant les hypothèses.

Définition 1.17 (Test UPP) Un test ϕ de Θ_0 contre Θ_1 est uniformément le plus puissant (UPP) si pour tout test ϕ' de Θ_0 contre Θ_1 tel que $\alpha_{\phi'} \leq \alpha_\phi$ on a $\beta_{\phi'}(\theta) \leq \beta_\phi(\theta)$ pour tout $\theta \in \Theta_1$.

Ainsi un test est UPP si pour tout test de meilleur niveau, la probabilité de rejeter Θ_0 lorsqu'elle est fausse est plus petite.

Pour deux hypothèses simples $\Theta_0 = \{\theta_0\}$ et $\Theta_1 = \{\theta_1\}$, un test ϕ est admissible s'il est UPP comme test de Θ_0 contre Θ_1 et si $1-\phi$ est UPP comme test de Θ_1 contre Θ_0. Pour des hypothèses composées, il n'y a pas d'implication entre l'admissibilité et le caractère UPP.

Les tests UPP et les tests admissibles sont construits par comparaison des densités sous Θ_0 aux densités sous Θ_1. C'est le principe du théorème fondamental de Neyman-Pearson. Ce dernier peut être énoncé sous de nombreuses formes. Nous donnons ci-dessous celle que nous utiliserons, avec l'hypothèse Θ_0 à deux points, et l'hypothèse Θ_1 à un point [7].

Théorème 1.18 (Neyman-Pearson) *Soient deux hypothèses $\Theta_0 = \{\theta_0, \theta_2\}$ et $\Theta_1 = \{\theta_1\}$. Soit ν une mesure par rapport à laquelle les probabilités $\mathcal{P}_{\theta_i}$ ont une densité, que l'on note p_i, pour $i = 0, 1, 2$. Soient λ_0, $\lambda_2 > 0$.*

1. *Tout test ϕ tel que*

$$\begin{aligned} p_1(\omega) > \lambda_0 p_0(\omega) + \lambda_2 p_2(\omega) \Rightarrow \qquad & \phi(\omega) = 1 \\ p_1(\omega) < \lambda_0 p_0(\omega) + \lambda_2 p_2(\omega) \Rightarrow \qquad & \phi(\omega) = 0 \end{aligned}$$

   est un test admissible de Θ_0 contre Θ_1.

2. *Soit ϕ un test vérifiant les conditions ci-dessus. Tout test ψ tel que $\beta_\phi = \beta_\psi$ sur $\Theta_0 \cup \Theta_1$ vérifie également les conditions ci-dessus avec les mêmes coefficients λ_0 et λ_2, ν-p.s.*

Démonstration Notons d'abord que dans le cadre de ce théorème, avec les hypothèses Θ_0 et Θ_1 finies, la mesure ν existe toujours. On peut prendre par exemple ici la somme des trois probabilités $\nu = \mathcal{P}_{\theta_0} + \mathcal{P}_{\theta_1} + \mathcal{P}_{\theta_2}$ (voir aussi la note [8]).

[7] Le cas de deux hypothèses simples est proposé dans l'exercice 1.16.

[8] Dans les modèles statistiques étudiés dans cet ouvrage, le support des probabilités $\mathcal{P}_\theta$ ne dépend pas de θ. Il est alors plus naturel de prendre pour ν une de ces probabilités. Dans ce cas, en notant cette dernière $\mathcal{P}_\eta$, les fonctions p_i s'expriment à l'aide de la vraisemblance $\mathcal{L}(\theta, \cdot) = \frac{d\mathcal{P}_\theta}{d\mathcal{P}_\eta}$, par $p_i = \mathcal{L}(\theta_i, \cdot)$.

Soit ϕ un test vérifiant les conditions de l'alinéa 1. Il en découle que pour toute statistique ψ à valeurs comprises entre 0 et 1 (et a fortiori si ψ est un test), les fonctions $p_1 - \lambda_0 p_0 - \lambda_2 p_2$ et $\phi - \psi$ sont de même signe. Cela s'écrit

$$(\phi - \psi) \cdot (p_1 - \lambda_0 p_0 - \lambda_2 p_2) \geq 0. \tag{1.7}$$

En intégrant sous ν on obtient

$$\beta_\phi(\theta_1) - \beta_\psi(\theta_1) \geq \lambda_0 \Big(\beta_\phi(\theta_0) - \beta_\psi(\theta_0) \Big) + \lambda_2 \Big(\beta_\phi(\theta_2) - \beta_\psi(\theta_2) \Big),$$

ce qui démontre l'alinéa 1. De plus si cette intégrale est nulle, la fonction intégrée, qui est a priori ≥ 0, est nulle aussi ν-p.s., soit

$$(\phi - \psi) \cdot (p_1 - \lambda_0 p_0 - \lambda_2 p_2) = 0.$$

Donc $\phi = \psi$ sur l'événement $(p_1 \neq \lambda_0 p_0 + \lambda_2 p_2)$, ce qui achève la démonstration du théorème. □

Remarque : Ce théorème se démontre si simplement qu'il est souvent qualifié de « lemme de Neyman-Pearson ». Soulignons qu'il s'applique rarement tel quel, car certaines hypothèses, notamment sur le signe des λ_i, ne sont pas vérifiées. En fait l'intérêt de ce théorème réside dans le principe de sa démonstration, c'est-à-dire dans la remarque que la définition du test ϕ par les inégalités de l'alinéa 1 entraîne l'inégalité (1.7) pour tout test ψ. C'est cela que nous appliquerons par la suite.

1.4.2 Optimalité du test de Student sur la moyenne m

Nous allons appliquer les idées du théorème de Neyman-Pearson (théorème 1.18) au modèle fondamental de l'échantillon gaussien, d'espace de paramètres $\Theta = \{(m, \sigma^2),\ m \in \mathbb{R},\ \sigma^2 \in \mathbb{R}_+^*\}$. Commençons par le problème du test sur la moyenne m. Soient donc $m_0 \in \mathbb{R}$ et les hypothèses $\Theta_0 = \{(m, \sigma^2), m = m_0\}$ et $\Theta_1 = \Theta \setminus \Theta_0$.

On peut vérifier qu'il n'y a pas de test UPP de Θ_0 contre Θ_1. On est donc amené à réduire la classe des tests. De façon naturelle on ne retiendra que les tests qui rejettent plus souvent l'hypothèse Θ_0 quand elle est fausse que quand elle est vraie. Ceci amène la notion de test sans biais.

Définition 1.19 (Test sans biais) Un test ϕ est sans biais si pour tout $\theta \in \Theta_1$ on a $\beta_\phi(\theta) \geq \alpha_\phi$.

La notion associée de test optimal est la suivante.

Définition 1.20 (Test UPPB) Un test sans biais ϕ de Θ_0 contre Θ_1 est uniformément le plus puissant parmi les tests sans biais (UPPB) si pour tout test sans biais ϕ' tel que $\alpha_{\phi'} \leq \alpha_\phi$ on a $\beta_{\phi'}(\theta) \leq \beta_\phi(\theta)$ pour tout $\theta \in \Theta_1$.

Le théorème qui suit explicite le test UPPB de Θ_0 contre Θ_1. Celui-ci est basé sur la statistique T de Student, définie par

$$T = \frac{\overline{X} - m_0}{\sqrt{\frac{\overline{X^2} - \overline{X}^2}{n-1}}} = \frac{\overline{X} - m_0}{S/\sqrt{n}}. \tag{1.8}$$

Un des points cruciaux de ce test est que, lorsque $m = m_0$, la loi de T ne dépend pas de σ^2. En effet, en considérant la suite de variables aléatoires $(Y_i)_{1\leq i\leq n}$ définie par

$$Y_i - m = \sigma^{-1}(X_i - m), \qquad i = 1, \ldots, n,$$

on vérifie aisément, d'une part que ces variables aléatoires $(Y_i)_{1\leq i\leq n}$ sont indépendantes de loi $\mathcal{N}(m, 1)$, et d'autre part que l'on a

$$\frac{\overline{X} - m_0}{\sqrt{\frac{\overline{X^2} - \overline{X}^2}{n-1}}} = \frac{\overline{Y} - m_0}{\sqrt{\frac{\overline{Y^2} - \overline{Y}^2}{n-1}}}.$$

Cela démontre bien que, quitte à diviser $X - m$ par σ, on peut supposer que $\sigma = 1$ dans le calcul de la loi de T (lorsque $m = m_0$). La densité de cette loi, appelée loi de Student, fait l'objet de l'exercice 1.7.

Théorème 1.21 (Student) *Soit un modèle statistique correspondant à l'observation de n variables aléatoires indépendantes de loi de Gauss $\mathcal{N}(m, \sigma^2)$, d'espace de paramètres $\Theta = \{(m, \sigma^2),\ m \in \mathbb{R},\ \sigma^2 \in \mathbb{R}_+^*\}$. Soient $m_0 \in \mathbb{R}$ et les hypothèses $\Theta_0 = \{(m, \sigma^2), m = m_0\}$ et $\Theta_1 = \Theta \setminus \Theta_0$. Soit T la statistique de Student, définie ligne (1.8). Alors pour tout $c > 0$, le test ϕ défini par*

$$|T| > c \Rightarrow \phi(\omega) = 1$$
$$|T| \leq c \Rightarrow \phi(\omega) = 0$$

est l'unique test UPPB de Θ_0 contre Θ_1 de niveau α_ϕ. Ce niveau se calcule à l'aide de la loi de Student à $n - 1$ degrés de liberté : $\alpha_\phi = 1 - \mathcal{P}_{St(n-1)}([-c, c])$.

Remarque : Le niveau de ce test est par définition

$$\alpha_\phi = \sup_{\sigma^2} \mathcal{P}_{m_0,\sigma^2}(|T| > c).$$

On a vu ci-dessus que sous Θ_0, la loi de T ne dépend pas de σ : c'est la loi de Student à $n - 1$ degrés de liberté. On a donc bien

$$\begin{aligned} \alpha_\phi &= \mathcal{P}_{m_0,1}(|T| > c) \\ &= 1 - \mathcal{P}_{St(n-1)}([-c, c]). \end{aligned}$$

Cette propriété permet le calcul du seuil c en fonction du niveau α_ϕ, ou réciproquement de α_ϕ en fonction c, à l'aide d'une table de la fonction de répartition de la loi de Student [9], ou d'un ordinateur [10].

[9] Voir exercice 1.1.

[10] Voir l'exemple numérique B.1 ci-dessous.

Démonstration du théorème de Student— Quitte à opérer une translation de $-m_0$ sur le paramètre m et sur l'échantillon, on peut supposer que $m_0 = 0$. La statistique T s'écrit alors $T = \sqrt{n}\,\overline{X}/S$.

Soit ψ un test de niveau α_ψ. Pour tout $\sigma^2 > 0$ on a $\mathbf{E}_{0,\sigma^2}(\psi) \leq \alpha_\psi$. Supposons de plus que ce test est sans biais ; pour tout $m \neq 0$ et tout $\sigma^2 > 0$ on a donc $\alpha_\psi \leq \mathbf{E}_{m,\sigma^2}(\psi)$. De ces deux inégalités et de la continuité de la fonction puissance, on déduit que

$$\mathbf{E}_{0,\sigma^2}(\psi) = \alpha_\psi. \tag{1.9}$$

De plus, par dérivabilité de la fonction puissance, on a

$$\frac{\partial}{\partial m}\mathbf{E}_{m,\sigma^2}(\psi)\Big|_{m=0} = 0,$$

ce qui s'écrit encore, en faisant apparaître la densité $\frac{\mathrm{d}\mathcal{P}_{m,\sigma^2}}{\mathrm{d}\mathcal{P}_{0,\sigma^2}}$

$$\frac{\partial}{\partial m}\mathbf{E}_{0,\sigma^2}\Big(\frac{\mathrm{d}\mathcal{P}_{m,\sigma^2}}{\mathrm{d}\mathcal{P}_{0,\sigma^2}}\psi\Big)\Big|_{m=0} = 0. \tag{1.10}$$

Au cours de la démonstration du lemme 1.9, on a vu que $\mathcal{P}_{m,\sigma^2}$ admet par rapport à $\mathcal{P}_{0,\sigma^2}$ la densité

$$\frac{\mathrm{d}\mathcal{P}_{m,\sigma^2}}{\mathrm{d}\mathcal{P}_{0,\sigma^2}} = \exp\Big[nm\sigma^{-2}\overline{X} - \frac{n}{2}m^2\sigma^{-2}\Big]. \tag{1.11}$$

Du calcul de la dérivée on déduit $\Big|\frac{\partial}{\partial m}\frac{\mathrm{d}\mathcal{P}_{m,\sigma^2}}{\mathrm{d}\mathcal{P}_{0,\sigma^2}}\Big| \leq n\sigma^{-2}\Big(|\overline{X}| + 1\Big)\exp\Big(n\sigma^{-2}|\overline{X}|\Big)$ pour tout $|m| < 1$. Ce majorant étant intégrable sous $\mathcal{P}_{0,\sigma^2}$, le théorème de dérivation de Lebesgue s'applique à l'expression (1.10), qui devient

$$\mathbf{E}_{0,\sigma^2}\Big(\overline{X}\psi\Big) = 0. \tag{1.12}$$

On a alors le lemme suivant.

Lemme 1.22 Soit ψ un test sans biais de Θ_0 contre Θ_1, de niveau α_ψ. Pour tout $\sigma^2 > 0$ et pour toute variable aléatoire de la forme $f\big(\overline{X^2}\big)$ de carré intégrable sous $\mathcal{P}_{0,\sigma^2}$ on a

$$\mathbf{E}_{0,\sigma^2}\Big(\psi f\big(\overline{X^2}\big)\Big) = \alpha_\psi \mathbf{E}_{0,\sigma^2}\Big(f\big(\overline{X^2}\big)\Big),$$
$$\mathbf{E}_{0,\sigma^2}\Big(\psi\overline{X}f\big(\overline{X^2}\big)\Big) = 0.$$

Démonstration du lemme D'après les égalités (1.9) et (1.12), les statistiques $W_1 = \psi - \alpha_\psi$ et $W_2 = \overline{X}\psi$ sont d'espérance nulle sous $\mathcal{P}_{0,\sigma^2}$ pour tout $\sigma^2 > 0$. le lemme 1.22 est donc une conséquence immédiate du lemme suivant.

Lemme 1.23 Soit W une statistique de carré sommable telle que $\mathbf{E}_{0,\sigma^2}(W) = 0$ pour tout $\sigma^2 > 0$. Alors pour $\tilde{\sigma}^2 > 0$ fixé et pour toute variable aléatoire de la forme $f\big(\overline{X^2}\big)$ de carré intégrable sous $\mathcal{P}_{0,\tilde{\sigma}^2}$, on a $\mathbf{E}_{0,\tilde{\sigma}^2}(Wf\big(\overline{X^2}\big)) = 0$.

Démontrons ce dernier lemme. On a vu dans la démonstration du lemme 1.9 que pour $m = 0$ et $\sigma^2, \tilde{\sigma}^2 > 0$, la loi $\mathcal{P}_{0,\sigma^2}$ admet par rapport à $\mathcal{P}_{0,\tilde{\sigma}^2}$ la densité

$$(\sigma^2/\tilde{\sigma}^2)^{-n/2} \exp\Big[-\frac{n}{2}(\sigma^{-2} - \tilde{\sigma}^{-2})\overline{X^2}\Big].$$

L'hypothèse de centrage de W s'écrit donc

$$\mathbf{E}_{0,\tilde{\sigma}^2}\Big(\exp\Big[-\frac{n(\sigma^{-2} - \tilde{\sigma}^{-2})}{2}\overline{X^2}\Big] W\Big) = 0,$$

quel que soit $\sigma^2 > 0$. La démonstration du lemme 1.23 s'achève par prolongement analytique, de manière analogue à celle du lemme 1.9. □

Soient $c > 0$ et le test $\phi = 1 - \mathbf{1}_{[-c,c]}(T)$. Notons que la condition $|T| > c$ s'écrit aussi

$$|\overline{X}| > c_1\big(\overline{X^2}\big),$$

avec $c_1\big(\overline{X^2}\big) = \frac{c}{\sqrt{n-1+c^2}}\sqrt{\overline{X^2}}$. Soient $\sigma^2 > 0$ et $m \neq 0$ fixés. On a vu ci-dessus que $\mathcal{P}_{m,\sigma^2}$ admet par rapport à $\mathcal{P}_{0,\sigma^2}$ la densité

$$\frac{d\mathcal{P}_{m,\sigma^2}}{d\mathcal{P}_{0,\sigma^2}} = \exp\Big[\frac{nm}{\sigma^2}\overline{X} - \frac{n}{2}m^2\sigma^{-2}\Big].$$

Cette densité est une fonction strictement convexe de $\overline{X}$. Par conséquent toute droite qui coupe sa courbe se situe au dessus de cette courbe entre les deux points d'intersection, et en dessous à l'extérieur. Pour une valeur fixée de $\overline{X^2}$, il existe donc une droite d'équation $y = ax + b$ telle que

$$\exp\Big[\frac{nm}{\sigma^2}x - \frac{n}{2}m^2\sigma^{-2}\Big] > ax + b. \qquad \text{ssi} \qquad |x| > c_1\big(\overline{X^2}\big) \tag{1.13}$$

Les coefficients peuvent être notés $b = \lambda_{m,\sigma^2}\big(\overline{X^2}\big)$ et $a = \lambda'_{m,\sigma^2}\big(\overline{X^2}\big)$; le premier [11] est > 0 et le second est de même signe que m. La condition $\big|\overline{X}\big| > c_1\big(\overline{X^2}\big)$ se réécrit

$$\frac{d\mathcal{P}_{m,\sigma^2}}{d\mathcal{P}_{0,\sigma^2}} > \lambda_{m,\sigma^2}\big(\overline{X^2}\big) + \lambda'_{m,\sigma^2}\big(\overline{X^2}\big)\overline{X}. \tag{1.15}$$

[11] Pour calculer explicitement ce couple de coefficients, noté provisoirement (λ, λ'), on remarque que celui-ci est la solution du système linéaire de deux équations obtenu en demandant que, lorsque $x = c_1\big(\overline{X^2}\big)$ ou $x = -c_1\big(\overline{X^2}\big)$, l'inégalité (1.13) devienne une égalité, soit

$$\begin{cases} \exp\Big(\frac{nm}{\sigma^2}c_1\big(\overline{X^2}\big) - \frac{n}{2}m^2\sigma^{-2}\Big) &= \lambda + \lambda' c_1(\overline{X^2}); \\ \exp\Big(-\frac{nm}{\sigma^2}c_1(\overline{X^2}) - \frac{n}{2}m^2\sigma^{-2}\Big) &= \lambda - \lambda' c_1(\overline{X^2}). \end{cases}$$

Un calcul simple donne

$$\begin{cases} \lambda_{m,\sigma^2}\big(\overline{X^2}\big) &= \cosh\Big(\frac{mn}{\sigma^2}c_1\big(\overline{X^2}\big)\Big)\exp\Big(-\frac{n}{2}m^2\sigma^{-2}\Big), \\ \lambda'_{m,\sigma^2}\big(\overline{X^2}\big) &= \sinh\Big(\frac{mn}{\sigma^2}c_1\big(\overline{X^2}\big)\Big)\exp\Big(-\frac{n}{2}m^2\sigma^{-2}\Big)\cdot c_1\big(\overline{X^2}\big)^{-1}. \end{cases} \tag{1.14}$$

Grâce à la démonstration du lemme de Neyman-Pearson, l'expression du test ϕ par l'inégalité (1.15) permet de dire que pour tout test ψ on a

$$\left(\frac{\mathrm{d}\mathcal{P}_{m,\sigma^2}}{\mathrm{d}\mathcal{P}_{0,\sigma^2}} - \lambda_{m,\sigma^2}(\overline{X^2}) - \lambda'_{m,\sigma^2}(\overline{X^2})\overline{X}\right)\left(\phi - \psi\right) \geq 0. \tag{1.16}$$

Si ψ est sans biais, en intégrant sous $\mathcal{P}_{0,\sigma^2}$ et en appliquant le lemme 1.22, d'abord à la variable aléatoire $\lambda_{m,\sigma^2}(\overline{X^2})$ puis à la variable aléatoire $\lambda'_{m,\sigma^2}(\overline{X^2})$, l'inégalité (1.16) devient

$$\mathbf{E}_{m,\sigma^2}\left(\phi - \psi\right) - \mathbf{E}_{0,\sigma^2}\left(\lambda_{m,\sigma^2}(\overline{X^2})\right)\left(\alpha_\phi - \alpha_\psi\right) \geq 0.$$

Si $\alpha_\psi \leq \alpha_\phi$, on obtient $\beta_\psi(m,\sigma^2) \leq \beta_\phi(m,\sigma^2)$, ce qui montre que ϕ est UPPB [12].

Pour l'unicité, supposons que le test ψ ci-dessus est UPPB. Il y a alors égalité des puissances $\beta_\psi(m,\sigma^2) = \beta_\phi(m,\sigma^2)$, et donc aussi égalité dans l'inégalité (1.16), d'après l'argument de Neyman-Pearson. Il s'en suit que ϕ et ψ ne peuvent différer que si le terme en facteur de $(\phi - \psi)$ est nul, ce qui n'est possible que sur l'événement $(T = \pm c)$, qui est négligeable. Ceci achève la démonstration du théorème de Student. □

1.5 Test sur la variance σ^2

Le test de Student sur la moyenne m a un analogue pour le paramètre σ^2. Ce dernier est basé sur la statistique $S^2 = \frac{n}{n-1}(\overline{X^2} - \overline{X}^2)$, dont on sait que c'est un estimateur de σ^2 dont la loi ne dépend pas de m.

Théorème 1.24 *Soit un modèle statistique correspondant à l'observation de n variables aléatoires indépendantes de loi de Gauss $\mathcal{N}(m,\sigma^2)$, d'espace de paramètres $\Theta = \{(m,\sigma^2),\ m \in \mathbb{R},\ \sigma^2 \in \mathbb{R}_+^*\}$. Pour $\sigma_0 \in \mathbb{R}_+^*$ fixé, on considère les hypothèses $\Theta_0 = \{(m,\sigma^2), \sigma = \sigma_0\}$ et $\Theta_1 = \Theta \setminus \Theta_0$. On fixe $0 < c < c'$ et on considère le test ϕ défini par*

$$S^2 \notin [c,c'] \Rightarrow \phi(\omega) = 1,$$
$$S^2 \in [c,c'] \Rightarrow \phi(\omega) = 0.$$

À toute borne $c < \sigma_0^2$ correspond une borne $c' > \sigma_0^2$ telle que la puissance β_ϕ de ϕ vérifie

$$\left.\frac{\partial \beta_\phi(m,\sigma^2)}{\partial \sigma^2}\right|_{\left\{\substack{\sigma^2=\sigma_0^2 \\ m=0}\right.} = 0. \tag{1.17}$$

Dans ce cas ϕ est l'unique test UPPB de Θ_0 contre Θ_1 de son niveau. Ce dernier se calcule à l'aide de la loi du chi-carré à $n-1$ degrés de liberté : $\alpha = 1 - \mathcal{P}_{\chi^2(n-1)}([c_0, c_0'])$ où $c_0 = c(n-1)/\sigma_0^2$ et $c_0' = c'(n-1)/\sigma_0^2$.

[12] Pour vérifier que $\lambda_{m,\sigma^2}(\overline{X^2})$ et $\lambda'_{m,\sigma^2}(\overline{X^2})$ sont de carré sommable sous $\mathcal{P}_{0,\sigma^2}$, on utilise leur expression explicite (1.14) de la note précédente, et la densité f du chi-carré, proposée ligne (1.26) de l'exercice 1.6 page 26. Cela revient à vérifier que les intégrales $\int_0^{+\infty} \cosh^2(\sqrt{v})f(v)\,\mathrm{d}v$ et $\int_0^{+\infty} \sinh^2(\sqrt{v})v^{-1}f(v)\,\mathrm{d}v$ convergent.

Remarque : Sous Θ_0, la statistique $(n-1)S^2/\sigma_0^2$ suit la loi du chi-carré à $n-1$ degrés de liberté (voir paragraphe 1.2, ainsi que l'exercice 1.6 ci-dessous pour la densité). Cela permet le calcul explicite du niveau α en fonction de c et c', grâce à la formule

$$\alpha = 1 - \mathcal{P}_{\chi^2(n-1)}([c_0, c_0']).$$

Le lien entre c et c' imposé par l'équation (1.17), ainsi que le calcul explicite de c et c' en fonction du niveau α, sont délicats à établir. C'est la raison pour laquelle on utilise souvent un test biaisé construit avec des valeurs de c et c' facilement calculables : celles vérifiant les équations de symétrie

$$\mathcal{P}_{\chi^2(n-1)}([0, c_0]) = \alpha/2 \qquad \text{et} \qquad \mathcal{P}_{\chi^2(n-1)}([0, c_0']) = 1 - \alpha/2. \tag{1.18}$$

Les valeurs de c_0 et c_0' peuvent alors se lire sur une table des quantiles de la loi du chi-carré[13]. Les graphes des fonctions puissance de ϕ et du test « symétrique » correspondant sont tracés sur la figure 1.1 page 21. Si l'on écarte les très petits échantillons, les deux tests ont des puissances très voisines. Cette remarque justifie l'emploi du test symétrique dans la pratique, en tant que test approchant le test UPPB.

Ces questions, et notamment le calcul du test UPPB, sont traitées numériquement dans l'exemple B.3 en fin d'ouvrage.

Démonstration du théorème 1.24 Quitte à opérer une homothétie de rapport de $1/\sigma_0$ sur le paramètre σ et sur l'échantillon, on peut supposer que $\sigma_0 = 1$.

Commençons par la démonstration de l'existence des constantes c et c', pour tout $\alpha \in]0,1[$ fixé. Soit F la fonction de répartition de la loi $\chi^2(n-1)$. Puisque $(n-1)S^2/\sigma^2$ suit la loi $\chi^2(n-1)$, la puissance du test ϕ est

$$\beta(m, \sigma^2) = 1 + F\Big(\frac{c_0}{\sigma^2}\Big) - F\Big(\frac{c_0'}{\sigma^2}\Big).$$

En dérivant par rapport à σ^2, puis en prenant $\sigma^2 = 1$, l'équation (1.17) se réécrit

$$c_0 f(c_0) = c_0' f(c_0'),$$

où $f = F'$ désigne la densité de la loi $\chi^2(n-1)$. Or la fonction $x \mapsto xf(x)$ est croissante sur $[0, n-1]$, et décroissante sur $[n-1, +\infty[$, comme cela se vérifie en calculant sa dérivée à partir de l'expression[14] de la densité f. D'autre part $f(0) = 0 = \lim_{+\infty} f$. Donc pour tout $c_0 < n-1$ il existe un unique réel $c_0' > n-1$ tel que $c_0 f(c_0) = c_0' f(c_0')$. Les points c_0 et c_0' étant liés par cette relation, il est clair que le niveau

$$\alpha_{c_0} = 1 + F(c_0) - F(c_0')$$

varie continûment de 0 (pour $c_0 = 0$ et $c_0' = +\infty$) à 1 (pour $c_0 = c_0' = n-1$). On peut donc les choisir de façon à avoir le niveau de test voulu.

[13] Voir exercice 1.2.

[14] Voir égalité (1.26) dans l'exercice 1.6 pour l'expression explicite de cette densité f.

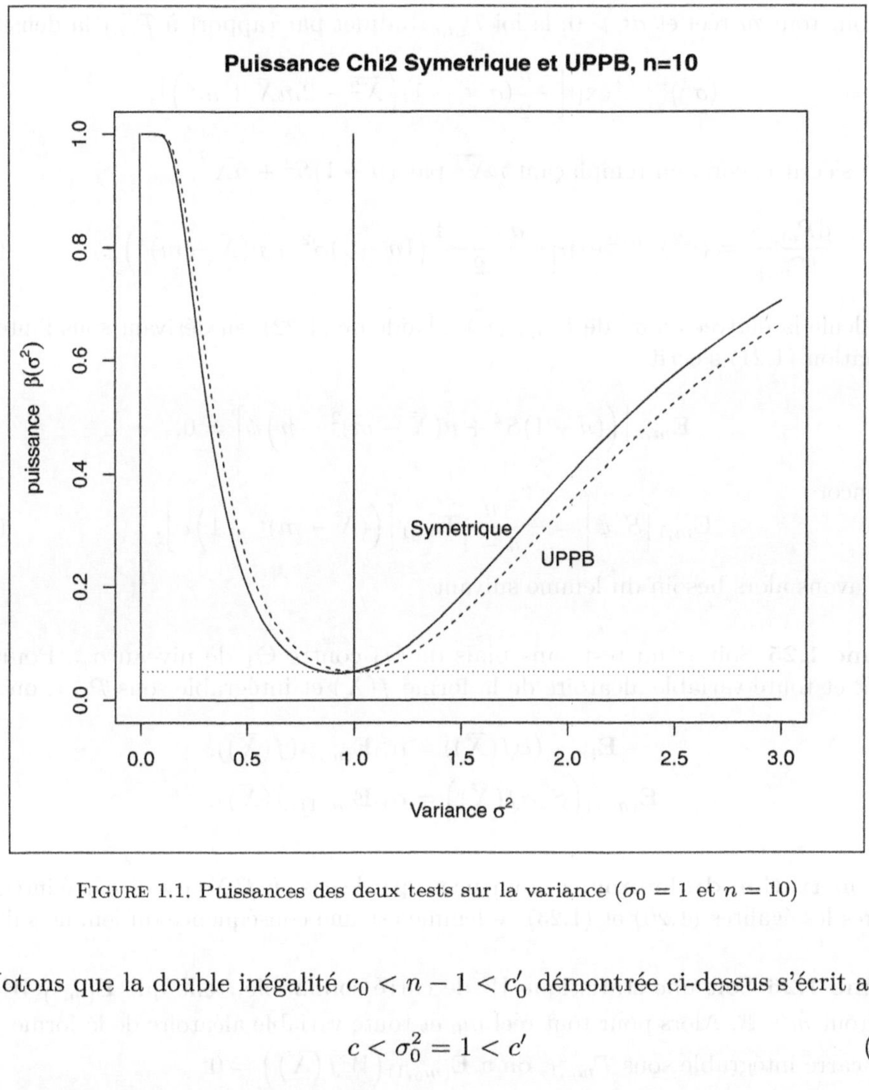

FIGURE 1.1. Puissances des deux tests sur la variance ($\sigma_0 = 1$ et $n = 10$)

Notons que la double inégalité $c_0 < n-1 < c_0'$ démontrée ci-dessus s'écrit aussi

$$c < \sigma_0^2 = 1 < c' \tag{1.19}$$

La zone d'acceptation du test ϕ contient donc l'événement $(S^2 = \sigma_0^2)$. C'est la raison pour laquelle on exprime ce test avec la statistique S^2 plutôt qu'avec $\overline{X^2} - \overline{X}^2$.

Passons à la démonstration du caractère UPPB de ϕ. Cette démonstration est assez proche de celle du théorème de Student. Soit ψ un test sans biais et α_ψ son niveau. Pour tout $m \in \mathbb{R}$ et $\sigma^2 > 0$ on a $\mathbf{E}_{m,\sigma^2}(\psi) \geq \alpha_\psi \geq \mathbf{E}_{(m,1)}(\psi)$. Par continuité on obtient

$$\mathbf{E}_{(m,1)}(\psi) = \alpha_\psi. \tag{1.20}$$

De la dérivabilité de la fonction puissance il découle

$$\frac{\partial}{\partial \sigma^2} \mathbf{E}_{m,\sigma^2}(\psi)\Big|_{\sigma^2=1} = 0. \tag{1.21}$$

Or, pour tout m réel et $\sigma^2 > 0$, la loi $\mathcal{P}_{m,\sigma^2}$ admet par rapport à $\mathcal{P}_{m,1}$ la densité

$$(\sigma^2)^{-n/2}\exp\Big[-\frac{n}{2}(\sigma^{-2}-1)\Big(\overline{X^2}-2m\overline{X}+m^2\Big)\Big],$$

ce qui s'écrit encore, en remplaçant $n\overline{X^2}$ par $(n-1)S^2+n\overline{X}^2$,

$$\frac{\mathrm{d}\mathcal{P}_{m,\sigma^2}}{\mathrm{d}\mathcal{P}_{m,1}} = (\sigma^2)^{-n/2}\exp\Big[-\frac{\sigma^{-2}-1}{2}\Big((n-1)S^2+n(\overline{X}-m)^2\Big)\Big]. \tag{1.22}$$

On calcule la dérivée en σ^2 de $\mathbf{E}_{m,\sigma^2}(\psi)$ à l'aide de (1.22), en dérivant sous l'intégrale. L'équation (1.21) s'écrit

$$\mathbf{E}_{m,1}\Big[\Big((n-1)S^2+n(\overline{X}-m)^2-n\Big)\psi\Big]=0,$$

soit encore

$$\mathbf{E}_{m,1}\Big[S^2\psi\Big] = -\frac{n}{n-1}\mathbf{E}_{m,1}\Big[\Big((\overline{X}-m)^2-1\Big)\psi\Big]. \tag{1.23}$$

Nous avons alors besoin du lemme suivant.

Lemme 1.25 Soit ψ un test sans biais de Θ_0 contre Θ_1 de niveau α_ψ. Pour tout $m \in \mathbb{R}$ et toute variable aléatoire de la forme $f(\overline{X})$ et intégrable sous $\mathcal{P}_{m,1}$, on a

$$\mathbf{E}_{(m,1)}(\psi f(\overline{X})) = \alpha_\psi \mathbf{E}_{(m,1)}(f(\overline{X})),$$
$$\mathbf{E}_{(m,1)}\Big(S^2\psi f(\overline{X})\Big) = \alpha_\psi \mathbf{E}_{(m,1)}(f(\overline{X})).$$

Démonstration du lemme Commençons par le cas où $f(\overline{X})$ est de carré intégrable. D'après les égalités (1.20) et (1.23) ce lemme est une conséquence du lemme suivant.

Lemme 1.26 Soit une statistique W de carré sommable, telle que $\mathbf{E}_{(m,1)}(W)=0$ pour tout $m \in \mathbb{R}$. Alors pour tout réel m_0 et toute variable aléatoire de la forme $f(\overline{X})$ et de carré intégrable sous $\mathcal{P}_{m_0,1}$, on a $\mathbf{E}_{(m_0,1)}\Big(Wf(\overline{X})\Big)=0$.

Démontrons ce dernier lemme. On sait que pour tous $m, m_0 \in \mathbb{R}$, la loi $\mathcal{P}_{m,1}$ admet par rapport à $\mathcal{P}_{m_0,1}$ la densité

$$\exp\Big[-\frac{n}{2}\Big(-2(m-m_0)\overline{X}+m^2-m_0^2\Big)\Big].$$

L'hypothèse de centrage de W s'écrit

$$\mathbf{E}_{(m_0,1)}\Big(\exp\Big[n(m-m_0)\overline{X}\Big]W\Big)=0.$$

La démonstration s'achève par prolongement analytique, de manière analogue à celle du lemme 1.9.

En appliquant ce lemme à $W = \psi - \alpha_\psi$, on obtient la première égalité du lemme 1.25 sous l'hypothèse $f(\overline{X})$ de carré intégrable. En particulier en prenant $f(\overline{X}) = (\overline{X} - m)^2$ on a

$$\mathbf{E}_{m,1}\Big[\Big((\overline{X} - m)^2\Big)\psi\Big] = \alpha_\psi \mathbf{E}_{m,1}\Big((\overline{X} - m)^2\Big) = \frac{\alpha_\psi}{n},$$

la dernière égalité venant du fait que $\overline{X}$ suit la loi $\mathcal{N}(m, 1/n)$. Il découle alors de l'égalité (1.23) que $\mathbf{E}_{m,1}(S^2\psi) = \alpha_\psi$. Le lemme 1.26 s'applique alors à $W = S^2\psi - \alpha_\psi$, d'où la seconde égalité du lemme 1.25. Mais les formes linéaires

$$f(\overline{X}) \mapsto \mathbf{E}_{m,1}\Big(\psi f(\overline{X})\Big)$$
$$f(\overline{X}) \mapsto \mathbf{E}_{m,1}\Big(S^2\psi f(\overline{X})\Big)$$

sont bornées dans $L^1(\mathcal{P}_{m,1})$, la première car ψ est borné, la seconde car S^2 et $\overline{X}$ sont indépendantes. Par densité de L^2 dans L^1, le lemme 1.25 est démontré pour $f(\overline{X})$ intégrable. □

Soient $c, c' > 0$ tels que le test $\phi = 1 - \mathbf{1}_{[c,c']}(S^2)$ vérifie l'égalité (1.17). Rappelons que $\mathcal{P}_{m,\sigma^2}$ admet par rapport à $\mathcal{P}_{m,1}$ la densité

$$\frac{\mathrm{d}\mathcal{P}_{m,\sigma^2}}{\mathrm{d}\mathcal{P}_{m,1}} = (\sigma^2)^{-n/2} \exp\Big[-\frac{n-1}{2}(\sigma^{-2} - 1)S^2\Big] \exp\Big[-\frac{n}{2}(\sigma^{-2} - 1)(\overline{X} - m)^2\Big].$$

Considérons le premier terme exponentiel ci-dessus. Si $\sigma^2 \neq 1$, par stricte convexité de la fonction exponentielle, il existe des constantes $\lambda_{\sigma^2} > 0$ et λ'_{σ^2} du signe de $1 - \sigma^{-2}$ telles que

$$S^2 \notin [c, c'] \quad \text{ssi} \quad \exp\Big[-\frac{n-1}{2}(\sigma^{-2} - 1)S^2\Big] > \lambda_{\sigma^2} + \lambda'_{\sigma^2} S^2. \tag{1.24}$$

D'après l'argument de Neyman-Pearson, on a pour tout test ψ

$$\Big(\exp\Big[-\frac{n-1}{2}(\sigma^{-2} - 1)S^2\Big] - \lambda_{\sigma^2} - \lambda'_{\sigma^2} S^2\Big)\Big(\phi - \psi\Big) \geq 0,$$

et en multipliant cette inégalité par la statistique

$$f_{m,\sigma^2}(\overline{X}) = (\sigma^2)^{-n/2} \exp\Big[-\frac{n}{2}(\sigma^{-2} - 1)\Big((\overline{X} - m)^2\Big)\Big],$$

on obtient

$$\Big(\frac{\mathrm{d}\mathcal{P}_{m,\sigma^2}}{\mathrm{d}\mathcal{P}_{m,1}} - f_{m,\sigma^2}(\overline{X})(\lambda_{\sigma^2} + \lambda'_{\sigma^2} S^2)\Big)\Big(\phi - \psi\Big) \geq 0.$$

En intégrant sous $\mathcal{P}_{m,1}$, on obtient

$$\mathbf{E}_{m,1}\Big(\frac{\mathrm{d}\mathcal{P}_{m,\sigma^2}}{\mathrm{d}\mathcal{P}_{m,1}}(\phi - \psi)\Big) \geq \mathbf{E}_{m,1}\Big(f_{m,\sigma^2}(\overline{X})(\lambda_{\sigma^2} + \lambda'_{\sigma^2} S^2)(\phi - \psi)\Big).$$

Si ψ est sans biais, le lemme 1.25 s'applique et cette dernière inégalité devient

$$\mathbf{E}_{m,\sigma^2}\Big(\phi - \psi\Big) \geq \kappa(\lambda_{\sigma^2} + \lambda'_{\sigma^2})(\alpha_\phi - \alpha_\psi) \tag{1.25}$$

où l'on a posé [15] $\kappa = \mathbf{E}_{(m,1)}\Big(f_{m,\sigma^2}(\overline{X})\Big)$. D'autre part puisque $c < 1 < c'$ d'après (1.19), on a $\phi = 0$ sur l'événement $(S^2 = 1)$. L'inégalité (1.24) n'est donc pas valide sur cet événement, si bien que $\lambda_{\sigma^2} + \lambda'_{\sigma^2} > 0$. Si $\alpha_\psi \leq \alpha_\phi$, on déduit donc de (1.25) que $\beta_\psi(m, \sigma^2) \leq \beta_\phi(m, \sigma^2)$, ce qui montre que ϕ est UPPB.

Pour l'unicité, remarquons que si le test ψ ci-dessus est UPPB, on a nécessairement $\beta_\psi(m, \sigma^2) = \beta_\phi(m, \sigma^2)$. Par un raisonnement analogue au cas d'égalité de Neymann-Pearson, on en déduit que ϕ et ψ ne peuvent différer que sur l'événement $(S^2 \in \{c, c'\})$, qui est négligeable. Ceci achève la démonstration du théorème 1.24. □

1.6 Exercices

Les exercices 1.1 et 1.2 sont des exercices d'application numérique des tests vus dans ce chapitre. Il sont corrigés au chapitre 5 à l'aide de tables statistiques, et dans l'annexe B avec le logiciel « R ». Les exercices 1.3 et 1.4 proposent quelques rappels d'analyse harmonique. Les exercices de 1.5 à 1.8 portent sur l'étude des lois de probabilité dérivées de la loi de Gauss. À partir de l'exercice 1.9 sont proposées des variantes des tests et estimateurs vus dans ce chapitre.

1.6.1 Applications numériques

Exercice 1.1. *Test de Student.—* Soit un échantillon de taille $n = 10$ d'une loi de Gauss de paramètres inconnus. L'expérience a permis d'observer les 10 valeurs suivantes.

+1.061	−0.070	+1.049	−0.669	+0.212
+0.122	+0.877	+1.660	−1.639	+1.485

On considère l'hypothèse $\Theta_0 = \{m = 0\}$ contre $\Theta_1 = \{m \neq 0\}$

1. Calculer le seuil c du théorème de Student, au niveau $\alpha = 5\%$.
2. Calculer la valeur t de la statistique de Student T.
3. Donner la conclusion du test.

Exercice 1.2. *Test sur la variance d'une loi de Gauss.—* Sur le même échantillon que celui de l'exercice 1.1, on veut tester l'hypothèse $\Theta_0 = \{\sigma^2 = 1\}$ contre l'hypothèse $\{\sigma^2 \neq 1\}$.

1. Calculer les seuils c, c' du test symétrique sur la variance vu ci-dessus, au niveau $\alpha = 5\%$.
2. Calculer la valeur s^2 de la statistique S^2.
3. Donner la conclusion du test.

[15] Un calcul basé sur la densité de $\overline{X}$ permet de calculer κ. En effet, sous la probabilité $\mathcal{P}_{m,1}$, la statistique $\overline{X}$ suit la loi de Gauss $\mathcal{N}(m, 1/n)$, donc $\mathbf{E}_{m,1}(f_{m,\sigma^2}(\overline{X})) = \int_{-\infty}^{+\infty} \frac{1}{\sqrt{2\pi/n}} e^{-\frac{(x-m)^2}{2/n}} f_{m,\sigma^2}(x)\, dx$. En remplaçant la fonction f_{m,σ^2} par son expression et en calculant l'intégrale, on trouve $\kappa = \sigma^{1-n}$.

1.6.2 Analyse de Fourier

Exercice 1.3. *Prolongement analytique.*— Cet exercice propose le calcul de la fonction caractéristique de la loi $\mathcal{N}(0,1)$ par la méthode du prolongement analytique. On entend par « méthode du prolongement analytique » toute démonstration consistant à étendre à $\mathbb{C}$ une formule vérifiée sur $\mathbb{R}$, grâce au théorème des zéros isolés pour les fonctions holomorphes. Ce type de raisonnement est très efficace pour de nombreux problèmes d'analyse de Fourier.

Soit l'intégrale dépendant d'un paramètre $z \in \mathbb{C}$, définie par

$$I(z) = \int_{-\infty}^{+\infty} \frac{1}{\sqrt{2\pi}} e^{zt} e^{-t^2/2}\, dt.$$

On admet que $I(0) = 1$.

1. Démontrer que la fonction I est bien définie sur $\mathbb{C}$ tout entier.
2. Démontrer que pour $z \in \mathbb{R}$, on a $I(z) = e^{z^2/2}$ (on utilisera l'égalité $2zt - t^2 = z^2 - (t-z)^2$).
3. Démontrer que la fonction $z \to I(z)$ est holomorphe sur $\mathbb{C}$.
4. En déduire $I(i\eta)$ pour $\eta \in \mathbb{R}$.

Exercice 1.4. *Densité des polynômes trigonométriques.*— Soit une variable aléatoire X définie sur un espace de probabilité $(\Omega, \mathcal{A}, \mathcal{P})$. On se propose de vérifier que les combinaisons linéaires de fonctions de la famille $(e^{i\eta X})_{\eta \in \mathbb{R}}$ forment un espace vectoriel dense de l'espace $L^2(\sigma(X))$, où $\sigma(X)$ désigne la tribu engendrée par la variable aléatoire X. Supposons que $\mathbf{E}(X^2) < +\infty$ (cette hypothèse simplifie la démonstration mais le résultat reste vrai sans elle). On admet que $\lim_{A \to +\infty} \int_0^A \frac{\sin t}{t}\, dt = \frac{\pi}{2}$.

1. Vérifier que

$$\lim_{A \to +\infty} \frac{2}{\pi} \int_0^A \frac{\sin(tx)}{t}\, dt = \begin{cases} 1 & \text{si} \quad x > 0 \\ -1 & \text{si} \quad x < 0 \\ 0 & \text{si} \quad x = 0 \end{cases}.$$

2. Pour $A > 0$ et $b \in \mathbb{R}$ on pose

$$X_{A,b} = \frac{1}{2} - \frac{1}{\pi} \int_0^A \frac{\sin(t(X-b))}{t}\, dt.$$

   Établir la convergence suivant dans $L^2(\mathcal{P})$

$$\lim_{A \to +\infty} X_{A,b} = \mathbf{1}_{]-\infty, b[}(X) + \frac{1}{2} \mathbf{1}_{\{b\}}(X).$$

3. En déduire que la famille de fonctions $(X_{A,b})_{A>0, b \in \mathbb{R}}$ engendre un sous-espace vectoriel dense de $L^2(\sigma(X))$.

4. Démontrer qu'il existe un nombre réel $M > 0$ tel que pour tous $n \geq 1$, $A > 0$, et $x \in \mathbb{R}$ on a

$$\Big|\int_0^A \frac{\sin(tx)}{t}\,\mathrm{d}t - \sum_{k=0}^{n-1} \frac{\sin(\frac{kAx}{n})}{k}\Big| < M \min\Big(Ax, \frac{x^2A^2}{n}\Big).$$

5. Pour $A > 0$, $b \in \mathbb{R}$, et $n \geq 1$, on pose

$$Y_{A,b,n} = \frac{1}{2} - \frac{1}{\pi}\sum_{k=0}^{n-1} \frac{\sin(\frac{kA(X-b)}{n})}{k}.$$

Démontrer que la famille de fonctions $(Y_{A,b,n})_{A>0,b\in\mathbb{R},n\geq 1}$ engendre un sous-espace vectoriel dense de $L^2(\sigma(X))$.

6. En déduire que les combinaisons linéaires de fonctions de la famille $(e^{i\eta X})_{\eta\in\mathbb{R}}$ forment un espace vectoriel dense de l'espace $L^2(\sigma(X))$.

1.6.3 Lois déduites de la loi normale

Exercice 1.5. *Loi de Gauss et orthogonalité.—* Soit $\vec{X} = (X_i)_{1\leq i\leq n}$ un vecteur aléatoire dont les coordonnées sont indépendantes et de loi $\mathcal{N}(0,1)$. Soit P une matrice carrée de déterminant non nul. On considère le vecteur aléatoire $\vec{Y} = P\vec{X}$.

Vérifier que si la matrice P est orthogonale, alors les vecteurs aléatoires $\vec{X}$ et $\vec{Y}$ ont la même loi.

Exercice 1.6. *Densité de la loi du chi-carré.—* Soit $(Z_i)_{1\leq i\leq d}$ une suite de d variables aléatoires indépendantes et de loi $\mathcal{N}(0,1)$. On admet qu'il existe une constante c_d telle que l'aire $A_{d-1}(r)$ de la sphère de dimension $d-1$ de rayon r (dans $\mathbb{R}^d$) vaut $A_{d-1}(r) = c_d r^{d-1}$.

1. Soient g une fonction continue bornée sur $\mathbb{R}$ et R la variable aléatoire définie par $R = \sqrt{\sum_{i=1}^d Z_i^2}$. À l'aide du théorème de Fubini, démontrer que

$$\mathbf{E}\big(g(R)\big) = \int_0^{+\infty} g(r)\frac{c_d}{\sqrt{2\pi}^d} r^{d-1} e^{-r^2/2}\,\mathrm{d}r.$$

2. En déduire que la densité de la loi du chi-carré à d degrés de liberté (c'est-à-dire la loi de la variable aléatoire $V = R^2$) est la fonction f définie par

$$f(v) = \frac{c_d}{2\sqrt{2\pi}^d} v^{d/2-1} e^{-v/2} \mathbf{1}_{\mathbb{R}_+}(v). \tag{1.26}$$

3. Vérifier que $\mathbf{E}(Z_1^2) = 1$ et $\mathbf{V}(Z_1^2) = 2$, puis en déduire que $\mathbf{E}(V) = d$ et $\mathbf{V}(V) = 2d$.

Exercice 1.7. *Densité de la loi de Student.*— Soit $(Z_i)_{1\leq i\leq d}$ une suite de d variables aléatoires indépendantes de loi $\mathcal{N}(0,1)$. On pose $R_1 = \sqrt{\sum_{i=2}^{d} Z_i^2}$.

1. Soit f une fonction continue sur $\mathbb{R}^2$. Démontrer à l'aide du théorème de Fubini que
$$\mathbf{E}(f(Z_1, R_1)) = \int\int f(z,r)\frac{c_{d-1}}{\sqrt{2\pi}^d} r^{d-2}\exp\Big(-\frac{z^2+r^2}{2}\Big)\,\mathrm{d}r\mathrm{d}z,$$
où la constante c_{d-1} est celle introduite de l'exercice 1.6.
2. On considère les variables aléatoires $U = Z_1/R_1$ et $V = Z_1^2 + R_1^2$. Montrer que la densité de la loi du couple (U,V) est donnée par
$$(u,v)\mapsto \frac{c_{d-1}}{2\sqrt{2\pi}^d} e^{-v/2} v^{d/2-1}\frac{1}{\sqrt{1+u^2}^d}.$$
3. Vérifier que U et V sont indépendantes et préciser leurs densités.
4. Dans cette question et la suivante $(X_1,\ldots,X_n)$ désigne un échantillon de taille n de la loi de Gauss $\mathcal{N}(m,\sigma^2)$. Déduire des questions précédentes que si $m = 0$ la densité de la loi de la variable aléatoire $T = \frac{\overline{X}\sqrt{d}}{S}$ (appelée loi de Student à $d-1$ degrés de liberté) est
$$t\mapsto \frac{c_{d-1}}{c_d\sqrt{d-1}}\frac{1}{\sqrt{1+\frac{t^2}{d-1}}^d}.$$
5. Vérifier que si $m = 0$ alors T est indépendante de $\overline{X^2}$ (*Utiliser la question 3*).

Exercice 1.8. *Indépendance de $\overline{X}$ et S^2, et de T et $\overline{X^2}$* lorsque $m = 0$.— Soit $(X_1,\ldots,X_n)$ un échantillon de taille n de la loi de Gauss $\mathcal{N}(m,\sigma^2)$. On propose une démonstration des indépendances annoncées qui ne nécessite pas le calcul de la densité jointe.

1. Démontrer que $\overline{X}$ et S^2 sont indépendantes en utilisant le lemme 1.26 *(poser $W = g(S^2) - \mathbf{E}_{m,1}(g(S^2))$)*.
2. En utilisant le lemme 1.23, démontrer que $\overline{X^2}$ et $T = \sqrt{n}\overline{X}/S$ sont indépendantes quand $m = 0$ *(poser $W = g(T) - \mathbf{E}_{0,\sigma^2} g(T)$)*.

1.6.4 Estimateurs sans biais de variance minimale

Exercice 1.9. *Estimateur sans biais de σ.*— Soit un modèle correspondant à l'observation d'une suite de n variables aléatoires indépendantes de loi $\mathcal{N}(m,\sigma^2)$, de paramètre $\vec{\theta} = (m,\sigma^2)$. Considérons la statistique S^2 présentée ci-dessus.

1. Démontrer qu'il existe une constante c telle que cS soit un estimateur sans biais de σ *(utiliser la densité de S^2 vue dans l'exercice 1.6 pour calculer $\mathbf{E}(S)$)*.
2. Démontrer que cS est alors l'unique estimateur sans biais de variance minimale de σ *(utiliser le lemme 1.9)*.

Exercice 1.10. *ESBVM d'une proportion.*— Considérons le modèle statistique $(\Omega, \mathcal{A}, (\mathcal{P}_\theta)_{\theta\in[0,1]})$ correspondant à l'observation d'un échantillon de taille n de la loi de Bernoulli de paramètre θ. Notons $(X_1, \ldots, X_n)$ la suite de statistiques associée selon la définition 1.1, c'est-à-dire dont la loi sous $\mathcal{P}_\theta$ est celle d'une suite de variables aléatoires indépendantes de Bernoulli de paramètre θ. Soit $\theta_0 \in]0, 1[$ fixé.

1. On note $\mathcal{L}(\theta, \cdot)$ la densité $\frac{\mathrm{d}\mathcal{P}_\theta}{\mathrm{d}\mathcal{P}_{\theta_0}}$. Vérifier que
$$\mathcal{L}(\theta, \omega) = \left(\frac{\theta}{\theta_0}\right)^{n\overline{X}(\omega)} \left(\frac{1-\theta}{1-\theta_0}\right)^{n(1-\overline{X}(\omega))},$$
où $\overline{X}$ désigne la moyenne empirique $\overline{X} = \frac{1}{n}(X_1 + \cdots + X_n)$.
2. Soit W une statistique telle que pour tout $\theta \in [0, 1]$ on ait $\mathbf{E}_\theta(W) = 0$. Soit une statistique de la forme $f(\overline{X})$. Démontrer que $\mathbf{E}_{\theta_0}(Wf(\overline{X})) = 0$.
3. En déduire que la moyenne empirique $\overline{X}$ est l'unique estimateur sans biais de variance minimale du paramètre θ.

1.6.5 Tests sur m avec σ^2 connu

Exercice 1.11. *Test sur la moyenne m avec variance connue.*— On se propose de démontrer que le test ϕ_n de l'exemple 1.13 page 12 est UPPB.

1. Se ramener au cas $m_0 = 0$ et montrer que tout test sans biais ψ vérifie
$$\mathbf{E}_{0,\sigma^2}(\psi) = \alpha_\psi,$$
$$\frac{\partial}{\partial m}\mathbf{E}_{m,\sigma^2}(\psi)\Big|_{m=0} = 0.$$
En déduire que $\mathbf{E}_{0,\sigma^2}(\overline{X}\psi) = 0$.
2. Vérifier d'autre part que pour toute valeur fixée de m, il existe deux constantes $\lambda_m > 0$ et λ'_m du signe de m tels que ϕ_n vaut 1 ou 0 suivant que
$$\frac{\mathrm{d}\mathcal{P}_{m,\sigma^2}}{\mathrm{d}\mathcal{P}_{0,\sigma^2}} > \lambda_m + \lambda'_m\overline{X}$$
ou non.
3. Conclure en s'inspirant de la démonstration du théorème de Neyman-Pearson.
4. Appliquer ce test aux données de l'exercice 1.1, en supposant la variance connue et égale à 1.

Exercice 1.12. *Test UPPB de l'hypothèse $m_1 \le m \le m_0$, avec σ^2 connu.*— Soit un modèle statistique correspondant à l'observation de n variables aléatoires indépendantes de loi de Gauss $\mathcal{N}(m, \sigma^2)$, d'espace de paramètres $\Theta = \{m,\ m \in \mathbb{R}\}$, la variance σ^2 étant connue. Soient $m_1 < m_0$ deux réels, et les hypothèses $\Theta_0 = \{m_1 \le m \le m_0\}$ et $\Theta_1 = \Theta \setminus \Theta_0$. Soit Z la statistique définie par
$$Z = \frac{\overline{X} - (m_0 + m_1)/2}{\sigma/\sqrt{n}}.$$

Pour tout $c > 0$, on considère le test ϕ défini par

$$|Z| > c \Rightarrow \phi(\omega) = 1$$
$$|Z| \leq c \Rightarrow \phi(\omega) = 0.$$

1. Démontrer que le niveau α_ϕ de ϕ en tant que test de Θ_0 contre Θ_1 vérifie $\alpha_\phi = \beta_\phi(m_0) = \beta_\phi(m_1)$, où β_ϕ désigne la fonction puissance de ϕ.
2. Démontrer que pour tout α, on peut choisir c tel que $\alpha_\phi = \alpha$.
3. Démontrer que tout test sans biais ψ vérifie

$$\mathbf{E}_{(m_0,\sigma^2)}(\psi) = \alpha_\psi,$$
$$\mathbf{E}_{(m_1,\sigma^2)}(\psi) = \alpha_\psi.$$

4. Vérifier d'autre part que pour toute valeur fixée de $m > m_0$, il existe deux constantes λ et $\lambda' > 0$ telles que ϕ vaut 1 ou 0 suivant que

$$\lambda \frac{\mathrm{d}\mathcal{P}_{m_1}}{\mathrm{d}\mathcal{P}_{m_0}} + \lambda' \frac{\mathrm{d}\mathcal{P}_m}{\mathrm{d}\mathcal{P}_{m_0}} > 1$$

ou non.

5. En déduire que sur le domaine $m > m_0$ le test ϕ est plus puissant que tout test ψ sans biais de même niveau.
6. À l'aide d'un raisonnement analogue pour $m < m_1$, démontrer que ϕ est l'unique test UPPB de Θ_0 contre Θ_1 de niveau α.

1.6.6 Intervalles de confiance

Exercice 1.13. *Intervalle de confiance sur m, avec σ^2 inconnu.*— Soit un modèle statistique $(\Omega, \mathcal{A}, (\mathcal{P}_{m,\sigma^2})_{m,\sigma^2})$ correspondant à un échantillon de la loi de Gauss $\mathcal{N}(m, \sigma^2)$. Soit $\beta \in]0, 1[$. Un intervalle de confiance sur m, de niveau β, est la donnée de deux statistiques A, B vérifiant

$$\mathcal{P}_{m,\sigma^2}(A \leq m \leq B) \geq \beta$$

pour tout $m \in \mathbb{R}$ et $\sigma^2 > 0$.

1. On pose $\alpha = 1 - \beta$. Notons ϕ_{m_0} le test de Student de niveau α de l'hypothèse $\Theta_0 = \{m = m_0\}$ contre $\Theta_1 = \{m \neq m_0\}$. Expliciter les deux statistiques A et B telles que, pour tout $\omega \in \Omega$, on ait

$$m_0 \in [A(\omega), B(\omega)] \iff \phi_{m_0}(\omega) = 0.$$

2. Vérifier que $[A, B]$ est un intervalle de confiance sur m, de niveau β.
3. Calculer cet intervalle sur les données de l'exercice 1.1, au niveau de confiance $\beta = 95\%$.

Exercice 1.14. *Intervalle de confiance sur σ^2, avec m inconnu.—* Soit un modèle statistique $(\Omega, \mathcal{A}, (\mathcal{P}_{m,\sigma^2})_{m,\sigma^2})$ correspondant à un échantillon de la loi de Gauss. Soit $\beta \in]0,1[$.

1. On pose $\alpha = 1 - \beta$. Notons $\phi_{\sigma_0^2}$ le test symétrique sur la variance de l'hypothèse $\Theta_0 = \{m = \sigma_0^2\}$ contre $\Theta_1 = \{m \neq \sigma_0^2\}$ de niveau α, présenté dans la remarque de la page 20, et défini par les équations (1.18). Expliciter les deux statistiques A et B telles que, pour tout $\omega \in \Omega$, on ait
$$\sigma_0^2 \in [A(\omega), B(\omega)] \iff \phi_{\sigma_0^2}(\omega) = 0.$$
2. Vérifier que $[A, B]$ est un intervalle de confiance sur σ^2, de niveau β.
3. Calculer cet intervalle sur les données de l'exercice 1.1, au niveau de confiance $\beta = 95\%$.

Exercice 1.15. *Intervalle de confiance sur m, avec σ^2 connu.—* On fixe $\sigma^2 > 0$, et on considère un modèle statistique $(\Omega, \mathcal{A}, (\mathcal{P}_{m,\sigma^2})_m)$ correspondant à un échantillon de la loi de Gauss de variance connue σ^2. Soit $\beta \in]0,1[$.

1. Posons $\alpha = 1 - \beta$. Notons ϕ_{m_0} le test de l'exemple 1.13 de l'hypothèse $\Theta_0 = \{m = m_0\}$ contre $\Theta_1 = \{m \neq m_0\}$ de niveau α. Expliciter les deux statistiques A et B telles que, pour tout $\omega \in \Omega$, on ait
$$m_0 \in [A(\omega), B(\omega)] \iff \phi_{m_0}(\omega) = 0.$$
2. Vérifier que $[A, B]$ est un intervalle de confiance sur m, de niveau β.
3. Calculer cet intervalle sur les données de l'exercice 1.1, au niveau de confiance $\beta = 95\%$, en supposant $\sigma^2 = 1$.
4. Comparer avec le résultat de l'exercice 1.13.

1.6.7 Tests unilatéraux

Exercice 1.16. *Théorème de Neyman-Pearson, dans le cas de deux hypothèses simples.—* On revient dans cet exercice à un modèle statistique $(\Omega, \mathcal{A}, (\mathcal{P}_\theta)_{\theta\in\Theta})$ général. Soient deux hypothèses $\Theta_0 = \{\theta_0\}$ et $\Theta_1 = \{\theta_1\}$. On note p_i, $i = 0, 1$, la densité de $\mathcal{P}_{\theta_i}$ par rapport à une mesure ν. Soit $\lambda_0 > 0$.

1. Démontrer que tout test ϕ tel que
$$\begin{array}{ll} p_1(\omega) > \lambda_0 p_0(\omega) \Rightarrow & \phi(\omega) = 1 \\ p_1(\omega) < \lambda_0 p_0(\omega) \Rightarrow & \phi(\omega) = 0 \end{array}$$
est un test UPP de Θ_0 contre Θ_1.
2. Démontrer que tout test ψ UPP de même niveau vérifie les conditions ci-dessus avec le même coefficient λ_0, ν-p.s.

Les exercices 1.17, 1.18 et 1.19 sont des applications de cet exercice.

Exercice 1.17. *Test UPPB de l'hypothèse $m \leq m_0$ contre $m > m_0$.*— Soit un modèle statistique correspondant à l'observation de n variables aléatoires indépendantes de loi de Gauss $\mathcal{N}(m, \sigma^2)$. Soient m_0 un réel, et les hypothèses $\Theta_0 = \{(m, \sigma^2);\ m \leq m_0\}$ et $\Theta_1 = \Theta \setminus \Theta_0$. Soit T la statistique de Student définie par

$$T = \frac{\overline{X} - m_0}{S/\sqrt{n}}.$$

On considère, pour tout $c > 0$, le test ϕ défini par

$$\begin{aligned} T > c &\Rightarrow & \phi(\omega) = 1 \\ T \leq c &\Rightarrow & \phi(\omega) = 0. \end{aligned}$$

1. Démontrer que le niveau α_ϕ de ϕ en tant que test de Θ_0 contre Θ_1 vérifie $\alpha_\phi = \beta_\phi(m_0, \sigma^2)$ où β_ϕ désigne la fonction puissance de ϕ.
2. Démontrer que pour tout α, on peut choisir c tel que $\alpha_\phi = \alpha$.
3. Démontrer que tout test sans biais ψ vérifie

$$\mathbf{E}_{(m_0,\sigma^2)}(\psi) = \alpha_\psi.$$

4. Vérifier d'autre part que pour des valeurs fixées de $m > m_0$ et $\sigma^2 > 0$, il existe une fonction $\lambda_{m,\sigma^2}\big(\overline{X^2}\big) > 0$ telle que ϕ vaut 1 ou 0 suivant que

$$\frac{\mathrm{d}\mathcal{P}_{m,\sigma^2}}{\mathrm{d}\mathcal{P}_{m_0,\sigma^2}} > \lambda_{m,\sigma^2}\big(\overline{X^2}\big)$$

ou non.
5. En déduire que le test ϕ est plus puissant que tout test ψ sans biais de niveau $\alpha_\psi \leq \alpha_\phi$.
6. Démonter que ϕ est l'unique test UPPB de Θ_0 contre Θ_1 de son niveau.

Exercice 1.18. *Test UPPB de l'hypothèse $\sigma \leq \sigma_0$.*— Soit un modèle statistique correspondant à l'observation de n variables aléatoires indépendantes de loi de Gauss $\mathcal{N}(m, \sigma^2)$. Soient $\sigma_0 > 0$ et les hypothèses $\Theta_0 = \{(m, \sigma^2);\ \sigma \leq \sigma_0\}$ et $\Theta_1 = \Theta \setminus \Theta_0$. On considère, pour tout $c > 0$, le test ϕ défini par

$$\begin{aligned} S^2 > c &\Rightarrow & \phi(\omega) = 1 \\ S^2 \leq c &\Rightarrow & \phi(\omega) = 0. \end{aligned}$$

1. Démontrer que le niveau α_ϕ de ϕ en tant que test de Θ_0 contre Θ_1 vérifie $\alpha_\phi = \beta_\phi(m, \sigma_0^2)$, où β_ϕ désigne la fonction puissance de ϕ.
2. Démontrer que pour tout α, on peut choisir c tel que $\alpha_\phi = \alpha$.
3. Démontrer que tout test sans biais ψ vérifie

$$\mathbf{E}_{(m_0,\sigma^2)}(\psi) = \alpha_\psi.$$

4. Vérifier d'autre part que pour des valeurs fixées de $\sigma > \sigma_0$ et $m \in \mathbb{R}$, il existe une fonction $\lambda_{m,\sigma^2}(\overline{X}) > 0$ telle que ϕ vaut 1 ou 0 suivant que
$$\frac{\mathrm{d}\mathcal{P}_{m,\sigma^2}}{\mathrm{d}\mathcal{P}_{m,\sigma_0^2}} > \lambda_{m,\sigma^2}(\overline{X})$$
ou non.
5. En déduire que le test ϕ est plus puissant que tout test ψ sans biais de niveau $\alpha_\psi \leq \alpha_\phi$.
6. Démontrer que ϕ est l'unique test UPPB de Θ_0 contre Θ_1 de niveau α.

1.6.8 Tests UPP

Exercice 1.19. *Test unilatéral UPP sur m, avec σ^2 connu.—* On fixe $\sigma^2 > 0$ et on considère un modèle statistique correspondant à l'observation de n variables aléatoires indépendantes de loi de Gauss $\mathcal{N}(m, \sigma^2)$ de paramètre $m \in \mathbb{R}$. Soient m_0 un réel, et les hypothèses $\Theta_0 = (m \leq m_0)$ et $\Theta_1 = \Theta \setminus \Theta_0$. Soit Z la statistique définie par $Z = \sigma^{-1}\sqrt{n}(\overline{X} - m_0)$. On considère, pour tout $c > 0$, le test ϕ défini par
$$\begin{aligned} Z > c \Rightarrow \qquad & \phi(\omega) = 1 \\ Z \leq c \Rightarrow \qquad & \phi(\omega) = 0. \end{aligned}$$

1. Démontrer que le niveau α_ϕ de ϕ en tant que test de Θ_0 contre Θ_1 vérifie $\alpha_\phi = \beta_\phi(m_0)$, où β_ϕ désigne la fonction puissance de ϕ.
2. Démontrer que pour tout α, on peut choisir c tel que $\alpha_\phi = \alpha$.
3. Vérifier que pour une valeur fixée de $m > m_0$, il existe une constante $\lambda_m > 0$ telle que ϕ vaut 1 ou 0 suivant que
$$\frac{\mathrm{d}\mathcal{P}_{m,\sigma^2}}{\mathrm{d}\mathcal{P}_{m_0,\sigma^2}} > \lambda_m$$
ou non.
4. En déduire que le test ϕ est plus puissant que tout test ψ de niveau $\leq \alpha$.
5. Démonter que ϕ est l'unique test UPP de Θ_0 contre Θ_1 de niveau α.

Exercice 1.20. *Cas où il n'y a pas de test UPP.—* On fixe $\sigma^2 > 0$ et on considère un modèle statistique correspondant à l'observation de n variables aléatoires indépendantes de loi de Gauss $\mathcal{N}(m, \sigma^2)$ de paramètre $m \in \mathbb{R}$. Soient m_0 un réel et $\alpha \in]0, 1[$. On note ϕ_+ le test UPP de niveau α de l'hypothèse $\Theta_0 = (m \leq m_0)$ contre $\Theta_1 = \Theta \setminus \Theta_0$ donné par l'exercice précédent. On note ϕ_- le test UPP de l'hypothèse $\Theta_0' = (m \geq m_0)$ contre $\Theta_1' = \Theta \setminus \Theta_0'$ qui s'obtient pas un raisonnement analogue.

1. Soit ψ un test de niveau α de $\Theta_0'' = (m = m_0)$ contre $\Theta_1'' = \Theta \setminus \Theta_0''$. Démontrer que sur la région Θ_1, ce test est moins puissant que ϕ_+.
2. Montrer que ψ est aussi puissant que ϕ_+ sur la région Θ_1 ssi il est égal à ϕ_+.
3. Par un raisonnement analogue avec ϕ_- et Θ_1', démontrer qu'il n'existe pas de test UPP de Θ_0'' contre Θ_1''.

CHAPITRE 2

Méthodes bayésiennes d'estimation d'une proportion

L'ESTIMATION D'UNE PROPORTION est un problème fondamental des statistiques. La démarche bayésienne, inspirée de la théorie des jeux, est particulièrement adaptée pour aborder cette question. C'est l'objet de ce chapitre. On y voit l'intérêt de munir l'espace des paramètres d'une mesure de probabilité, puis de choisir des méthodes statistiques « au hasard ».

2.1 Notions élémentaires de statistique bayésienne

Pour $\theta \in [0,1]$, notons $\mathcal{B}(\theta)$ la loi de Bernoulli de paramètre θ (on gardera la lettre θ plutôt que p pour désigner le paramètre, car il y a déjà beaucoup de p dans le texte). On rappelle que cette loi a son support dans l'ensemble à deux points $\{0,1\}$, et donne la probabilité θ à la valeur 1 (et donc la probabilité $1-\theta$ à la valeur 0). Considérons le modèle statistique $(\Omega, \mathcal{A}, (\mathcal{P}_\theta)_{\theta\in[0,1]})$ correspondant à l'observation d'un échantillon de taille n de la loi $\mathcal{B}(\theta)$. Notons $(X_1,\ldots,X_n)$ la suite de statistiques associée selon la définition 1.1, c'est-à-dire dont la loi sous $\mathcal{P}_\theta$ est celle d'une suite de variables aléatoires de Bernoulli de paramètre θ, indépendantes. Cela s'écrit pour tout $(x_1,\ldots,x_n)\in\{0,1\}^n$,

$$\mathcal{P}_\theta(X_1=x_1,\ldots,X_n=x_n)=\theta^s(1-\theta)^{n-s} \tag{2.1}$$

où $s=x_1+\cdots+x_n$. Dans l'exercice 1.10 du chapitre 1, on a proposé de vérifier que la moyenne empirique $\overline{X}=\frac{1}{n}(X_1+\cdots+X_n)$ est l'unique estimateur sans biais de variance minimale du paramètre θ. Cela signifie que, du point de vue du risque quadratique, cet estimateur est le meilleur *parmi les estimateurs sans biais.* On cherche à lever cette contrainte de biais nul, et à comparer cet estimateur à des estimateurs biaisés (toujours du point de vue du risque quadratique, voir définition 1.5).

Comme cela a été vu dans le cas de la comparaison de deux tests, les courbes de risque de deux estimateurs peuvent se croiser[1]. Ils ne peuvent dans ce cas être comparés l'un à l'autre, du moins si l'on n'a aucune autre information sur θ. Lorsque ces courbes ne se croisent pas, l'estimateur ayant la courbe de risque inférieure est préférable à celui

[1] Voir figure 2.1 page 39.

ayant la courbe de risque supérieure [2]. Cela amène la notion d'estimateur admissible, qui est calquée sur celle de test admissible.

Définition 2.1 (Estimateur admissible) Un estimateur Y est admissible lorsqu'il n'existe pas d'estimateur strictement meilleur, c'est-à-dire dire si pour tout estimateur Z on a l'alternative suivante :

- les risques coïncident : $R_Z(\theta) = R_Y(\theta)$ pour tout $\theta \in \Theta$;
- il existe un $\theta \in \Theta$ tel que $R_Z(\theta) > R_Y(\theta)$.

La démarche bayésienne consiste à munir l'espace des paramètres Θ d'une mesure de probabilité, et en particulier à intégrer le risque R_Y sous cette mesure.

Définition 2.2 (Probabilité et risque bayésiens) Considérons un modèle statistique $(\Omega, \mathcal{A}, (\mathcal{P}_\theta)_{\theta\in\Theta})$. On suppose l'espace des paramètres $\Theta \subset \mathbb{R}^d$ mesurable. On appelle probabilité bayésienne, ou probabilité de Bayes, toute probabilité μ définie sur l'espace Θ. Pour tout estimateur Y de carré sommable, le risque bayésien associé $R_Y(\mu)$ est l'intégrale

$$R_Y(\mu) = \int_\Theta R_Y(\theta)\, \mu(\mathrm{d}\theta)$$

de son risque quadratique sous μ.

Ainsi le risque bayésien est un nombre, et non plus une fonction. Cela rend comparables entre eux deux estimateurs de carré sommable : le meilleur (relativement à μ) est celui de risque bayésien le plus petit. Il en découle la notion d'estimateur bayésien.

Définition 2.3 (Estimateur bayésien) Soit μ une probabilité bayésienne. Un estimateur bayésien relativement à μ est un estimateur Y minimisant le risque bayésien $R_Y(\mu)$. Un estimateur est dit bayésien lorsqu'il existe une probabilité bayésienne pour laquelle il est bayésien.

Notons que sur le fond, la démarche bayésienne ne fait que déplacer le problème, qui se porte désormais sur le choix de la probabilité bayésienne μ. L'idée est que μ doit refléter l'information dont dispose le statisticien a priori, c'est-à-dire avant le tirage de l'échantillon. C'est pourquoi les probabilités de Bayes sont aussi appelées probabilités « a priori ». Si pour une raison quelconque (à cause d'une étude antérieure par exemple) l'observateur considère que θ a de grandes chances d'être proche de $1/2$, il choisira une probabilité a priori qui charge particulièrement le voisinage de ce point. Un débat a fait rage sur le bien fondé de cette démarche. Les statisticiens « bayésiens » défendaient l'idée que l'on a forcément un a priori, même subjectif. Autant alors en tenir compte. Les statisticiens « non bayésiens » prétendaient eux qu'une telle démarche introduit un biais dans l'étude statistique, et qu'il vaut mieux l'éviter, d'autant que le choix de μ n'a rien d'évident. Nous n'avons pas ici l'intention de développer une argumentation en faveur de l'une ou de l'autre de ces thèses. Ce débat est d'ailleurs partiellement

2 Dans l'absolu du moins, car ce dernier peut posséder d'autres propriétés considérées comme importantes dans certains contextes, comme le caractère non biaisé par exemple.

retombé. Les statisticiens adoptent maintenant des attitudes moins passionnelles, consistant à utiliser la démarche bayésienne lorsqu'elle présente un intérêt objectif.

2.2 Estimateurs usuels d'une proportion

La démarche bayésienne permet de construire toute une famille d'estimateurs admissibles. Ceci fait l'objet de ce paragraphe.

2.2.1 Cas d'une probabilité bayésienne générale

La proposition suivante donne une expression de l'estimateur bayésien pour le modèle de Bernoulli.

Proposition 2.4 Soit $(\Omega, \mathcal{A}, (\mathcal{P}_\theta)_{\theta\in[0,1]})$ un modèle statistique correspondant à l'observation d'un échantillon de taille n d'une loi de Bernoulli de paramètre θ, et $(X_1, \ldots, X_n)$ la suite de statistiques associée au modèle, suivant la définition 1.1. Soit une probabilité bayésienne μ définie sur l'intérvalle $[0, 1]$, dont le support n'est pas réduit à $\{0, 1\}$. L'estimateur Y défini par

$$\sum_{i=1}^{n} X_i = k \qquad \Longrightarrow \qquad Y = \frac{\int_0^1 \theta^{k+1}(1-\theta)^{n-k}\mu(\mathrm{d}\theta)}{\int_0^1 \theta^k(1-\theta)^{n-k}\mu(\mathrm{d}\theta)}. \tag{2.2}$$

est un estimateur bayésien de θ.

Démonstration Dans cette démonstration $\theta_0 \in]0,1[$ est fixé. Commençons par exprimer la densité $\frac{\mathrm{d}\mathcal{P}_\theta}{\mathrm{d}\mathcal{P}_{\theta_0}}$. Soit Z une statistique définie sur Ω. D'après la définition 1.1, elle s'écrit $Z = g(X_1, \ldots, X_n)$ où g est une fonction de $\{0,1\}^n$ dans $\mathbb{R}$. On a donc d'après (2.1)

$$\mathbf{E}_\theta(Z) = \sum_{x_1=0}^{1} \cdots \sum_{x_n=0}^{1} g(x_1, \ldots, x_n)\theta^{n\overline{x}}(1-\theta)^{n-n\overline{x}},$$

où $\overline{x} = (x_1 + \cdots + x_n)/n$. En posant $p_\theta(x_1, \ldots, x_n) = \theta^{n\overline{x}}(1-\theta)^{n-n\overline{x}}$, et en multipliant et en divisant par p_{θ_0}, cela s'écrit encore

$$\mathbf{E}_\theta(Z) = \sum_{x_1=0}^{1} \cdots \sum_{x_n=0}^{1} \tilde{g}(x_1, \ldots, x_n)p_{\theta_0}(x_1, \ldots, x_n), \tag{2.3}$$

où $\tilde{g} = g\frac{p_\theta}{p_{\theta_0}}$. On a

$$\tilde{g}(X_1(\omega), \ldots, X_n(\omega)) = Z(\omega)\mathcal{L}(\theta, \omega),$$

où la fonction $\mathcal{L}$ est définie sur $\Theta \times \Omega$ par $\mathcal{L}(\theta, \cdot) = \frac{p_\theta(X_1,\ldots,X_n)}{p_{\theta_0}(X_1,\ldots,X_n)}$, c'est-à-dire

$$\mathcal{L}(\theta, \cdot) = \left(\frac{\theta}{\theta_0}\right)^{n\overline{X}} \left(\frac{1-\theta}{1-\theta_0}\right)^{n(1-\overline{X})}. \tag{2.4}$$

L'égalité (2.3) se réécrit donc

$$\mathbf{E}_\theta(Z) = \mathbf{E}_{\theta_0}\Big(Z\mathcal{L}(\theta,\cdot)\Big), \tag{2.5}$$

qui signifie que la densité $\frac{\mathrm{d}\mathcal{P}_\theta}{\mathrm{d}\mathcal{P}_{\theta_0}}$ est la fonction $\mathcal{L}(\theta,\cdot)$.

Considérons maintenant l'expression (2.2) de la statistique Y de l'énoncé ci-dessus. En sortant de la fraction, au numérateur, le signe intégrale et un facteur θ , celle-ci se réécrit

$$n\overline{X} = k \qquad \Longrightarrow \qquad Y = \int_0^1 \theta \frac{\theta^k(1-\theta)^{n-k}}{\int_0^1 \theta^k(1-\theta)^{n-k}\ \mu(\mathrm{d}\theta)}\ \mu(\mathrm{d}\theta).$$

Cette expression fait apparaître que pour ω fixé, le nombre réel $Y(\omega)$ peut être vu comme étant l'espérance de θ sous une probabilité $\nu_\omega(\mathrm{d}\theta)$ dépendant de $k = n\overline{X}(\omega)$. De (2.4) on déduit que cette probabilité ν_ω admet l'expression

$$\nu_\omega(\mathrm{d}\theta) = \frac{1}{\int_0^1 \mathcal{L}(\theta,\omega)\mu(\mathrm{d}\theta)}\mathcal{L}(\theta,\omega)\mu(\mathrm{d}\theta), \tag{2.6}$$

les facteurs θ_0 se simplifiant dans la fraction [3].

Soit une statistique Z. Considérons le développement du carré

$$(\theta - Z)^2 = (\theta - Y)^2 + (Y-Z)^2 + 2(\theta - Y)(Y-Z).$$

À ω fixé, en intégrant en θ sous ν_ω, il en découle

$$\int_0^1 \Big(\theta - Z(\omega)\Big)^2 \nu_\omega(\mathrm{d}\theta) = \int_0^1 \Big(\theta - Y(\omega)\Big)^2 \nu_\omega(\mathrm{d}\theta) + \Big(Y(\omega) - Z(\omega)\Big)^2 + 0,$$

puisque $Z(\omega)$ et $Y(\omega)$ ne dépendent pas de θ, et que l'intégrale du double produit $2(Y(\omega) - Z(\omega))\int_0^1(\theta - Y(\omega))\nu_\omega(\mathrm{d}\theta)$ s'annule par définition de $Y(\omega)$. De l'expression (2.6) de ν_ω, il découle que l'égalité précédente s'écrit encore

$$\int_0^1 (\theta - Z)^2\mathcal{L}(\theta,\cdot)\mu(\mathrm{d}\theta) = \int_0^1 (\theta - Y)^2\mathcal{L}(\theta,\cdot)\mu(\mathrm{d}\theta) + \int_0^1 (Y-Z)^2\mathcal{L}(\theta,\cdot)\mu(\mathrm{d}\theta).$$

En intégrant sous $\mathcal{P}_{\theta_0}$, on obtient, à l'aide du théorème de Fubini et de (2.5)

$$R_Z(\mu) = R_Y(\mu) + \int_0^1 \mathbf{E}_\theta[(Y-Z)^2]\ \mu(\mathrm{d}\theta).$$

[3] Cette formule est la version continue de la fameuse « formule de Bayes », ou « formule de la probabilité des causes ». La probabilité $\nu_\omega(\mathrm{d}\theta)$, parfois notée $\nu(\mathrm{d}\theta|\omega)$, est la loi conditionnelle de θ sachant ω. Elle est aussi appelée probabilité « a posteriori ». Elle représente en effet la connaissance que l'on a sur la valeur du paramètre θ après le tirage de l'échantillon, lorsque μ représente la connaissance que l'on en a avant.

Ceci démontre que $R_Z(\mu) \geq R_Y(\mu)$, et achève la preuve de la proposition [4]. □

Cette proposition donne l'expression explicite des estimateurs bayésiens. La proposition élémentaire suivante donne une condition suffisante sur la probabilité a priori μ pour qu'un tel estimateur soit aussi admissible.

Proposition 2.5 (Admissibilité d'un estimateur bayésien) Soit un modèle statistique $(\Omega, \mathcal{A}, (\mathcal{P}_\theta)_{\theta \in [0,1]})$ correspondant à l'observation d'un échantillon de taille n d'une loi de Bernoulli de paramètre θ. Soit μ une probabilité a priori telle que tout intervalle ouvert de $[0,1]$ soit de mesure non nulle. Alors tout estimateur de θ qui est bayésien relativement à μ est admissible.

Démonstration A ω fixé, la fonction $\theta \mapsto \mathcal{L}(\theta, \omega)$ est continue. Il découle de la formule (2.5) que pour toute statistique Z (forcément bornée dans notre modèle de Bernoulli), la fonction $Z \mapsto \mathbf{E}_\theta(Z)$ est continue. Il en va de même du risque $R_Z(\theta) = \mathbf{E}_\theta((Z-\theta)^2)$.

Soit alors Y un estimateur non admissible. Il existe un estimateur Z tel que $R_Z(\theta) \leq R_Y(\theta)$ pour tout θ, et tel qu'il existe un θ' où l'inégalité est stricte. On déduit de la continuité des risques que l'inégalité est stricte sur un intervalle autour de θ'. D'après l'hypothèse sur la probabilité a priori μ, cet intervalle est de mesure non nulle. On en déduit, en intégrant en θ sous μ, que l'inégalité entre les risques bayésiens $R_Z(\mu) < R_Y(\mu)$ est stricte. Cela montre que Y n'est pas un estimateur bayésien. □

Cette proposition 2.5 souligne l'intérêt des estimateurs bayésiens. Si la formule explicite de la proposition 2.4 est facile à calculer, on obtient des estimateurs admissibles sans difficulté. Le côté aisé du calcul explicite dépend du choix de μ. C'est l'objet du paragraphe suivant.

2.2.2 Cas d'une probabilité a priori de type bêta

Dans ce paragraphe, nous explicitons les estimateurs bayésiens associés aux probabilités a priori de type bêta, car ils sont faciles à calculer. La loi bêta de paramètres $a, b \in \mathbb{R}_+^2$ est la loi sur $[0,1]$ de densité par rapport à la mesure de Lebesgue

$$\theta \mapsto \frac{1}{\beta(a,b)} \theta^{a-1}(1-\theta)^{b-1},$$

où $\beta(a,b) = \int_0^1 \theta^{a-1}(1-\theta)^{b-1}\,d\theta$. Cette dernière intégrale est étroitement liée à la fonction Γ définie par l'intégrale

$$\forall a > 0 \qquad \Gamma(a) = \int_0^{+\infty} x^{a-1} e^{-x}\,dx.$$

[4] Comme cela apparaît au cours de ce chapitre, la démarche bayésienne consiste à choisir la valeur du paramètre θ au hasard suivant la loi a priori μ, puis à choisir l'échantillon au hasard suivant la loi $\mathcal{P}_\theta$. Cela revient à munir l'espace $\Theta \times \Omega$ de la probabilité $\mu(d\theta) \otimes \mathcal{P}_\theta(d\omega)$. Dans cette démonstration, on s'est placé dans l'espace de Hilbert $H = L^2\big(\mu(d\theta) \otimes \mathcal{P}_\theta(d\omega)\big)$, et on a vérifié que l'estimateur Y donné par la formule (2.2) est tel que la fonction $(\theta, \omega) \mapsto Y(\omega)$ est la projection orthogonale de la fonction $(\theta, \omega) \mapsto \theta$ sur le sous-espace des fonctions de H ne dépendant que de ω.

Deux formules utiles sont

$$\Gamma(a+1) = a\Gamma(a) \qquad \text{et} \qquad \beta(a,b) = \frac{\Gamma(a)\Gamma(b)}{\Gamma(a+b)}. \tag{2.7}$$

pour tous $a, b > 0$. Leur vérification fait l'objet de l'exercice 2.1.

Reprenons le modèle de Bernoulli décrit dans le paragraphe 2.2.1. Nous sommes maintenant en mesure d'expliciter l'estimateur bayésien Y associé à la probabilité a priori de type β de paramètres $a, b > 0$. Sur l'événement $(\sum_{i=1}^n X_i = k)$, on a d'après la proposition 2.4

$$Y = \frac{\beta(a+k+1, b+n-k)}{\beta(a+k, b+n-k)},$$

ce qui, après simplifications grâce aux formules (2.7) ci-dessus, s'écrit encore $Y = \frac{k+a}{n+a+b}$. Il en découle immédiatement la proposition suivante.

Proposition 2.6 (Estimateurs admissibles d'une proportion) Soit un modèle statistique correspondant à l'observation d'un échantillon de taille n de la loi de Bernoulli $\mathcal{B}(\theta)$. Pour tous $a, b > 0$, la statistique

$$Y = \frac{n\overline{X} + a}{n+a+b}$$

est un estimateur admissible de θ.

Démonstration C'est une conséquence immédiate de la proposition 2.5 et des calculs ci-dessus. □

Le biais de l'estimateur Y de la proposition ci-dessus se déduit de l'espérance de $\overline{X}$, et vaut $\frac{n\mathbf{E}_\theta(\overline{X})+a}{n+a+b} - \theta$, soit

$$\mathbf{E}_\theta Y - \theta = \frac{a(1-\theta) - b\theta}{n+a+b}.$$

L'estimateur Y est donc biaisé, puisque $a, b > 0$. La variance de Y se déduit aussi de celle de $\overline{X}$: $\mathbf{V}_\theta(Y) = \frac{n^2\mathbf{V}_\theta(\overline{X})}{(n+a+b)^2} = \frac{n\theta(1-\theta)}{(n+a+b)^2}$. Ceci permet le calcul de son risque en sommant le carré du biais et la variance, d'après la formule (1.3). Le calcul donne

$$R_Y(\theta) = \frac{\theta^2(-n+2ab+a^2+b^2) + \theta(n-2ab-2a^2) + a^2}{(n+a+b)^2}. \tag{2.8}$$

Des graphes de la densité de la loi β et du risque de l'estimateur bayésien associé sont présentés figures B.2, B.3 et B.4, annexe B, pages 148 et suivantes. On voit que plus une loi a priori charge le voisinage d'une valeur de θ, plus le risque de l'estimateur bayésien est petit autour de cette valeur, ce qui est assez intuitif. De plus le jeu sur les paramètres $a, b > 0$ offre de la latitude dans le choix de μ. On peut notamment charger plus ou moins le voisinage d'une valeur de θ, en prenant a, b plus ou moins grand avec $\frac{a}{a+b} \sim \theta$.

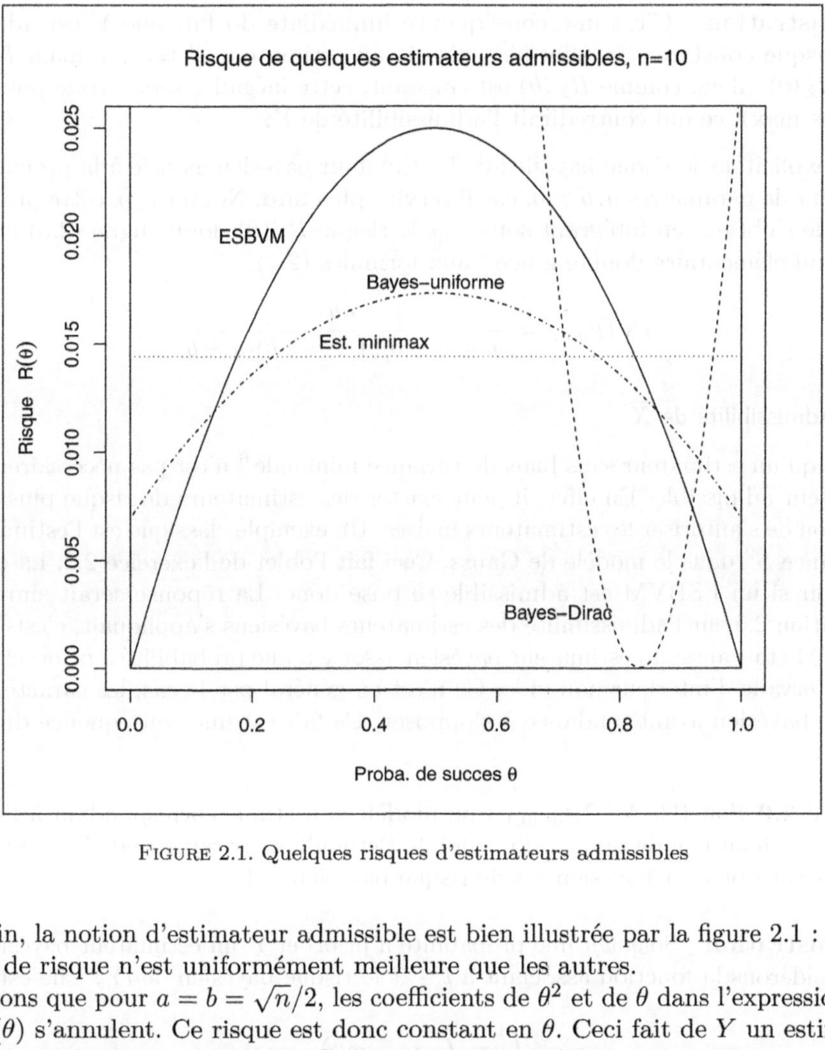

FIGURE 2.1. Quelques risques d'estimateurs admissibles

Enfin, la notion d'estimateur admissible est bien illustrée par la figure 2.1 : aucune courbe de risque n'est uniformément meilleure que les autres.

Notons que pour $a = b = \sqrt{n}/2$, les coefficients de θ^2 et de θ dans l'expression (2.8) de $R_Y(\theta)$ s'annulent. Ce risque est donc constant en θ. Ceci fait de Y un estimateur qui minimise le risque maximum. Commençons par préciser cette notion.

Définition 2.7 (Estimateur minimax) L'estimateur Y est minimax s'il minimise le risque maximum, au sens où pour tout estimateur Z on a l'inégalité $\max_\theta R_Y(\theta) \leq \max_\theta R_Z(\theta)$.

On a alors la proposition suivante.

Proposition 2.8 Pour le modèle statistique correspondant à l'échantillon de taille n de la loi $\mathcal{B}(\theta)$, l'estimateur

$$Y = \frac{n\overline{X} + \frac{\sqrt{n}}{2}}{n + \sqrt{n}}$$

est minimax.

Démonstration C'est une conséquence immédiate du fait que Y est admissible et de risque constant. En effet s'il existait un estimateur Z tel que $\max_\theta R_Y(\theta) > \max_\theta R_Z(\theta)$, alors, comme $R_Y(\theta)$ est constant, cette inégalité serait vraie pour tout θ (sans les max), ce qui contredirait l'admissibilité de Y. □

Enfin, explicitons le risque bayésien de l'estimateur bayésien associé à la probabilité de type bêta de paramètres $a, b > 0$, car il servira plus tard. Notant $\mu_{a,b}$ cette probabilité, ce risque s'obtient en intégrant sous $\mu_{a,b}$ le risque $R_Y(\theta)$ donné ligne (2.8) ci-dessus. Un calcul élémentaire donne, grâce[5] aux formules (2.7),

$$R_Y(\mu_{a,b}) = \frac{ab}{(n+a+b)(1+a+b)(a+b)}. \tag{2.9}$$

2.2.3 Admissibilité de $\overline{X}$

Notons qu'un estimateur sans biais de variance minimale[6] n'est pas nécessairement un estimateur admissible. En effet, il peut exister des estimateurs de risque plus petit, à condition de s'autoriser les estimateurs biaisés. Un exemple classique est l'estimateur de la variance S^2 dans le modèle de Gauss. Ceci fait l'objet de l'exercice 2.2. La question de savoir si un ESBVM est admissible se pose donc. La réponse serait simple si la proposition 2.5 sur l'admissibilité des estimateurs bayésiens s'appliquait, c'est-à-dire si l'ESBVM était aussi un estimateur bayésien associé à une probabilité a priori chargeant tout intervalle d'intérieur non vide. Ce n'est en général pas le cas, les caractères sans biais et bayésien ayant tendance à s'opposer. Ce fait est une conséquence du lemme suivant.

Lemme 2.9 Soit $(\Omega, \mathcal{A}, (\mathcal{P}_\theta)_{\theta\in[0,1]})$ un modèle statistique correspondant à l'observation d'un échantillon de taille n d'une loi de Bernoulli de paramètre θ. Tout estimateur à la fois sans biais et bayésien est de risque bayésien nul.

Démonstration Soient μ une probabilité a priori et Y un estimateur bayésien pour μ. Considérons la fonction associant à $t \in \mathbb{R}$ le risque bayésien de tY. Elle est définie par

$$t \mapsto \int_0^1 \mathbf{E}_\theta\Big((tY-\theta)^2\Big)\,\mu(\mathrm{d}\theta).$$

Comme Y est un estimateur bayésien, cette fonction admet un minimum en $t = 1$. En dérivant en t sous les intégrales,

$$\frac{\mathrm{d}}{\mathrm{d}t}\int_0^1 \mathbf{E}_\theta\Big((tY-\theta)^2\Big)\,\mu(\mathrm{d}\theta) = \int_0^1 \mathbf{E}_\theta\Big(2Y(tY-\theta)\Big)\,\mu(\mathrm{d}\theta),$$

[5] On peut de plus vérifier que ce risque (2.9) est maximum pour $a = b = \sqrt{n}/2$, c'est-à-dire pour la probabilité de Bayes dont l'estimateur bayésien est l'estimateur minimax. Pour ces valeurs de a, b, le risque bayésien vaut $\frac{n}{4\,(n+\sqrt{n})^2}$. Cette quantité majore donc le risque bayésien de l'estimateur bayésien de toute probabilité de Bayes de type bêta. Nous verrons dans le paragraphe 2.3 sur la théorie des jeux que ce majorant reste valide pour toutes les probabilités de Bayes.

[6] Voir définition 1.7 page 8.

puis en écrivant que la dérivée est nulle en $t = 1$, on a

$$\int_0^1 \mathbf{E}_\theta\Big(Y(Y-\theta)\Big)\ \mu(\mathrm{d}\theta) = 0.$$

D'autre part, si Y est sans biais, on a $\mathbf{E}_\theta(Y-\theta) = 0$. En multipliant cette dernière égalité par θ, en l'intégrant en θ sous μ, puis en faisant la différence avec l'égalité ci-dessus, on obtient

$$\int_0^1 \mathbf{E}_\theta\Big((Y-\theta)^2\Big)\ \mu(\mathrm{d}\theta) = 0.$$

Ceci achève la démonstration. □

En appliquant ce lemme à l'estimateur $\overline{X}$, on obtient que si celui-ci est un estimateur bayésien pour une probabilité a priori μ, cette dernière vérifie $\int_0^1 \theta(1-\theta)\ \mu(\mathrm{d}\theta) = 0$. Ce n'est possible que si μ a son support dans $\{0,1\}$. Une telle probabilité a priori μ ne vérifie pas les hypothèses de la proposition 2.5 sur l'admissibilité des estimateurs bayésiens[7]. On a cependant la proposition suivante.

Proposition 2.10 (Admissibilité de $\overline{X}$) Pour un modèle statistique correspondant à l'observation d'un échantillon de taille n d'une loi de Bernoulli de paramètre θ, l'estimateur $\overline{X}$ est admissible.

Démonstration Supposons que $\overline{X}$ n'est pas admissible. Il existe donc un estimateur Z de risque $R_Z(\theta) \leq R_{\overline{X}}(\theta)$, l'inégalité étant stricte pour un θ'. Par continuité du risque, l'inégalité est stricte sur un intervalle au voisinage de θ'. Il en découle que l'intégrale

$$\int_0^1 \Big(R_{\overline{X}}(\theta) - R_Z(\theta)\Big)\theta^{-1}(1-\theta)^{-1}\ \mathrm{d}\theta$$

est non nulle (elle peut être égale à $+\infty$, si l'intégrale diverge). Par convergence monotone, cette intégrale est la limite croissante, pour a décroissant vers 0, de

$$\int_0^1 \Big(R_{\overline{X}}(\theta) - R_Z(\theta)\Big)\theta^{a-1}(1-\theta)^{a-1}\ \mathrm{d}\theta,$$

ce qui montre que cette limite est non nulle. Soit encore, en notant $\mu_{a,a}$ la loi β de paramètres $a = b > 0$,

$$\lim_{a\to 0} \beta(a,a)\Big(R_{\overline{X}}(\mu_{a,a}) - R_Z(\mu_{a,a})\Big) > 0.$$

Or le risque bayésien de $\overline{X}$ se calcule explicitement à partir du risque $R_{\overline{X}}(\theta) = \frac{\theta(1-\theta)}{n}$. On trouve $R_{\overline{X}}(\mu_{a,a}) = \frac{a}{n(2a+1)2}$. D'autre part, Z a un risque bayésien plus grand que

[7] Le cas d'une probabilité a priori portée par $\{0,1\}$ est même très particulier. Si $\theta = 0$, l'échantillon $(X_1, \ldots, X_n)$ ne contient que des 0. Si $\theta = 1$, il ne contient que des 1. Le choix entre les deux valeurs de θ peut donc se faire sans risque, à partir de la seule observation de X_1. On a d'ailleurs dans ce cas $X_1 = \overline{X}$, presque sûrement sous $\mu(\mathrm{d}\theta) \otimes \mathcal{P}_\theta(\mathrm{d}\omega)$.

celui de l'estimateur bayésien pour la probabilité bayésienne $\mu_{a,a}$, qui a été calculé ligne (2.9). On a donc

$$\liminf_{a\to 0} \beta(a,a)\Big(\frac{a}{n(2a+1)2} - \frac{a}{(n+2a)(2a+1)2}\Big) > 0.$$

Enfin, on déduit des formules (2.7) que $\Gamma(a) \sim \Gamma(1)/a$ pour a tendant vers 0. D'où il découle que $\beta(a,a) \sim \frac{2\Gamma(1)}{a}$. En remplaçant ci-dessus, il s'en suit que la limite est nulle. Cette contradiction montre que $\overline{X}$ est admissible. □

Cette démonstration montre que les notions bayésiennes ne servent pas uniquement à calculer des estimateurs, mais sont aussi des outils pour étudier des estimateurs qui ne sont pas calculés à partir d'une probabilité a priori, comme l'estimateur $\overline{X}$.

2.3 Statistiques et théorie des jeux

La proposition 2.5 ci-dessus donne une condition pour qu'un estimateur bayésien soit admissible. Réciproquement, le théorème de Wald (théorème 2.14 ci-dessous) affirme que tout estimateur admissible de θ est bayésien[8]. La démonstration de ce théorème montre le lien fort qui unit la statistique et la théorie des jeux. Elle est présentée dans ce paragraphe.

2.3.1 Petite introduction à la théorie des jeux et aux stratégies aléatoires

Quelqu'un vous propose le duel suivant (un duel désignant un jeu à deux joueurs, dont les intérêts s'opposent). Les deux joueurs disposeront chacun d'une pièce de monnaie. Ils la poseront sur la table, en choisissant chacun de mettre le côté pile ou le côté face sur le dessus, mais en cachant ce choix à l'adversaire. Une fois que les deux joueurs auront choisi, ils découvriront leur pièce. Si les deux pièces sont du même côté, le joueur A aura gagné la mise, sinon c'est le joueur B qui l'aura gagnée.

Le gain du joueur A peut être présenté sous forme du tableau suivant.

Jeu de B → Jeu de A ↓	Face	Pile
Face	+1	−1
Pile	−1	+1

Le joueur A, qui doit jouer de façon a maximiser le score tel qu'il est écrit dans le tableau, est appelé « le joueur du maximum ». Le joueur B est « le joueur du minimum ». Il est clair que le jeu ci-dessus est équitable. En effet la situation des deux joueurs est complètement symétrique.

[8] Parmi les hypothèses à faire pour que ce théorème soit vérifié, il y a la compacité de l'espace des paramètres. Il existe cependant une formulation dans le cas d'un espace de paramètres non compact, faisant intervenir une notion faible d'estimateur bayésien. Celle-ci ne peut pas être exposée ici sans alourdir excessivement l'exposé. Un cas particulier, celui du modèle de Gauss $\mathcal{N}(m,1)$ d'espace de paramètres $m \in \mathbb{R}$, fait l'objet de l'exercice 2.10.

Considérons maintenant le cas d'un tableau de gain dissymétrique, comme le suivant.

Jeu de B → Jeu de A ↓	Face	Pile
Face	+4	−3
Pile	−2	+1

Vous semble-t-il équilibré ? Sinon à quel joueur est-il favorable ? Quelle stratégie doit adopter chaque joueur ?

Pour répondre à ces questions, il faut d'abord revenir au cas du jeu précédent, qui était équilibré, et répondre aux questions suivantes : quelle est la bonne stratégie pour le joueur A ? Que doit jouer A pour ne pas déséquilibrer le jeu en sa défaveur ?

Commençons par écarter deux situations, plus psychologiques que mathématiques. Si A peut deviner ce que va jouer B, la stratégie qu'il doit adopter est claire. Il doit jouer la même chose que B. Écartons ce cas en supposant que A ne peut pas deviner ce que va jouer B. Le joueur A pourrait aussi avoir la possibilité de bluffer, c'est-à-dire de faire croire à B qu'il va jouer quelque chose alors qu'il jouera le contraire. Écartons aussi ce cas, en supposant que B se méfie et ne tient pas compte des mimiques de A.

Il est clair que A peut alors jouer indifféremment pile ou face, en ne prenant garde qu'au fait que B ne doit pas pouvoir deviner ce jeu. Une méthode infaillible est pour A de jeter sa pièce, et de la poser telle qu'elle retombe, en s'assurant seulement que B ne peut pas voir le résultat. Il peut même, pour être sûr de garder une expression neutre, ne pas regarder lui-même ce résultat avant que le joueur B n'ait joué. Il est alors sûr que son espérance de gain est nulle. En effet même si B observant A devine la stratégie de ce dernier consistant à choisir au hasard, il ne peut modifier cette espérance de gain.

Il s'agit donc là de la stratégie prudente de la part de A : ce dernier ne prend aucun risque (en terme d'espérance).

Pour faire le lien avec les notions de statistique bayésienne vues ci-dessus, on peut dire que cette stratégie de A est de risque constant, dans la mesure où l'espérance de gain ne dépend pas de la stratégie adoptée par le joueur B. Elle est aussi la stratégie qui maximise le score minimal, au sens ou tout autre stratégie de la part du joueur A permettrait au joueur B, s'il en avait connaissance, d'adopter une stratégie qui rende l'espérance de gain de A négative. Si par exemple A jouait pile avec une probabilité $> 1/2$, et que le joueur B s'en rendait compte, ce dernier n'aurait qu'à jouer face systématiquement, et inversement. Une stratégie qui maximise le score minimal est dite maximin. Le lien entre risque constant et maximin (ou plutôt minimax, mais c'est la même chose suivant que l'on parle des pertes ou des gains) a été vu dans la proposition 2.8.

Le raisonnement ci-dessus a conduit à une extension des choix à faire par les joueurs. Alors qu'au départ chacun devait choisir pile ou face, les joueurs doivent maintenant choisir la probabilité avec laquelle ils joueront face. On parle de « stratégie mixte ». Le terme de stratégie aléatoire ne serait pas faux, mais il est plutôt réservé au cas où le choix de la probabilité de jouer face dépend d'une observation préalable, ce qui n'est pas le cas ici. La notion de stratégie mixte a été employée pour la première fois par von Neumann. Elle lui a permis de résoudre le problème des duels présenté ci-dessus, comme nous le verrons dans la suite.

Nous sommes maintenant en mesure d'étudier le deuxième tableau de gain. Déterminons la stratégie de risque constant de A, c'est-à-dire la probabilité p avec laquelle ce dernier doit jouer face pour que son espérance de gain ne dépende pas de la stratégie du joueur B. Si le joueur B joue systématiquement face, alors que le joueur A joue face avec probabilité p, le gain de A sera de $4p - 2(1-p)$; si B joue systématiquement pile, ce gain sera de $-3p + (1-p)$; soit

$$\text{Espérance de gain du joueur A} = \begin{cases} 6p - 2 & \text{sachant que B joue face} \\ -4p + 1 & \text{sachant que B joue pile} \end{cases}$$

Ces deux gains sont égaux pour $p = 3/10$, et valent alors $-2/10$. Cela détermine la stratégie de risque constant pour A. Notons qu'à nouveau cette stratégie de risque constant est la stratégie maximin. En effet pour $p < 3/10$, le joueur A prendrait le risque d'un gain $< -2/10$ (cela arriverait notamment si le joueur B jouait systématiquement face). De même, si $p > 3/10$, le gain peut à nouveau être $< -2/10$, cette fois si le joueur B joue systématiquement pile.

La stratégie prudente du joueur A lui assure une espérance de gain de $-2/10$, quelle que soit le jeu de B. Le tableau semble donc lui être défavorable. Cela est confirmé par le fait que B dispose lui aussi d'une stratégie de risque constant, de même valeur de gain. En effet si le joueur B joue face avec probabilité $4/10$, le score moyen est de $-2/10$, quelle que soit la stratégie de A. Ainsi ce tableau de gain avantage bien le joueur B.

Pour résumer, le joueur du maximum dispose d'une stratégie mixte maximin, le joueur du minimum dispose d'une stratégie mixte minimax, et ces deux stratégies ont même score moyen. L'écriture mathématique est la suivante. Notons $\mathcal{K}(p, p')$ l'espérance de gain du joueur A lorsque celui-ci joue face avec probabilité p et que le joueur B joue face avec probabilité p', soit

$$\mathcal{K}(p, p') = p'(6p - 2) + (1 - p')(-4p + 1).$$

Le raisonnement ci dessus a permis de vérifier que

$$\max_{p \in [0,1]} \min_{p' \in [0,1]} \mathcal{K}(p, p') = \min_{p' \in [0,1]} \max_{p \in [0,1]} \mathcal{K}(p, p')$$

la valeur commune étant $-2/10$. On dit que le jeu est strictement déterminé, de valeur $-2/10$.

Le théorème de von Neumann est une généralisation de cette égalité au cas où les joueurs ont plus de deux choix possibles. Le joueur A doit choisir dans l'ensemble fini $A = \{a_1, \ldots, a_k\}$, le joueur B dans l'ensemble fini $B = \{b_1, \ldots, b_\ell\}$. Lorsque le joueur A choisit a alors que le joueur B choisit b, le gain de A, qui est aussi la perte de B, est un nombre réel noté $K(a, b)$.

Une stratégie mixte pour le joueur A est une probabilité μ sur l'ensemble A. Celle-ci est la donnée de la suite $(\mu_i)_{1 \le i \le k}$ des coefficients ≥ 0 dont la somme vaut 1, définie par $\mu_i = \mu(\{a_i\})$. De même, une stratégie mixte pour le joueur B est une probabilité ν sur l'ensemble B, c'est-à-dire une suite $(\nu_j)_{1 \le j \le \ell}$ de coefficients ≥ 0 dont la somme vaut 1. Le théorème du minimax de von Neumann s'énonce ainsi.

Théorème 2.11 (von Neumann) *Soit un jeu à deux joueurs, les possibilités du joueur A constituant l'ensemble fini $A = \{a_1, \ldots, a_k\}$, et celles du joueur B l'ensemble fini $B = \{b_1, \ldots, b_\ell\}$. Le score du jeu est donné par la matrice $K = (K(a,b))_{a \in A, b \in B}$. Ce jeu est strictement déterminé au sens de von Neumann, c'est-à-dire que l'on a*

$$\max_\mu \min_\nu \sum_{i=1}^{k} \sum_{j=1}^{\ell} \mu_i \nu_j K(a_i, b_j) = \min_\nu \max_\mu \sum_{i=1}^{k} \sum_{j=1}^{\ell} \mu_i \nu_j K(a_i, b_j),$$

les maxima étant pris sur les probabilités μ de l'ensemble A, et les minima sur les probabilités ν de l'ensemble B.

Remarque : Notons que ce théorème n'est plus valide si l'on se restreint aux stratégies pures, c'est-à-dire aux probabilités ne chargeant qu'une possibilité. En effet, en général,

$$\max_i \min_j K(a_i, b_j) \neq \min_j \max_i K(a_i, b_j),$$

comme cela se vérifie sur les deux tableaux des scores étudiés ci-dessus.

La démonstration de ce théorème, qui sort du domaine des statistiques proprement dit, est renvoyée en annexe A. Nous allons maintenant voir comment ce théorème s'applique à l'estimation statistique.

2.3.2 L'estimation statistique vue comme un jeu

Revenons au modèle de l'échantillon de la loi de Bernoulli de paramètre $\theta \in [0,1]$. On peut considérer que la vraie valeur inconnue de θ a été choisie par « la nature », qui prend le rôle d'un joueur A. L'ensemble des choix possibles pour elle est l'espace des paramètres $\Theta = [0,1]$. Le statisticien prend lui le rôle du joueur B. Ses choix possibles sont les estimateurs Y. Notons que pour le modèle de Bernoulli considéré ici, un estimateur Y est la donnée de la fonction f telle que $Y = f(X_1, \ldots, X_n)$. Celle-ci est définie sur l'ensemble des 2^n tirages possibles de l'échantillon, à valeurs dans l'intervalle des paramètres $\Theta = [0,1]$. L'espace des estimateurs $\mathcal{E}$ s'identifie donc au cube $[0,1]^{(2^n)}$ de l'espace de dimension 2^n.

On prend pour score du jeu le risque quadratique $R_Y(\theta)$ de Y en θ, noté plutôt $R(\theta, Y)$ dans la suite. L'intérêt du statisticien est de minimiser ce risque. C'est pourquoi nous lui avons attribué le rôle du joueur B, en cohérence avec la situation du paragraphe précédent.

Une stratégie mixte pour la nature est une probabilité μ sur l'espace des paramètres Θ, c'est-à-dire une probabilité bayésienne. Une stratégie mixte pour le statisticien est une probabilité ν sur l'espace des estimateurs $\mathcal{E}$. L'idée de choisir « au hasard » l'estimateur peut surprendre, mais nous avons vu dans l'étude des jeux de duels ci-dessus tout l'intérêt d'une telle démarche. Ces deux stratégies mixtes étant fixées, l'espérance de perte du statisticien s'écrit

$$K(\mu, \nu) = \int_{\mathcal{E}} \int_{\Theta} R(\theta, Y)\ \nu(\mathrm{d}Y) \mu(\mathrm{d}\theta)$$

Le lemme suivant, dû à Wald, affirme que le théorème du minimax de von Neumann reste valide pour ce jeu.

Lemme 2.12 (Wald) Le jeu ci-dessus du statisticien contre la nature est strictement déterminé au sens de von Neumann, c'est-à-dire que l'on a

$$\sup_{\mu} \inf_{\nu} K(\mu, \nu) = \inf_{\nu} \sup_{\mu} K(\mu, \nu),$$

les bornes supérieures étant prises sur les probabilités μ de l'espace des paramètres $\Theta = [0, 1]$, et les bornes inférieures sur les probabilités ν de l'espace des estimateurs $\mathcal{E} = [0, 1]^{(2^n)}$.

Démonstration La démonstration exposée ci-dessous est celle du livre [Wal71]. Ce lemme y apparaît comme conséquence du théorème du minimax de von Neumann. On montre que l'on peut approcher les bornes ci-dessus par celles d'un jeu sur un nombre fini de possibilités.

Munissons l'espace $\mathcal{E}$ de la distance définie par la norme sup notée $\|\cdot\|_\infty$ suivant l'usage. La fonction de risque R est continue sur l'espace compact $\Theta \times \mathcal{E}$. Elle est donc uniformément continue. Pour $\epsilon > 0$, il existe δ tel que

$$\begin{aligned} |\theta - \theta'| < \delta &\Longrightarrow \quad |R(\theta', Y) - R(\theta, Y)| < \epsilon, \\ \|Y - Y'\|_\infty < \delta &\Longrightarrow \quad |R(\theta, Y) - R(\theta, Y')| < \epsilon. \end{aligned}$$

Considérons alors un ensemble fini $A = \{\theta'_i,\ i = 1, \ldots, k\} \subset \Theta$ et un ensemble fini $B = \{Y'_j,\ j = 1, \ldots, \ell\} \subset \mathcal{E}$ qui soient δ-denses, c'est-à-dire que tout point de Θ (resp. de $\mathcal{E}$) soit à une distance $\leq \delta$ d'un point de l'ensemble A (resp. de l'ensemble B). On peut choisir ces points de telle façon qu'il existe une partition [9] $(\Theta_i)_{1 \leq i \leq k}$ de Θ (resp. $(\mathcal{E}_j)_{1 \leq j \leq \ell}$ de $\mathcal{E}$) vérifiant

$$\theta \in \Theta_i \Longrightarrow |\theta - \theta'_i| < \delta$$

(resp. $Y \in \mathcal{E}_j \Longrightarrow \|Y - Y'_j\|_\infty < \delta$).

On note dans la suite $\tilde{\mu}$ les probabilités de Bayes dont le support est contenu dans l'ensemble fini A. Soit μ une probabilité sur Θ. On lui associe la probabilité $\tilde{\mu}_0$ définie sur A comme étant la somme des masses de Dirac aux points θ'_i, affectées des poids $\mu(\Theta_i)$. D'après le choix de δ, on a $|K(\mu, \nu) - K(\tilde{\mu}_0, \nu)| < \epsilon$, et donc

$$K(\mu, \nu) - \epsilon < K(\tilde{\mu}_0, \nu) \tag{2.10}$$

pour toute probabilité ν sur $\mathcal{E}$. En prenant la borne supérieure sur μ, il en découle, toujours pour toute probabilité ν sur $\mathcal{E}$, l'encadrement

$$\sup_{\mu} K(\mu, \nu) - \epsilon \leq \max_{\tilde{\mu}} K(\tilde{\mu}, \nu) \leq \sup_{\mu} K(\mu, \nu),$$

la première inégalité étant une conséquence de (2.10), la seconde venant du fait que les probabilités sur A sont aussi des probabilités sur Θ. En prenant la borne inférieure sur les probabilités ν sur $\mathcal{E}$, on en déduit

$$\inf_{\nu} \sup_{\mu} K(\mu, \nu) - \epsilon \leq \inf_{\nu} \max_{\tilde{\mu}} K(\tilde{\mu}, \nu) \leq \inf_{\nu} \sup_{\mu} K(\mu, \nu). \tag{2.11}$$

[9] On peut prendre par exemple, pour un entier $L > \delta^{-1}$, la partition que constitue le découpage de $[0, 1]$ (resp. de $[0, 1]^{2^n}$) en intervalles de longueur $1/L$ (resp. en cubes de côtés $1/L$). Pour les points θ'_i (resp. Y'_j) on prendra les centres de ces intervalles (resp. de ces cubes).

En notant de même $\tilde{\nu}$ les probabilités dont le support est contenu dans l'ensemble fini B, on associe à toute probabilité ν sur $\mathcal{E}$ la probabilité $\tilde{\nu}_0$ définie sur B comme étant la somme des masses de Dirac aux points Y_i', affectées des poids $\nu(\mathcal{E}_i)$. Celle-ci vérifie

$$|K(\mu, \nu) - K(\mu, \tilde{\nu}_0)| < \epsilon$$

pour toute probabilité μ sur Θ. Comme les probabilités $\tilde{\mu}$ sur A sont aussi des probabilités sur Θ, on a $\max_{\tilde{\mu}} |K(\tilde{\mu}, \nu) - K(\tilde{\mu}, \tilde{\nu}_0)| < \epsilon$. On en déduit

$$\max_{\tilde{\mu}} K(\tilde{\mu}, \tilde{\nu}_0) < \max_{\tilde{\mu}} K(\tilde{\mu}, \nu) + \epsilon. \tag{2.12}$$

En prenant la borne inférieure sur ν, il en découle l'encadrement

$$\inf_{\nu} \max_{\tilde{\mu}} K(\tilde{\mu}, \nu) \leq \min_{\tilde{\nu}} \max_{\tilde{\mu}} K(\tilde{\mu}, \tilde{\nu}) \leq \inf_{\nu} \max_{\tilde{\mu}} K(\tilde{\mu}, \nu) + \epsilon, \tag{2.13}$$

la première inégalité venant du fait que les probabilités sur B sont aussi des probabilités sur $\mathcal{E}$, la seconde découlant de (2.12). Des encadrements (2.11) et (2.13) on déduit

$$\inf_{\nu} \sup_{\mu} K(\mu, \nu) - \epsilon \leq \min_{\tilde{\nu}} \max_{\tilde{\mu}} K(\tilde{\mu}, \tilde{\nu}) \leq \inf_{\nu} \sup_{\mu} K(\mu, \nu) + \epsilon.$$

Par un raisonnement analogue, en échangeant les rôles des bornes supérieures et inférieures, on a aussi

$$\sup_{\mu} \inf_{\nu} K(\mu, \nu) - \epsilon \leq \max_{\tilde{\mu}} \min_{\tilde{\nu}} K(\tilde{\mu}, \tilde{\nu}) \leq \sup_{\mu} \inf_{\nu} K(\mu, \nu) + \epsilon.$$

Or le théorème du minimax de von Neumann nous dit que $\min_{\tilde{\nu}} \max_{\tilde{\mu}} K(\tilde{\mu}, \tilde{\nu}) = \max_{\tilde{\mu}} \min_{\tilde{\nu}} K(\tilde{\mu}, \tilde{\nu})$. On déduit donc des deux derniers encadrements que

$$\begin{aligned} \sup_{\mu} \inf_{\nu} K(\mu, \nu) - \epsilon &\leq \inf_{\nu} \sup_{\mu} K(\mu, \nu) + \epsilon, \\ \inf_{\nu} \sup_{\mu} K(\mu, \nu) - \epsilon &\leq \sup_{\mu} \inf_{\nu} K(\mu, \nu) + \epsilon. \end{aligned}$$

Ceci étant vrai pour tout $\epsilon > 0$, le lemme 2.12 est démontré. □

Ce lemme laisse deviner que la théorie des jeux est un bon cadre pour les statistiques. Son interprétation concrète en terme d'estimateurs bayésiens ou minimax demande encore un peu de travail. Cela fait l'objet du paragraphe suivant.

2.3.3 Théorème de Wald

Nous avons dû introduire les stratégies mixtes pour pouvoir utiliser le théorème de von Neumann. On peut maintenant réduire leur rôle dans chacune des deux expressions $\inf_\nu \sup_\mu K(\mu, \nu)$ et $\sup_\mu \inf_\nu K(\mu, \nu)$ de la manière suivante.

Commençons par éliminer les mesures μ et ν de l'expression $\inf_\nu \sup_\mu K(\mu, \nu)$. Soit ν une probabilité sur $\mathcal{E}$ fixée. Le risque étant uniformément continu, la fonction $\theta \mapsto \int R(\theta, Y)\ \nu(dY)$ est continue. Elle atteint donc son minimum en un point θ_0. En considérant la probabilité a priori égale à la masse de Dirac en ce point, on voit que

$\sup_\mu K(\mu,\nu) = \max_\theta \int R(\theta, Y)\ \nu(\mathrm{d}Y)$. Ceci reste vrai pour la borne inférieure en ν, soit

$$\inf_\nu \sup_\mu K(\mu,\nu) = \inf_\nu \max_\theta \int R(\theta, Y)\ \nu(\mathrm{d}Y). \tag{2.14}$$

Or de l'inégalité de Cauchy-Schwarz on déduit, pour θ et ω fixés,

$$\Big(\int_{\mathcal{E}} Y(\omega)\ \nu(\mathrm{d}Y) - \theta\Big)^2 \leq \int_{\mathcal{E}} (Y(\omega) - \theta)^2\ \nu(\mathrm{d}Y),$$

ce qui peut s'écrire, en intégrant en ω sous $\mathcal{P}_\theta$, grâce au théorème de Fubini,

$$R\Big(\theta, \int_{\mathcal{E}} Y\ \nu(\mathrm{d}Y)\Big) \leq \int_{\mathcal{E}} R(\theta, Y)\ \nu(\mathrm{d}Y). \tag{2.15}$$

C'est-à-dire que l'estimateur Z défini par $Z(\omega) = \int_{\mathcal{E}} Y(\omega)\ \nu(\mathrm{d}Y)$ est meilleur que la stratégie mixte ν. Il s'en suit que la borne inférieure du membre de droite de l'égalité (2.14) ci-dessus, qui porte sur les stratégies mixtes ν, est la même que celle ne portant que sur les estimateurs Y. Cette égalité (2.14) se réécrit donc

$$\inf_\nu \sup_\mu K(\mu,\nu) = \inf_Y \max_\theta R(\theta, Y).$$

Enfin, par uniforme continuité du risque, la fonction $Y \mapsto \max_\theta R(\theta, Y)$ est continue. Cette borne est donc atteinte (en un estimateur minimax), et peut donc s'écrire comme un minimum, soit

$$\inf_\nu \sup_\mu K(\mu,\nu) = \min_Y \max_\theta R(\theta, Y). \tag{2.16}$$

On a bien obtenu une expression sans les mesures μ et ν.

Passons à l'élimination de la mesure ν dans l'expression $\sup_\mu \inf_\nu K(\mu,\nu)$. Soit μ une probabilité de Bayes fixée. Le risque étant uniformément continu, la fonction $Y \mapsto \int R(\theta, Y)\ \mu(d\theta)$ est continue. Elle atteint donc son minimum en un point Y_μ (qui est un estimateur bayésien). En considérant la stratégie mixte égale à la masse de Dirac en ce point, on voit que

$$\inf_\nu K(\mu,\nu) = \min_Y \int_0^1 R(\theta, Y)\ \mu(d\theta).$$

Ceci étant vrai pour toute probabilité a priori μ, on a donc, en prenant la borne supérieure,

$$\sup_\mu \inf_\nu K(\mu,\nu) = \sup_\mu \min_Y \int_0^1 R(\theta, Y)\ \mu(d\theta). \tag{2.17}$$

On a bien éliminé la mesure ν. On doit par contre garder la mesure μ.

Nous sommes maintenant en mesure de donner une première interprétation statistique du lemme de Wald (lemme 2.12), sous la forme du corollaire suivant.

Corollaire 2.13 Soit le modèle statistique correspondant à l'observation d'un échantillon de taille n de la loi de Bernoulli. Sur ce modèle, tout estimateur minimax du paramètre $\theta \in [0, 1]$ est bayésien.

Démonstration Des égalités (2.17) et (2.16), et du lemme 2.12 on déduit

$$\sup_\mu \min_Y R(\mu, Y) = \min_Y \max_\theta R(\theta, Y),$$

$R(\mu, Y)$ désignant le risque bayésien $R(\mu, Y) = \int_\Theta R(\theta, Y)\ \mu(\mathrm{d}\theta)$. Soit Y_0 un estimateur minimax, et Y_μ un estimateur bayésien pour la probabilité a priori μ. L'égalité ci-dessus se réécrit

$$\sup_\mu R(\mu, Y_\mu) = \max_\theta R(\theta, Y_0). \tag{2.18}$$

Il existe une suite $(\mu_k)_{k\geq 1}$ de probabilités a priori telle que $R(\mu_k, Y_{\mu_k})$ tende vers la borne supérieure ci-dessus pour k tendant vers l'infini. On a alors pour tout estimateur Z, par définition de la notion d'estimateur bayésien, $R(\mu_k, Z) \geq R(\mu_k, Y_{\mu_k})$. Or puisque l'on est sur l'intervalle compact $[0, 1]$, il existe une valeur d'adhérence μ_0 de la suite $(\mu_k)_{k\geq 1}$ pour la convergence étroite. L'estimateur Z est nécessairement borné dans notre modèle de Bernoulli, et son risque est continu. On en déduit $R(\mu_0, Z) \geq \sup_\mu R(\mu, Y_\mu)$, en laissant k tendre vers l'infini. D'après l'égalité (2.18), on a donc

$$R(\mu_0, Z) \geq \max_\theta R(\theta, Y_0).$$

En intégrant sous μ_0, il s'en suit que $R(\mu_0, Z) \geq R(\mu_0, Y_0)$, ce qui montre que Y_0 est un estimateur bayésien associé à probabilité a priori μ_0, et achève la démonstration du corollaire. □

Pour l'échantillon de taille n de la loi de Bernoulli, et le risque quadratique, tout est calculable explicitement dans ce corollaire. La probabilité a priori la plus défavorable est la loi bêta de paramètres $a = b = \sqrt{n}/2$, et l'estimateur minimax a été vu précédemment (proposition 2.8). Si nous avons donné une forme générale à ce corollaire, c'est parce que nous appliquerons ci-dessous le raisonnement précédent à une fonction de risque légèrement modifiée.

Nous sommes maintenant en mesure d'énoncer et démontrer le théorème de Wald.

Théorème 2.14 (Wald) *Soit le modèle statistique correspondant à l'observation d'un échantillon de taille n de la loi de Bernoulli. Sur ce modèle, tout estimateur admissible du paramètre $\theta \in [0, 1]$ est bayésien.*

Démonstration Soit Y_0 un estimateur admissible. Considérons la fonction de risque $\tilde{R}$ définie par

$$\tilde{R}(\theta, Y) = R(\theta, Y) - R(\theta, Y_0).$$

Elle possède les propriétés qui ont été utilisées pour démontrer le corollaire 2.13 ci-dessus. En effet elle est continue en (θ, Y), et, pour tout θ, vérifie (2.15). Donc ce corollaire reste vrai en remplaçant R par $\tilde{R}$. Or pour ce risque, Y_0 est encore admissible, et de plus de risque constant (=0). On a vu dans la démonstration de la proposition 2.8 qu'un tel estimateur est minimax. D'après le lemme précédent, il est bayésien relativement à $\tilde{R}$. Il l'est alors aussi relativement à R. Ceci achève la démonstration du théorème de Wald. □

Les statisticiens bayésiens considèrent que le théorème de Wald constitue une consécration de l'estimation bayésienne, puisque les estimateurs intéressants (sous entendu admissibles) sont bayésiens. Les statisticiens non bayésiens critiquent le manque d'intérêt pratique de ce théorème, dû au fait que la mesure μ_0 peut être triviale ; de plus ce théorème d'existence ne permet pas le calcul de l'estimateur, comme on l'a vu pour les estimateurs sans biais.

Par contre la grande majorité des statisticiens, même parmi les non bayésiens, considère que l'interprétation de la démarche statistique par la théorie des jeux a une grande valeur intuitive.

Le théorème de Wald, qui donne une condition nécessaire pour qu'un estimateur soit admissible, a une version pour les tests. Celle-ci est moins intéressante dans la mesure où la forme des tests admissibles est déjà donnée par le théorème de Neyman-Pearson. Elle a cependant deux intérêts :

- elle permet d'interpréter la notion de test de niveau α en terme de test minimax, et donc de stratégie prudente ;
- elle permet d'introduire de façon naturelle la notion de test aléatoire.

Cela est expliqué dans le paragraphe suivant.

2.4 Tests aléatoires

Dans l'énoncé du théorème de Wald proposé ci-dessus, les stratégies mixtes n'apparaissent plus. Cela est lié à l'inégalité (2.15). Celle-ci signifie que l'estimateur Z défini par $Z(\omega) = \int Y(\omega)\ \nu(\mathrm{d}Y)$ est meilleur que la stratégie ν. Ce raisonnement ne peut pas être transposé dans le cadre des tests. En effet, si la probabilité ν est portée par les tests, c'est-à-dire par les statistiques Y prenant leurs valeurs dans $\{0,1\}$, l'intégrale $Z(\omega) = \int Y(\omega)\ \nu(\mathrm{d}Y)$ n'est pas nécessairement égale à 0 ou 1, et ne définit donc pas un test. Ainsi les conséquences du théorème du minimax sur les tests sont un peu différentes de celles sur les estimateurs. Cela est présenté rapidement dans ce paragraphe, et détaillé dans les exercices.

2.4.1 Théorème de Wald pour les tests de deux hypothèses simples

Pour le modèle de l'échantillon de la loi de Bernoulli étudié dans ce chapitre, un test ϕ s'identifie à la fonction f, définie sur $\{0,1\}^{2^n}$ et à valeurs dans $\{0,1\}$, par $\phi = f(X_1,\ldots,X_n)$. L'ensemble $\mathcal{T}$ des tests est donc fini, de cardinal $2^{(2^n)}$. Considérons θ_0 et $\theta_1 \in]0,1[$ et les hypothèses simples $\Theta_i = \{\theta_i\}$, $i = 1, 2$. Cela revient à prendre l'espace de paramètres fini $\Theta = \{\theta_0, \theta_1\}$.

Pour pouvoir exprimer la notion de niveau α_ϕ du test ϕ en terme de stratégie minimax, nous devons introduire un coefficient de coût $\kappa > 0$ permettant de créer une dissymétrie entre les hypothèses. Ce coefficient représente le coût de l'acceptation à tort de l'hypothèse Θ_0, alors que le coût de son rejet à tort vaut 1. En d'autres termes, le risque du test ϕ vaut

$$R(\theta,\phi) = \begin{cases} \mathcal{P}_{\theta_0}(\phi = 1) & \text{si } \theta = \theta_0; \\ \kappa\mathcal{P}_{\theta_1}(\phi = 0) & \text{si } \theta = \theta_1. \end{cases} \tag{2.19}$$

À toute stratégie mixte ν et toute probabilité bayésienne μ est associé le score

$$K(\mu, \nu) = \iint R(\theta, \phi)\ \nu(\mathrm{d}\phi)\ \mu(\mathrm{d}\theta).$$

Une stratégie mixte minimax (pour le statisticien) est une stratégie qui minimise le score maximal, et une stratégie mixte bayésienne est une stratégie qui minimise le score bayésien, dans l'esprit de ce qui a été vu pour les estimateurs plus haut dans ce chapitre. Notons que les espaces $\mathcal{T}$ et Θ des choix pour le statisticien et la nature étant finis, les intégrales définissant le score K ci-dessus sont en fait des sommes. De plus le théorème de von Neumann s'applique directement. Il a pour conséquence le théorème suivant.

Théorème 2.15 *Soit le modèle statistique de l'échantillon de taille n de la loi de Bernoulli. Soient θ_0, $\theta_1 \in]0, 1[$. Pour le problème du test de l'hypothèse $\Theta_0 = \{\theta_0\}$ contre $\Theta_1 = \{\theta_1\}$ associé à la fonction de risque (2.19), il existe une stratégie mixte minimax, et elle est bayésienne.*

Démonstration D'après le théorème de von Neumann, on a

$$\max_{\mu} \min_{\nu} K(\mu, \nu) = \min_{\nu} \max_{\mu} K(\mu, \nu).$$

Soient μ_0 une probabilité a priori et ν_0 une stratégie mixte, pour lesquelles les bornes extérieures ci-dessus sont atteintes. On a donc $\min_{\nu} K(\mu_0, \nu) = \max_{\mu} K(\mu, \nu_0)$. Il en découle immédiatement que pour toute stratégie mixte ν,

$$K(\mu_0, \nu) \geq K(\mu_0, \nu_0).$$

Il s'en suit que la stratégie minimax ν_0 est une stratégie bayésienne associée à μ_0, ce qui démontre le théorème. □

Ce théorème a pour conséquence la version pour test du théorème de Wald.

Corollaire 2.16 Soit le modèle statistique de l'échantillon de taille n de la loi de Bernoulli. Soient θ_0, $\theta_1 \in]0, 1[$. Pour le problème du test de l'hypothèse $\Theta_0 = \{\theta_0\}$ contre $\Theta_1 = \{\theta_1\}$ associé à la fonction de risque (2.19), toute stratégie mixte admissible est bayésienne.

Démonstration Ce corollaire se déduit du théorème 2.15 de la même façon que le théorème de Wald sur les estimateurs admissibles (théorème 2.14) se déduit du corollaire 2.13 pour les estimateurs minimax. Détaillons. Soit ν_0 une stratégie mixte admissible. Considérons la fonction de risque $\tilde{R}$ définie par

$$\tilde{R}(\theta, \phi) = R(\theta, \phi) - R(\theta, \nu_0).$$

Pour ce risque la stratégie mixte ν_0 est encore admissible et de plus de risque constant (=0). On vérifie aisément par un raisonnement analogue à celui de la démonstration de la proposition 2.8 qu'une stratégie mixte admissible et de risque constant est minimax.

D'après le théorème 2.15, qui reste vrai en remplaçant R par $\tilde{R}$, cette stratégie est bayésienne relativement à $\tilde{R}$. Elle l'est alors aussi relativement à R. Ceci achève la démonstration. □

Pour rendre utilisables ces énoncés, il faut un peu simplifier la notion de stratégie mixte. Cela fait l'objet du paragraphe suivant.

2.4.2 Des stratégies mixtes aux tests aléatoires

La signification pratique de la stratégie mixte ν est la suivante. Le statisticien choisit un test $\phi = f(X_1, \ldots, X_n)$, suivant la probabilité ν. Puis il réalise un tirage $(x_1, \ldots, x_n)$ de l'échantillon, auquel il applique le test ϕ. Sa décision de rejeter ou non l'hypothèse Θ_0 est donnée par la valeur $f(x_1, \ldots, x_n)$:

$$\begin{aligned} f(x_1, \ldots, x_n) = 1 &\Longrightarrow \qquad \Theta_0 \text{ rejetée;} \\ f(x_1, \ldots, x_n) = 0 &\Longrightarrow \qquad \Theta_0 \text{ non rejetée.} \end{aligned}$$

Le statisticien peut évidement procéder dans l'ordre inverse : réaliser le tirage de l'échantillon $(x_1, \ldots, x_n)$, puis choisir son test ϕ au hasard suivant la probabilité ν. Les deux démarches sont équivalentes. Mais dans la seconde, on voit que ce qui est déterminant n'est pas la probabilité ν sur l'espace produit $\{0,1\}^{(2^n)}$, mais seulement sa marginale $\nu_{x_1,\ldots,x_n}$. Ainsi deux stratégies mixtes ν et ν' ayant les mêmes 2^n marginales, c'est-à-dire vérifiant

$$\nu_{x_1,\ldots,x_n} = \nu'_{x_1,\ldots,x_n} \qquad \text{pour tout } (x_1, \ldots, x_n) \in \{0,1\}^n$$

sont équivalentes du point de vue du statisticien. On appelle « stratégie aléatoire associée à la stratégie mixte ν » la suite des marginales de ν. De plus puisqu'il n'y a que deux décisions possibles, chaque marginale est caractérisée par la probabilité qu'elle donne à l'une des deux décisions. En cohérence avec la notion de test vu précédemment, on retient la probabilité de rejet de l'hypothèse Θ_0. Cela conduit à la définition de test aléatoire.

Définition 2.17 (Test aléatoire) Un test aléatoire est une statistique à valeurs dans l'intervalle $[0,1]$. Le test aléatoire ϕ associé à la stratégie mixte ν est la statistique $\phi = f(X_1, \ldots, X_n)$ définie grâce aux marginales de ν par

$$f(x_1, \ldots, x_n) = \nu_{x_1,\ldots,x_n}(\{1\}),$$

pour tout $(x_1, \ldots, x_n) \in \{0,1\}^n$.

En pratique, un test aléatoire $\phi = f(X_1, \ldots, X_n)$ correspond à la démarche suivante : le statisticien observant l'échantillon $(x_1, \ldots, x_n)$, choisit de rejeter l'hypothèse Θ_0 avec la probabilité $f(x_1, \ldots, x_n)$.

Le risque d'un test aléatoire est celui de n'importe quelle stratégie mixte qui lui est associée. Par application du théorème de Fubini, on vérifie aisément la formule

$$R(\theta, \phi) = \begin{cases} \mathbf{E}_{\theta_0}(\phi) & \text{si } \theta = \theta_0; \\ \kappa \mathbf{E}_{\theta_1}(1 - \phi) & \text{si } \theta = \theta_1. \end{cases}$$

Cette définition est en cohérence avec la définition de la ligne (2.19), correspondant au cas où ϕ ne prend que les valeurs 0 ou 1.

Le théorème 2.15 se transpose aux tests aléatoires. Il signifie qu'il existe un test aléatoire minimax, et qu'il est bayésien. La détermination de ce test fait l'objet de l'exercice 2.6 dans le paragraphe qui suit. Le lien avec la notion de niveau y est aussi étudié.

2.5 Exercices

L'exercice 2.1 propose la vérification des formules (2.7). Les exercices 2.2 et 2.3 donnent des exemples d'estimateurs non admissibles. Les exercices 2.4 à 2.7 portent sur les tests aléatoires. Enfin les exercices 2.8 à 2.10 donnent à étudier les méthodes bayésiennes sur l'échantillon de la loi de Gauss.

2.5.1 Fonctions β et Γ

Exercice 2.1. *Vérification des formules (2.7).—*

1. Soit $a > 0$. Par une intégration par parties, démontrer que $a\Gamma(a) = \Gamma(a+1)$.
2. Soient $a, b > 0$. Par changement de variables, démontrer que
$$\iint_{x,y\geq 0} x^{a-1}e^{-x}y^{b-1}e^{-y}\, \mathrm{d}x\mathrm{d}y = \iint_{\substack{0\leq s\leq 1\\ t\geq 0}} s^{a-1}(1-s)^{b-1}t^{a+b-1}e^{-t}\, \mathrm{d}t\mathrm{d}s,$$
puis en déduire l'égalité $\Gamma(a)\Gamma(b) = \Gamma(a+b)\beta(a,b)$.

2.5.2 Admissibilité

Exercice 2.2. *ESBVM non admissible.—* Soit le modèle statistique correspondant à l'observation d'un échantillon de taille n de la loi de Gauss $\mathcal{N}(m, \sigma^2)$. Soit $c > 0$. On note Y_c l'estimateur $Y_c = cS^2$.

1. Calculer la variance de Y_c, et son biais en tant qu'estimateur de σ^2.
2. Donner son risque quadratique $R_c(m, \sigma^2)$ en tant qu'estimateur de σ^2.
3. Vérifier que pour (m, σ^2) fixé, la fonction $c \mapsto R_c(m, \sigma^2)$ atteint son minimum en un point c_0 indépendant de (m, σ^2).
4. En comparant les fonctions de risque de Y_{c_0} et S^2, démontrer que ce dernier n'est pas admissible.

Exercice 2.3. *Estimateur bayésien non admissible.—* Soit le modèle statistique correspondant à l'observation d'un échantillon de taille n de la loi de Bernoulli $\mathcal{B}(\theta)$. On note $(X_1, \ldots, X_n)$ la suite de statistiques associée selon la définition 1.1.

1. Calculer le risque quadratique des statistiques X_1 et $\overline{X}$, en tant qu'estimateurs de θ. En déduire que X_1 n'est pas un estimateur admissible.
2. Soit la probabilité a priori μ définie par $\mu(\{0\}) = \mu(\{1\}) = 1/2$. Calculer le risque bayésien de X_1 et $\overline{X}$. En déduire que ces deux estimateurs de θ sont bayésiens.

2.5.3 Tests aléatoires

Exercice 2.4. *Test aléatoire bayésien.*— Soit un modèle statistique $(\Omega, \mathcal{A}, (\mathcal{P}_\theta)_{\theta\in[0,1]})$ correspondant à l'observation d'un échantillon de taille n de la loi de Bernoulli $\mathcal{B}(\theta)$. Soient deux valeurs du paramètre $0 < \theta_0 < \theta_1 < 1$. Considérons les hypothèses $\Theta_0 = \{\theta_0\}$ et $\Theta_1 = \{\theta_1\}$, et un coefficient de coût $\kappa > 0$. À tout test aléatoire ϕ on associe le risque

$$R(\theta, \phi) = \begin{cases} \mathbf{E}_{\theta_0}(\phi) & \text{si } \theta = \theta_0; \\ \kappa\mathbf{E}_{\theta_1}(1-\phi) & \text{si } \theta = \theta_1. \end{cases}$$

Soit enfin une probabilité a priori μ sur $\{\theta_0, \theta_1\}$.

1. On pose $\mu_0 = \mu(\{\theta_0\})$. Vérifier que le risque bayésien de ϕ s'écrit

$$K(\mu, \phi) = \mathbf{E}_{\theta_0}\Big(\kappa(1-\mu_0)\mathcal{L}(\theta_1, \cdot) + \phi\Big(\mu_0 - \kappa(1-\mu_0)\mathcal{L}(\theta_1, \cdot)\Big)\Big),$$

   où $\mathcal{L}$ est la vraisemblance définie ligne (2.4) page 35.

2. Supposons $0 < \mu_0 < 1$. Démontrer que ϕ est un test aléatoire bayésien relativement à μ ssi il vérifie

$$\begin{aligned} \mathcal{L}(\theta_1, \omega) > \lambda_0 \Rightarrow \quad & \phi(\omega) = 1, \\ \mathcal{L}(\theta_1, \omega) < \lambda_0 \Rightarrow \quad & \phi(\omega) = 0, \end{aligned}$$

   avec $\lambda_0 = \frac{\mu_0}{\kappa(1-\mu_0)}$.

3. Comparer cette assertion avec celle faisant l'objet de la question 1 de l'exercice 1.16, page 30.

4. Vérifier que les valeurs prises par ϕ sur les points ω de l'événement $(\mathcal{L}(\theta_1, \cdot) = \lambda_0)$ n'ont pas d'incidence sur son risque bayésien.

Exercice 2.5. *Test aléatoire admissible.*— On reprend le cadre de l'exercice 2.4.

1. À l'aide de l'expression (2.4) de $\mathcal{L}$, vérifier que si le test aléatoire ϕ est admissible alors il existe un seuil c tel que

$$\begin{aligned} \overline{X}(\omega) > c \;\Rightarrow\; \phi(\omega) = 1, \\ \overline{X}(\omega) < c \;\Rightarrow\; \phi(\omega) = 0. \end{aligned} \tag{2.20}$$

2. Réciproquement, démontrer qu'un test aléatoire ϕ, vérifiant les implications (2.20) pour un $c \in \mathbb{R}$, est admissible.

Exercice 2.6. *Test aléatoire minimax.*— On reprend le cadre des exercices 2.4 et 2.5.

1. Déterminer un test aléatoire ϕ minimax, c'est-à-dire minimisant le risque maximum $\max_{i=1,2}(R(\theta_i, \phi))$.
2. Est-il unique ?
3. Vérifier que pour tout $\alpha \in]0,1[$, il existe un coefficient de coût $\kappa > 0$ tel que les tests minimax associés soient de niveau α.

Cette dernière question signifie qu'un test aléatoire de niveau α peut être interprété comme une stratégie mixte « prudente » pour le coût κ, au sens vu dans le paragraphe 2.3.1 sur la théorie des jeux.

Exercice 2.7. *Test aléatoire minimax, application numérique.*— On reprend le cadre des exercices 2.4 à 2.6. On considère le modèle statistique correspondant à un échantillon de taille $n = 10$ de la loi de Bernoulli $\mathcal{B}(\theta)$. On cherche à tester l'hypothèse $\Theta_0 = \{\frac{1}{3}\}$ contre $\Theta_1 = \{\frac{2}{3}\}$.

1. À l'aide des valeurs numériques données ci-dessous, déterminer un test aléatoire ϕ de niveau $\alpha = 5\%$ vérifiant les conditions (2.20).
2. Déterminer le coût κ pour lequel ce test est minimax.
3. Donner la conclusion du test sur un échantillon pour lequel la proportion de succès est $\overline{x} = \frac{6}{10}$.

Valeurs numériques : $\mathcal{P}_{1/3}(\overline{X} \leq \frac{5}{10}) = 0.9234$, $\mathcal{P}_{1/3}(\overline{X} \leq \frac{6}{10}) = 0.9803$, $\mathcal{P}_{2/3}(\overline{X} \leq \frac{5}{10}) = 0.2131$ et $\mathcal{P}_{2/3}(\overline{X} \leq \frac{6}{10}) = 0.4407$.

2.5.4 Méthodes bayésiennes sur l'échantillon gaussien

Exercice 2.8. *Estimateur bayésien de la moyenne pour le modèle de Gauss.*— Soit $\sigma^2 > 0$. Soit le modèle statistique correspondant à l'observation d'un échantillon de taille n de la loi de Gauss $\mathcal{N}(m, \sigma^2)$ de moyenne m inconnue, la variance étant connue.

1. Soit μ une probabilité a priori sur $\mathbb{R}$. Démontrer que la formule
$$Y = \frac{\int m\mathcal{L}(m, \sigma^2, \cdot)\ \mu(\mathrm{d}m)}{\int \mathcal{L}(m, \sigma^2, \cdot)\ \mu(\mathrm{d}m)}, \tag{2.21}$$
où $\mathcal{L}$ est la vraisemblance apparue ligne (1.5) page 9, définit un estimateur bayésien de m.
2. Expliciter cet estimateur dans le cas où μ est la loi de Gauss $\mathcal{N}(\eta, \xi^2)$.
3. Calculer le risque bayésien associé.

Exercice 2.9. *Admissibilité de la moyenne empirique en tant qu'estimateur de la moyenne, pour le modèle de Gauss avec variance connue.*— On reprend les notations de l'exercice précédent.

1. Calculer le risque bayésien $R_{\xi^2}(\overline{X})$ de l'estimateur $\overline{X}$ associé à la probabilité a priori gaussienne $\mathcal{N}(0, \xi^2)$.
2. Calculer le risque bayésien $R_{\xi^2}(Y_{\xi^2})$ de l'estimateur bayésien Y_{ξ^2} associé à la probabilité a priori gaussienne $\mathcal{N}(0, \xi^2)$.
3. Vérifier que $\lim_{\xi \to +\infty} \xi\Big(R_{\xi^2}(\overline{X}) - R_{\xi^2}(Y_{\xi^2})\Big) = 0$.
4. En déduire que $\overline{X}$ est un estimateur admissible.

Exercice 2.10. *Moyenne empirique pour le modèle de Gauss presque bayésien.*— Soit $\sigma^2 > 0$. Soit le modèle statistique correspondant à l'observation d'un échantillon de taille n de la loi de Gauss $\mathcal{N}(m, \sigma^2)$ de moyenne m inconnue, la variance étant connue.

1. Soit μ une probabilité a priori pour laquelle $\overline{X}$ est un estimateur bayésien de m. Montrer que le risque bayésien associé est nul.
2. En déduire que $\overline{X}$ n'est pas un estimateur bayésien.
3. On dit qu'un estimateur Z est presque bayésien s'il existe une suite de probabilités a priori $(\mu_\ell)_{\ell \geq 1}$ telle que pour tout estimateur Y on ait

$$\liminf_{\ell \to +\infty} \Big(R_{\mu_\ell}(Y) - R_{\mu_\ell}(Z) \Big) \geq 0.$$

Démontrer que $\overline{X}$ est presque bayésien.

CHAPITRE 3

Tests du chi-carré

LE TEST DU CHI-CARRÉ, ou χ^2, est l'un des tests statistiques les plus connus. Il existe une multitude de versions de ce test, qui s'adapte très bien à des situations variées. Ce chapitre présente les plus incontournables, le test d'adéquation à une loi donnée et le test d'indépendance. Il est l'occasion de présenter la loi de Gauss multidimensionnelle, loi fondamentale qui n'est pas au programme des cours de base de calcul de probabilités.

3.1 Tests asymptotiques

Contrairement aux tests du chapitre 1, et notamment au test de Student, le test du chi-carré est un test approché, qui n'est valable que lorsque l'échantillon est de grande taille. Les notions de test et de niveau doivent donc être adaptées pour pouvoir faire tendre la taille de l'échantillon vers l'infini.

Définition 3.1 (Test et niveau asymptotiques) Soit $(\mu_\theta)_{\theta\in\Theta}$ une famille de lois de probabilité sur $\mathbb{R}$, et soient deux hypothèses disjointes Θ_0 et Θ_1. Un test asymptotique ϕ est une suite de tests $(\phi_n)_n$ où ϕ_n est un test défini sur un modèle correspondant à un échantillon de taille n de la loi μ_θ. Ce test asymptotique ϕ de Θ_0 contre Θ_1 est asymptotiquement de niveau α si $\alpha = \sup_{\theta\in\Theta_0} \lim_n \mathbf{E}_\theta(\phi_n)$.

Un test de niveau donné doit avoir une fonction puissance la plus grande possible sur l'hypothèse Θ_1. Cette constatation élémentaire a amené à considérer les tests admissibles, UPP, et UPPB dans le chapitre 1. La notion de test « de grande puissance » doit aussi être adaptée pour le cadre asymptotique.

Définition 3.2 (Test asymptotique convergent) Avec les notations de la précédente définition, le test asymptotique $\phi = (\phi_n)_n$ est convergent si pour tout $\theta \in \Theta_1$ on a $\lim_n \mathbf{E}_\theta(\phi_n) = 1$.

Développons l'exemple typique du test sur une proportion.

Exemple 3.3. Soit un échantillon $(X_i)_{i \leq n}$ de (grande) taille n d'une loi de Bernoulli de paramètre p inconnu. Soit $p_0 \in]0,1[$. On cherche à contrôler l'hypothèse selon laquelle la valeur du paramètre p est égale à p_0. Un test asymptotique de l'hypothèse $\Theta_0 = \{p_0\}$ contre $\Theta_1 =]0,1[\backslash\Theta_0$ est le test rejetant Θ_0 lorsque la moyenne empirique

$$\overline{X}_n = \frac{1}{n}\sum_{i=1}^{n} X_i$$

est loin de p_0, c'est-à-dire en dehors d'un intervalle $[p_0 - c_n, p_0 + c_n]$. Le seuil c_n est calculé pour que la probabilité de cet événement soit proche, lorsque $p = p_0$, du niveau asymptotique α que l'on s'est fixé. Comme d'après le théorème limite central $\overline{X}_n$ suit approximativement la loi $\mathcal{N}(p, \frac{p(1-p)}{n})$, on prend

$$c_n = \frac{\sqrt{p_0(1-p_0)}}{\sqrt{n}} F^{-1}(1-\alpha/2),$$

où F désigne la fonction de répartition de la loi $\mathcal{N}(0,1)$. On exprime souvent cette condition de rejet de Θ_0 à l'aide de la statistique

$$Z_n = \frac{\overline{X}_n - p_0}{\sqrt{\frac{p_0(1-p_0)}{n}}},$$

sous la forme $|Z_n| > z$ avec $z = F^{-1}(1-\alpha/2)$. Le niveau asymptotique de ce test se déduit du fait que si $p = p_0$ alors T_n tend en loi vers la loi $\mathcal{N}(0,1)$, et son caractère convergent du fait que si $p \neq p_0$ alors $|Z_n|$ tend en probabilité vers l'infini, d'après la loi des grands nombres.

3.2 Loi de Gauss multidimensionnelle

La loi de Gauss est très présente dans les phénomènes asymptotiques, grâce au théorème limite central. Les tests du chi-carré sont notamment fondés sur le théorème limite central multidimensionnel. Il nous faut donc présenter la loi de Gauss multidimensionnelle. C'est l'objet de ce paragraphe. Nous commençons par décrire la notion de vecteur gaussien. Nous définissons ensuite la loi de Gauss multidimensionnelle comme étant la loi d'un tel vecteur aléatoire.

Définition 3.4 (Vecteur gaussien) Soient deux entiers d et $r \geq 1$. Un vecteur gaussien de dimension d et de rang $\leq r$ est un vecteur aléatoire $\vec{Y}$ de dimension d dont les coordonnées sont presque sûrement des combinaisons affines de r variables aléatoires indépendantes suivant la loi $\mathcal{N}(0,1)$. C'est-à-dire que $\vec{Y}$ peut s'écrire sous la forme $\vec{Y} = A\vec{Z} + \vec{m}$ (p.s.), où les coordonnées du vecteur aléatoire $\vec{Z}$ sont r variables aléatoires indépendantes de loi $\mathcal{N}(0,1)$, la matrice réelle A est de taille [1] (d,r), et le vecteur $\vec{m}$ de dimension d.

[1] Dans cette notation, d désigne le nombre de lignes et r le nombre de colonnes.

On sait qu'une somme de variables aléatoires de Gauss indépendantes suit une loi de Gauss. On en déduit que les coordonnées d'un vecteur aléatoire gaussien suivent des lois de Gauss. Mais ce n'est pas une condition suffisante (voir exercice 3.3).

Le vecteur moyenne de $\vec{Y}$ est $\mathbf{E}\vec{Y} = \vec{m}$ et sa matrice de covariance $\Gamma_Y = A \cdot A^*$, où A^* désigne la matrice transposée de A. On en déduit que la matrice de covariance Γ_Y a un rang $\leq r$. Lorsque la matrice de covariance Γ_Y est de rang d, la loi de $\vec{Y}$ admet la densité définie sur $\mathbb{R}^d$ par

$$\vec{y} \mapsto \frac{\det \Gamma_Y^{-1/2}}{(2\pi)^{d/2}} \exp\Big(-\frac{1}{2}(\vec{y}-\vec{m})^* \cdot \Gamma_Y^{-1} \cdot (\vec{y}-\vec{m})\Big).$$

Ce calcul est proposé dans l'exercice 3.4 lorsque la matrice A de la définition 3.4 est une matrice carrée inversible. Nous verrons ci-dessous que dès que Γ_Y est de rang d, on peut se ramener au cas d'une matrice A carrée et inversible.

La définition 3.4 ci-dessus est bien cohérente, au sens où un vecteur gaussien de rang $\leq r$ est bien un vecteur gaussien de rang $\leq r'$ pour tout $r \leq r'$. Il suffit en effet de rajouter $r'-r$ colonnes de 0 à la matrice A pour le vérifier. Ceci définit implicitement le rang du vecteur gaussien $\vec{Y}$: un vecteur gaussien est de rang r exactement s'il est un vecteur gaussien de rang $\leq r$ et n'est pas un vecteur gaussien de rang $\leq r-1$, soit

$$\mathrm{Rang}(\vec{Y}) = \min\Big(r;\ \vec{Y} \text{ est un vecteur gaussien de rang } \leq r\Big).$$

On déduit aisément de cette définition, et de l'inégalité $\mathrm{Rang}(\Gamma_Y) \leq r$ écrite ci-dessus que $\mathrm{Rang}(\Gamma_Y) \leq \mathrm{Rang}(\vec{Y})$. Nous verrons ci-dessous qu'il y a en fait égalité.

La loi du vecteur aléatoire $\vec{Y}$ de dimension d est déterminée par sa fonction caractéristique φ, dont on rappelle la définition : pour tout $(t_1, \ldots, t_d) \in \mathbb{R}^d$

$$\varphi(t_1, \ldots, t_d) = \mathbf{E}(e^{i(t_1 Y_1 + \cdots + t_d Y_d)}).$$

On écrira de manière condensée : pour tout $\vec{t} \in \mathbb{R}^d$,

$$\varphi(\vec{t}) = \mathbf{E}(e^{i(\vec{t})^* \cdot \vec{Y}}).$$

Dans cette formule, on a identifié suivant l'usage un vecteur de dimension d à une matrice de taille $(d,1)$, et une matrice carrée de taille 1 à un nombre réel. Ainsi le produit scalaire usuel $\langle \vec{u}, \vec{v} \rangle$ s'identifie au produit de matrices $\vec{u}^* \cdot \vec{v}$. On a notamment $\|\vec{u}\|^2 = \vec{u}^* \cdot \vec{u}$.

En dimension 1, la fonction caractéristique ψ_1 d'une variable aléatoire Z de loi $\mathcal{N}(0,1)$ est $\psi_1(t) = e^{-t^2/2}$ (voir exercice 1.3). On en déduit la fonction caractéristique ψ_r d'un vecteur aléatoire $\vec{Z}$ dont les coordonnées sont r variables aléatoires indépendantes de loi $\mathcal{N}(0,1)$:

$$\psi_r(u_1, \ldots, u_r) = \psi_1(u_1)\psi_1(u_2)\cdots\psi_1(u_r),$$

ce qui donne d'après l'expression de ψ_1

$$\psi_r(\vec{u}) = \exp\Big(-\frac{1}{2}\vec{u}^* \cdot \vec{u}\Big). \tag{3.1}$$

Ces rappels permettent d'expliciter la fonction caractéristique d'un vecteur gaussien.

Proposition 3.5 Un vecteur gaussien de dimension d est un vecteur aléatoire $\vec{Y}$ admettant pour fonction caractéristique

$$\varphi(\vec{t}) = \exp\Big(-\frac{1}{2}(\vec{t})^* \cdot \Gamma \cdot \vec{t} + i\vec{m}^* \cdot \vec{t}\Big), \tag{3.2}$$

où Γ est une matrice symétrique non négative[2] de taille d et $\vec{m}$ un vecteur de $\mathbb{R}^d$.

Démonstration Reprenons les notations de la définition 3.4 ci-dessus, et considérons un vecteur gaussien $\vec{Y} = A\vec{Z}+\vec{m}$, où $\vec{Z}$ est un suite de variables aléatoires indépendantes de loi normale centrée réduite. La fonction caractéristique φ de $\vec{Y}$ s'écrit donc

$$\varphi(\vec{t}) = \mathbf{E}(e^{i(\vec{t})^*(A\vec{Z}+\vec{m})}).$$

En développant, on trouve $\varphi(\vec{t}) = \mathbf{E}\big(e^{i(A^*\vec{t})^*\vec{Z}}\big)e^{i(\vec{t})^*\vec{m}}$ soit encore

$$\varphi(\vec{t}) = \psi_r\big(A^*\vec{t}\big)\, e^{i(\vec{t})^*\vec{m}},$$

où ψ_r est la fonction caractéristique de $\vec{Z}$. Grâce à l'expression (3.1), on trouve bien l'égalité (3.2) de la proposition ci-dessus, avec $\Gamma = A \cdot A^*$.

Réciproquement, soit $\vec{Y}$ un vecteur aléatoire dont la fonction caractéristique est de la forme donnée par l'égalité (3.2). La matrice symétrique non négative Γ est diagonalisable dans une base orthonormée (la démonstration de cette propriété est rappelée chapitre 4, proposition 4.1). Il existe donc une matrice diagonale D et une matrice orthogonale P telles que $\Gamma = P \cdot D \cdot P^*$. On suppose que les coefficients diagonaux non nuls de D sont les r premiers (où $r = \text{Rang}(\Gamma)$) et on note D_1 le bloc diagonal non nul de D. On note $P = (P_1\ P_2)$ le découpage en blocs correspondant de P, c'est-à-dire avec la matrice P_1 à r colonnes. En multipliant les matrices par blocs on vérifie $P \cdot D \cdot P^* = P_1 \cdot D_1 \cdot P_1^* + 0$, d'où

$$P_1 \cdot D_1 \cdot P_1^* = \Gamma. \tag{3.3}$$

Dans la suite, A désignera la matrice $P_1 \cdot \sqrt{D_1}$. Elle est de taille (d, r). Elle vérifie $AA^* = \Gamma$ et $A^*A = D_1$. De plus B désignera la matrice $\sqrt{D_1^{-1}} \cdot P_1^*$ de taille (r, d), vérifiant $BA = I_r$, où I_r désigne la matrice identité de taille r. Le vecteur aléatoire $\vec{Z} = B(\vec{Y} - \vec{m})$ de dimension r admet pour fonction caractéristique

$$\begin{aligned} \psi(\vec{u}) = & \quad \mathbf{E}(e^{i(\vec{u}^* B(\vec{Y}-\vec{m}))}), \\ = & \quad \varphi(B^*\vec{u})\exp(-i\vec{u}^* \cdot B\vec{m}). \end{aligned}$$

En remplaçant dans cette égalité φ par son expression (3.2), et en remarquant que $B\Gamma B^* = I_r$ d'après (3.3), on trouve $\psi(\vec{u}) = \exp(-\|\vec{u}\|^2/2)$. Ceci démontre que les

[2] L'expression « matrice symétrique *non négative* » est employée pour désigner une matrice symétrique positive de rang $r \leq d$, cela afin d'éviter la confusion avec la notion de matrice symétrique *définie positive*, qui désigne suivant l'usage le cas $r = d$.

coordonnées de $\vec{Z}$ sont indépendantes de loi $\mathcal{N}(0,1)$. De même le vecteur aléatoire $\vec{W} = \vec{Y} - A \cdot \vec{Z} - \vec{m} = (I - A \cdot B) \cdot (\vec{Y} - \vec{m})$ admet pour fonction caractéristique

$$\begin{aligned}\varphi_W(\vec{t}\,) = & \quad \mathbf{E}(e^{i(\vec{t}\,)^* \cdot ((I-A\cdot B)\cdot(\vec{Y}-\vec{m}))}) \\ = & \quad \varphi((I-AB)^*\vec{t})\, e^{-i(\vec{t}\,)^*(I-AB)m}.\end{aligned}$$

En remplaçant φ par son expression (3.2) on obtient

$$\varphi_W(\vec{t}\,) = \exp\Big(-\frac{1}{2}(\vec{t}\,)^* \cdot (I - A \cdot B) \cdot \Gamma \cdot (I - A \cdot B)^* \cdot \vec{t}\Big).$$

D'après les définitions de A et B on a $AB\Gamma = \Gamma$ et le terme sous l'exponentielle s'annule. On a donc $\varphi_W(\vec{t}\,) = 1$. Il en découle que $\vec{Y} = A\vec{Z} + \vec{m}$ presque sûrement, c'est-à-dire que $\vec{Y}$ est un vecteur gaussien de rang $\leq r = \mathrm{Rang}(\Gamma)$. Ceci achève la démonstration de la proposition. □

Dans la démonstration ci-dessus, on a vérifié que la matrice Γ de la ligne (3.2) est égale à $A \cdot A^*$, et donc à Γ_Y d'après le calcul de la covariance de $\vec{Y}$ qui suit la définition de vecteur gaussien. La loi d'un vecteur gaussien $\vec{Y}$ est donc déterminée par sa moyenne $\vec{m}$ et sa matrice de covariance Γ_Y. On note $\mathcal{N}_d(\vec{m}, \Gamma_Y)$ cette loi. De plus on a vu que la matrice A peut être choisie de façon à avoir un nombre de colonnes r égal au rang de Γ_Y. Il en découle que le rang de $\vec{Y}$, en tant que vecteur gaussien, est égal au rang de sa matrice de covariance Γ_Y.

On a vu qu'une somme de carrés de variables aléatoires gaussiennes indépendantes centrées réduites suit une loi du chi-carré (c'est la définition de cette loi, voir définition 1.3). Cela se généralise au cas de sommes de carrés de coordonnées d'un vecteur gaussien, sous certaines conditions indiquées ci-dessous.

Proposition 3.6 Soit un vecteur gaussien $\vec{Y} = (Y_i)_i$ de loi $\mathcal{N}_d(\vec{0}, \Gamma)$. Si $\Gamma^2 = \Gamma$, alors la variable aléatoire $\sum_{i=1}^d Y_i^2$ suit la loi du chi-carré dont le nombre de degrés de liberté est égal au rang de $\vec{Y}$.

Démonstration Reprenant les notations de la démonstration de la proposition 3.5, on a $\vec{Y} = A\vec{Z}$ où $\vec{Z}$ est un vecteur aléatoire de dimension $r = \mathrm{Rang}(\Gamma)$ dont les coordonnées sont indépendantes de loi $\mathcal{N}(0,1)$. La matrice A est de taille (d, r), et vérifie $AA^* = \Gamma$ et $A^*A = D_1$. De plus, puisque $\Gamma^2 = \Gamma$, toute valeur propre λ de Γ vérifie $\lambda^2 = \lambda$. Il s'en suit que la seule valeur propre non nulle de Γ est égale à 1, c'est-à-dire que $D_1 = I_r$. D'autre part on a $\sum_{i=1}^d Y_i^2 = \vec{Y}^* \cdot \vec{Y}$, avec

$$\begin{aligned}\vec{Y}^* \cdot \vec{Y} = & \quad (A \cdot \vec{Z})^* \cdot (A \cdot \vec{Z}) \\ = & \quad \vec{Z}^* \cdot (A^* \cdot A) \cdot \vec{Z},\end{aligned}$$

et l'égalité $A^*A = I_r$ permet de conclure que $\sum_{i=1}^d Y_i^2$ suit loi $\chi^2(r)$. □

Du théorème limite central pour vecteurs aléatoires (voir par exemple [DCD82], théorème 5.3.11 page 133) on déduit le corollaire suivant.

Corollaire 3.7 Soit $(\vec{X}_n)_n$ une suite de vecteurs aléatoires de dimension d indépendants identiquement distribués. On note $X_{n,i}$ la i-ième coordonnée de $\vec{X}_n$, que l'on suppose centrée et de carré intégrable. On note Γ la matrice de covariance de $\vec{X}_1$. Soit enfin $\tilde{S}_{n,i} = \frac{1}{\sqrt{n}} \sum_{\ell=1}^{n} X_{\ell,i}$. Alors, si $\Gamma^2 = \Gamma$, la variable aléatoire T_n définie par

$$T_n = \sum_{i=1}^{d} \tilde{S}_{n,i}^2 \tag{3.4}$$

tend en loi vers la loi $\chi^2(r)$ pour n tendant vers l'infini, où r est le rang de Γ.

Démonstration Il suffit d'appliquer le théorème limite central et la proposition 3.6, en remarquant que la convergence en loi passe à travers les fonctions continues. □

3.3 Test du chi-carré de Pearson

On décrit dans ce paragraphe un test d'ajustement à une loi portée par un ensemble fini. On peut naturellement considérer que cet ensemble est $\{1, \ldots, d\}$. Pour tout vecteur $\vec{p} = (p_i)_{1 \leq i \leq d}$ de coordonnées positives, dont la somme est égale à 1, on note $\mu_{\vec{p}}$ la probabilité définie sur $\{1, \ldots, d\}$ par $p_i = \mu(\{i\})$, pour $i = 1, \ldots, d$.

Soit la famille de toutes les probabilités dont le support est l'ensemble $\{1, \ldots, d\}$. Elle est paramétrée par $\Theta = \{\vec{p} \in \mathbb{R}^d,\ p_i > 0,\ \sum_{i=1}^{d} p_i = 1\}$. Pour tout $n \geq 1$, on considère un modèle statistique $(\Omega_n, \mathcal{A}_n, (\mathcal{P}_{n,\vec{p}})_{\vec{p} \in \Theta})$ correspondant à l'observation d'un échantillon de taille n de loi $\mu_{\vec{p}}$, c'est-à-dire une suite $(Y_1^{(n)}, \ldots, Y_n^{(n)})$ de statistiques qui, sous la probabilité $\mathcal{P}_{n,\vec{p}}$, sont indépendantes de loi $\mu_{\vec{p}}$. Notons que pour $k \leq n$, la loi de $(Y_1^{(n)}, \ldots, Y_k^{(n)})$ sous $\mathcal{P}_{n,\vec{p}}$ est la loi de k variables aléatoires indépendantes de loi $\mu_{\vec{p}}$. Cette loi ne dépend donc pas de n. C'est pourquoi dans la suite on omettra l'exposant (n).

Soit $\vec{p}_0 \in \Theta$. Le corollaire 3.7 ci-dessus permet de construire un test asymptotique de l'hypothèse $\Theta_0 = \{\vec{p}_0\}$ contre $\Theta_1 = \Theta \setminus \Theta_0$.

Théorème 3.8 (Pearson) *Soit $\vec{p}_0 = (p_{0,i})_{1 \leq i \leq d} \in \Theta$. Soit, pour tout $n \geq 1$, la suite $(Y_1, \ldots, Y_n)$ de statistiques décrite ci-dessus. Pour tout $i \in \{1, \ldots, d\}$, notons $N_{n,i}$ la statistique comptant le nombre d'apparitions de la valeur i, définie sur Ω_n par*

$$N_{n,i} = \text{card}\{\ell \leq n,\ Y_\ell = i\}.$$

Soit enfin T_n la statistique de Pearson définie par $T_n = \sum_{i=1}^{d} \frac{(N_{n,i} - np_{0,i})^2}{np_{0,i}}$. Fixons $c > 0$. Alors le test asymptotique ϕ défini par

$$\begin{aligned} T_n > c &\Rightarrow & \phi_n = 1, \\ T_n \leq c &\Rightarrow & \phi_n = 0, \end{aligned}$$

est convergent, comme test de $\Theta_0 = \{\vec{p}_0\}$ *contre* $\Theta_1 = \Theta \setminus \Theta_0$. *Son niveau asymptotique* α*, déterminé par la loi du chi-carré à*

$$\nu = d - 1$$

degrés de liberté, vaut $\alpha = \mathcal{P}_{\chi^2(\nu)}(]c, +\infty])$.

Remarque : Pour calculer le seuil c du test de niveau α, il faut inverser la fonction de répartition F_{d-1} de la loi du chi-carré à $d-1$ degrés de liberté. En effet $c = F_{d-1}^{-1}(1-\alpha)$. Ce calcul peut être fait avec une table [3] ou un ordinateur [4].

Démonstration La statistique T_n du théorème est la même que celle de la ligne (3.4) du corollaire 3.7, à condition de poser

$$\tilde{S}_{n,i} = \frac{N_{n,i} - np_{0,i}}{\sqrt{np_{0,i}}}, \quad \text{c'est-à-dire} \quad X_{\ell,i} = \frac{\mathbf{1}_{\{i\}}(Y_\ell) - p_{0,i}}{\sqrt{p_{0,i}}},$$

où $\mathbf{1}_{\{i\}}(y) = 1$ si $y = i$ et 0 sinon. Il est clair que les vecteurs aléatoires $\vec{X}_\ell = (X_{\ell,i})_i$ sont indépendants et de même loi. On note Γ_X la matrice de covariance de cette loi.

Supposons que $\vec{p} = \vec{p}_0$, et montrons que les hypothèses du corollaire 3.7 sont vérifiées. L'égalité $\mathbf{E}_{\vec{p}_0}(\vec{X}_\ell) = \vec{0}$ est évidente. Pour la covariance on remarque que

$$\mathbf{E}\Big(\mathbf{1}_{\{i\}}(Y_\ell)\mathbf{1}_{\{j\}}(Y_\ell)\Big) = \begin{cases} p_{0,i} & \text{si } i = j, \\ 0 & \text{si } i \neq j. \end{cases}$$

D'où l'on déduit

$$\begin{aligned} \mathbf{V}\Big(\mathbf{1}_{\{i\}}(Y_\ell)\Big) &= p_{0,i} - p_{0,i}^2, \\ \text{cov}\Big(\mathbf{1}_{\{i\}}(Y_\ell), \mathbf{1}_{\{j\}}(Y_\ell)\Big) &= -p_{0,i}p_{0,j} \quad \text{si } i \neq j, \end{aligned}$$

et enfin

$$\begin{aligned} \mathbf{V}(X_{\ell,i}) &= \frac{1}{p_{0,i}}\mathbf{V}\Big(\mathbf{1}_{\{i\}}(Y_\ell)\Big) = 1 - p_{0,i}, \\ \text{cov}(X_{\ell,i}X_{\ell,j}) &= \frac{1}{\sqrt{p_{0,i}p_{0,j}}}\text{cov}\Big(\mathbf{1}_{\{i\}}(Y_\ell), \mathbf{1}_{\{j\}}(Y_\ell)\Big) = -\sqrt{p_{0,i}p_{0,j}} \quad \text{si } i \neq j. \end{aligned}$$

Finalement on a

$$\Gamma_X = \begin{pmatrix} 1 - p_{0,1} & -\sqrt{p_{0,1}p_{0,2}} & \cdots & -\sqrt{p_{0,1}p_{0,n}} \\ -\sqrt{p_{0,2}p_{0,1}} & 1 - p_{0,2} & & \vdots \\ \vdots & & \ddots & -\sqrt{p_{0,n-1}p_{0,n}} \\ -\sqrt{p_{0,n}p_{0,1}} & \cdots & -\sqrt{p_{0,n}p_{0,n-1}} & 1 - p_{0,n} \end{pmatrix}$$

[3] Voir l'exercice 3.1.

[4] Voir exemple numérique B.7.

Cela s'écrit $\Gamma_X = I_d - \vec{q} \cdot (\vec{q})^*$ avec $\vec{q} = (\sqrt{p_{0,i}})_i$. On en déduit Γ_X^2 en élevant au carré et en développant :

$$\Gamma_X^2 = I - 2\vec{q} \cdot (\vec{q})^* + \vec{q} \cdot (\vec{q})^* \cdot \vec{q} \cdot (\vec{q})^*.$$

En utilisant la relation $(\vec{q})^* \cdot \vec{q} = 1$, on obtient $\Gamma_X^2 = \Gamma_X$.

D'autre part pour calculer le rang de Γ_X, on utilise l'égalité $\mathrm{Rang}(\Gamma_X) = d - \dim(\mathrm{Ker}\Gamma_X)$. Or, l'équation $\Gamma_X \cdot \vec{v} = 0$ s'écrit $\vec{v} = \lambda\vec{q}$ avec $\lambda = (\vec{q})^* \cdot \vec{v}$; il en découle que le noyau de Γ_X est de dimension 1, et que son rang vaut donc $d-1$. Le niveau asymptotique du test ϕ se déduit du corollaire 3.7.

Supposons maintenant $\vec{p} \neq \vec{p}_0$. On a $\frac{T_n}{n} = \sum_{i=1}^d \frac{(N_{n,i}/n - p_{0,i})^2}{p_{0,i}}$, et donc d'après la loi faible des grands nombres, la convergence en probabilité

$$\lim_{n\to+\infty} \frac{T_n}{n} = \sum_{i=1}^{d} \frac{(p_i - p_{0,i})^2}{p_{0,i}}.$$

Cette limite étant > 0, on obtient $\lim_{n\to+\infty} T_n = +\infty$, donc le test ϕ est convergent. Ceci achève la démonstration du théorème. □

Il existe d'autres statistiques permettant de construire des méthodes faciles à mettre en œuvre pour tester l'hypothèse Θ_0 contre Θ_1 du théorème ci-dessus. L'une des plus utilisées est celle de Kolmogorov-Smirnov qui mesure l'écart entre la fonction de répartition observée et la fonction de répartition supposée. Dans notre situation, elle prend l'expression

$$D_n = \sup_{1\leq \ell \leq d} \left| \sum_{i=1}^{\ell} \left(\frac{N_{i,n}}{n} - p_{0,i} \right) \right|.$$

Son avantage par rapport à la statistique du chi-carré est qu'elle s'adapte bien au cas d'un modèle à loi continue. A contrario, l'avantage du test du chi-carré est son adaptabilité naturelle au cas d'une hypothèse Θ_0 multiple, via l'estimation des paramètres inconnus. C'est notamment le cas du test d'indépendance, avec estimation des lois marginales.

3.4 Test du chi-carré d'indépendance

Avant de présenter le test d'indépendance proprement dit, avec estimation des lois marginales, on décrit le test avec lois marginales connues. Ce dernier se déduit immédiatement du théorème précédent. Cela permet de présenter le cadre commun de ces deux tests, pour mieux les comparer.

3.4.1 Cas de lois marginales connues

On considère la famille constituée des probabilités dont le support est $\{1,\ldots,d\} \times \{1,\ldots,d'\}$, de marginales $\vec{p}$ et $\vec{p'}$ fixées. Cette famille est paramétrée par $\Theta = \{(p_{i,j})_{i,j} \in \mathbb{R}^{d\times d'},\ p_{i,j} > 0,\ \sum_i p_{i,j} = p'_j,\ \sum_j p_{i,j} = p_i\}$. Pour tout $n \geq 1$ on considère un modèle statistique correspondant à l'observation d'un échantillon de taille n. On note $((Y_1, Y'_1), \ldots, (Y_n, Y'_n))$ la suite de statistiques associées. Ainsi Y_ℓ est à valeurs dans $\{1, \ldots, d\}$, et Y'_ℓ est à valeurs dans $\{1, \ldots, d'\}$, pour $1 \leq \ell \leq n$. La loi produit sur $\{1, \ldots, d\} \times \{1, \ldots, d'\}$ est donnée par $p_{i,j} = p_i p'_j$. C'est la loi sous laquelle les variables aléatoires Y_ℓ et Y'_ℓ sont indépendantes. Le théorème 3.8 permet de construire un test asymptotique de l'hypothèse $\Theta_0 = \{(p_i p'_j)_{i,j}\}$ contre $\Theta_1 = \Theta \setminus \Theta_0$.

Corollaire 3.9 Soit, pour tous $n \geq 1$ et $(i, j) \in \{1, \ldots, d\} \times \{1, \ldots, d'\}$, la statistique $N_{i,j}$ définie par

$$N_{i,j} = \mathrm{card}\{\ell \leq n,\ (Y_\ell, Y'_\ell) = (i, j)\}.$$

On pose $T_n = \displaystyle\sum_{i=1}^{d} \sum_{j=1'}^{d'} \frac{(N_{i,j} - np_i p'_j)^2}{np_i p'_j}$. On fixe $c > 0$. Alors le test asymptotique $\phi = (\phi_n)_{n \geq 1}$ défini par

$$\begin{aligned} T_n > c &\Rightarrow & \phi_n = 1, \\ T_n \leq c &\Rightarrow & \phi_n = 0, \end{aligned}$$

est convergent, comme test de $\Theta_0 = \{(p_i p'_j)_{i,j}\}$ contre $\Theta_1 = \Theta \setminus \Theta_0$. Son niveau asymptotique α, déterminé par la loi du chi-carré à

$$\nu = dd' - 1$$

degrés de liberté, vaut $\alpha = \mathcal{P}_{\chi^2(\nu)}(]c, +\infty])$.

Démonstration C'est le théorème 3.8 du chi-carré d'adéquation en dimension dd'. □

Si l'on veut de plus expliciter la loi limite du vecteur aléatoire

$$\tilde{S}_{i,j} = \frac{N_{i,j} - np_i p'_j}{\sqrt{np_i p'_j}},$$

il est naturel de conserver le couple (i, j) en tant qu'indice des coordonnées dans un espace vectoriel de dimension dd'. Le vecteur $\vec{q}$ de la démonstration ci-dessus, de dimension dd', prend notamment la forme $\vec{q} = (\sqrt{p_i p'_j})_{(i,j)}$. De même les coefficients d'une matrice carrée de taille dd' sont notées avec deux indices doubles (i, j) et (k, ℓ). La matrice $\Gamma_X = I_{dd'} - \vec{q} \cdot (\vec{q})^*$ de la démonstration ci-dessus a donc pour coefficients $\gamma_{(i,j),(k,\ell)} = \delta_{i,k}\delta_{j,\ell} - \sqrt{p_i p'_j p_k p'_\ell}$ (où, suivant l'usage, le symbole $\delta_{i,k}$ vaut 1 si $i = k$ et 0 sinon).

Dans ce test les lois marginales sont données et doivent être connues pour pouvoir exprimer la statistique T_n. On étudie dans la suite de ce paragraphe un test pour la situation où les lois marginales sont inconnues.

3.4.2 Cas de lois marginales inconnues

On reprend la situation décrite ci-dessus, mais avec l'espace de paramètres $\Theta = \{(p_{i,j})_{i,j} \in \mathbb{R}^{d \times d'},\ p_{i,j} > 0,\ \sum_i \sum_j p_{i,j} = 1\}$. On considère l'hypothèse correspondant à une loi produit : $\Theta_0 = \{(p_{i,j})_{i,j} \in \Theta,\ p_{i,j} = (\sum_k p_{i,k})(\sum_\ell p_{\ell,j})\}$

Théorème 3.10 (Test du chi-carré d'indépendance) *Soient, pour tous $n \geq 1$ et $(i,j) \in \{1,\dots,d\} \times \{1,\dots,d'\}$, les statistiques $N_{i,j}$, $\hat{p}_i$, $\hat{p}'_j$ comptant respectivement le nombre d'apparitions de (i,j), et les fréquences d'apparitions de i et de j, définies par*

$$N_{i,j} = \operatorname{card}\{\ell \leq n,\ (Y_\ell, Y'_\ell) = (i,j)\},$$

$$\hat{p}_i = \frac{1}{n}\sum_\ell N_{i,\ell}, \qquad \hat{p}'_j = \frac{1}{n}\sum_k N_{k,j}.$$

On pose $T_n = \sum_{i=1}^{d}\sum_{j=1}^{d'} \frac{(N_{i,j} - n\hat{p}_i\hat{p}'_j)^2}{n\hat{p}_i\hat{p}'_j}$. *On fixe $c > 0$. Alors le test asymptotique ϕ défini par*

$$\begin{aligned} T_n > c &\Rightarrow & \phi_n = 1,\\ T_n \leq c &\Rightarrow & \phi_n = 0, \end{aligned}$$

est convergent, comme test de $\Theta_0 = \{(p_{i,j})_{i,j} \in \Theta,\ p_{i,j} = (\sum_k p_{i,k})(\sum_\ell p_{\ell,j})\}$ contre $\Theta_1 = \Theta \setminus \Theta_0$. Son niveau asymptotique α, déterminé par la loi du chi-carré à

$$\nu = (d-1)(d'-1)$$

degrés de liberté, vaut $\alpha = \mathcal{P}_{\chi^2(\nu)}(]c, +\infty])$.

Démonstration L'assertion sur le niveau asymptotique de ce test signifie que

$$\sup_{\theta \in \Theta_0} \lim_n \mathcal{P}_\theta(T_n > c) = \mathcal{P}_{\chi^2((d-1)(d'-1))}(]c, +\infty]).$$

On démontrera en fait que cette convergence a lieu pour tout $\theta \in \Theta_0$ (sans la borne supérieure). On dit que le test est (asymptotiquement) libre.

Plaçons nous dans le cas où l'hypothèse Θ_0 est vérifiée et notons $(p_i)_i$ et $(p'_j)_j$ les lois marginales (inconnues). Soient les fonctions

$$S_{i,j} = \frac{N_{i,j} - n\hat{p}_i\hat{p}'_j}{\sqrt{n\hat{p}_i\hat{p}'_j}} \qquad \text{et} \qquad \tilde{S}_{i,j} = \frac{N_{i,j} - np_ip'_j}{\sqrt{np_ip'_j}}.$$

On a vu dans le corollaire 3.9 que le vecteur aléatoire $(\tilde{S}_{i,j})_{i,j}$ tend en loi vers une loi de Gauss de dimension dd' et de rang $dd' - 1$. On veut démontrer un résultat similaire pour le vecteur aléatoire $(S_{i,j})_{i,j}$. La statistique $S_{i,j}$ s'exprime en fonction de $\tilde{S}_{i,j}$, en éliminant les $N_{i,j}$ de la manière suivante. De la définition de $\tilde{S}_{i,j}$ on déduit $N_{i,j} = \sqrt{np_ip'_j}\tilde{S}_{i,j} + np_ip'_j$ d'où, en ôtant $n\hat{p}_i\hat{p}'_j$,

$$\begin{aligned} N_{i,j} - n\hat{p}_i\hat{p}'_j &= \sqrt{np_ip'_j}\tilde{S}_{i,j} + n(p_ip'_j - \hat{p}_i\hat{p}'_j), & (3.5)\\ &= \sqrt{np_ip'_j}\tilde{S}_{i,j} + n\Big(p_i(p'_j - \hat{p}'_j) + \hat{p}'_j(p_i - \hat{p}_i)\Big). & (3.6) \end{aligned}$$

Considérons le dernier terme $n\hat{p}'_j(p_i - \hat{p}_i)$ de cette expression. Puisque $1 = \sum_\ell p'_\ell$ on a $p_i = \sum_\ell p_i p'_\ell$. D'autre part $\hat{p}_i = \frac{1}{n}\sum_\ell N_{i,\ell}$. On en déduit

$$\begin{aligned} n\hat{p}'_j(p_i - \hat{p}_i) &= \hat{p}'_j \sum_\ell \Big(np_i p'_\ell - N_{i,\ell}\Big), \\ &= -\hat{p}'_j \sum_\ell \tilde{S}_{i,\ell}\sqrt{np_i p'_\ell}, \end{aligned}$$

à nouveau par définition de $\tilde{S}_{i,j}$. De même $np_i(p'_j - \hat{p}'_j) = -p_i \sum_k \tilde{S}_{k,j}\sqrt{np_k p'_j}$. Finalement, en reportant ces expressions dans (3.5) puis en divisant par $\sqrt{\hat{p}_i \hat{p}'_j}$, on obtient

$$S_{i,j} = \frac{1}{\sqrt{\hat{p}_i \hat{p}'_j}}\Big(\tilde{S}_{i,j}\sqrt{p_i p'_j} - p_i \sum_k \sqrt{p_k p'_j}\tilde{S}_{k,j} - \hat{p}'_j \sum_\ell \sqrt{p_i p'_\ell}\tilde{S}_{i,\ell}\Big). \tag{3.7}$$

Cette statistique n'est pas une somme de variables aléatoires indépendantes, à cause (entre autres) du facteur $\sqrt{\hat{p}_i \hat{p}'_j}$. On commence par linéariser la formule (3.7). Notons que les variables aléatoires $\hat{p}_i$ et $\hat{p}'_j$ convergent en probabilité vers les constantes p_i et p'_j. Or on a le lemme suivant du calcul de probabilités (pour la démonstration de ce lemme, on renvoie par exemple à [DCD83], proposition 0.3.11 page 8).

Lemme 3.11 (« Théorème de Slutsky ») Soient $(U_n)_n$ et $(V_n)_n$ deux suites de variables aléatoires. On suppose que $(U_n)_n$ converge en loi vers une variable aléatoire U et $(V_n)_n$ vers une constante c. Alors $\big((U_n, V_n)\big)_n$ converge en loi vers (U, c). En particulier, $U_n + V_n$ et $U_n V_n$ tendent respectivement vers $U + c$ et Uc ; si $c \neq 0$, alors U_n/V_n tend en loi vers U/c.

En appliquant ces formules à l'égalité (3.6), on déduit que la famille de statistiques $(S_{i,j})_{i,j}$ converge en loi vers la même limite que la famille $(Z_{i,j})_{i,j}$ définie par

$$Z_{i,j} = \tilde{S}_{i,j} - \sum_k \sqrt{p_i p_k}\tilde{S}_{k,j} - \sum_\ell \sqrt{p'_j p'_\ell}\tilde{S}_{i,\ell}. \tag{3.8}$$

Or, d'après le théorème limite central, cette loi limite est la loi $\mathcal{N}_{dd'}(0, \Gamma_Z)$. La suite de la démonstration, qui relève de l'algèbre linéaire, consiste à vérifier que la matrice de covariance Γ_Z vérifie les hypothèses de la proposition 3.6 et à calculer son rang.

Considérons les deux familles $(\vec{e}_m)_{1 \leq m \leq d}$ et $(\vec{f}_n)_{1 \leq n \leq d'}$ de vecteurs de $\mathbb{R}^{dd'}$ définies par $\vec{e}_m = (\delta_{m,k}\sqrt{p'_\ell})_{k,\ell}$ et $\vec{f}_n = (\delta_{n,\ell}\sqrt{p_k})_{k,\ell}$. Le coefficient d'indice $((i,j),(k,\ell))$ de la matrice $\vec{e}_m \cdot (\vec{e}_m)^*$ se calcule par les formules usuelles de produits de matrices. On obtient

$$\Big(\vec{e}_m \cdot (\vec{e}_m)^*\Big)_{(i,j),(k,\ell)} = \Big(\vec{e}_m\Big)_{(i,j)}\Big(\vec{e}_m\Big)_{(k,\ell)} = \delta_{m,i}\sqrt{p'_j}\,\delta_{m,k}\sqrt{p'_\ell}.$$

Il en découle que le coefficient $b_{(i,j),(k,\ell)}$ de la matrice $B = \sum_m \vec{e}_m \cdot (\vec{e}_m)^*$ s'écrit

$$b_{(i,j),(k,\ell)} = \sum_m \delta_{m,i}\sqrt{p'_j}\,\delta_{m,k}\sqrt{p'_\ell} = \delta_{i,k}\sqrt{p'_j p'_\ell}.$$

Donc la coordonnée (i,j) du vecteur $B\cdot\tilde{S}$ s'écrit

$$(B\cdot\tilde{S})_{i,j} = \sum_k\sum_\ell B_{(i,j),(k,\ell)}\tilde{S}_{(k,\ell)} = \sum_\ell \sqrt{p'_j p'_\ell}\tilde{S}_{i,\ell}.$$

On reconnaît la seconde somme de la ligne (3.8). En menant un calcul analogue sur la matrice $C=\sum_n \vec{f}_n\cdot\vec{f}_n^*$, on voit que l'égalité (3.8) s'écrit $\vec{Z}=A\tilde{S}$ où A est la matrice symétrique de taille dd' définie par

$$A = I_{dd'} - \sum_m \vec{e}_m\cdot(\vec{e}_m)^* - \sum_n \vec{f}_n\cdot\vec{f}_n^*,$$

$I_{dd'}$ désignant la matrice identité de taille dd'. D'autre part, au cours de la démonstration du corollaire 3.9, on a vu que $\Gamma_{\tilde{S}} = I_{dd'} - \vec{q}\cdot(\vec{q})^*$ où $\vec{q}$ est le vecteur de dimension dd' de coordonnées $(\sqrt{p_k p'_\ell})_{k,\ell}$. On a donc

$$\Gamma_Z = (I_{dd'} - B - C)\cdot(I_{dd'} - \vec{q}\cdot(\vec{q})^*)\cdot(I_{dd'} - B - C)^*. \tag{3.9}$$

Commençons par étudier les familles de vecteurs $(\vec{e}_m)_{1\le m\le d}$ et $(\vec{f}_n)_{1\le n\le d'}$ qui apparaissent ci-dessus.

Lemme 3.12 Chacune des familles $(\vec{e}_m)_{1\le m\le d}$ et $(\vec{f}_n)_{1\le n\le d'}$ est orthonormée. De plus $\vec{q}$ est normé, et peut s'écrire comme combinaison linéaire des vecteurs $\vec{e}_m$, pour $1\le m\le d$, ainsi que comme combinaison linéaire des vecteurs $\vec{f}_n$, pour $1\le n\le d'$.

Démonstration En effet

$$\begin{aligned}(\vec{e}_m)^*\cdot\vec{e}_{m'} &= \sum_k\sum_\ell(\delta_{m,k}\sqrt{p'_\ell})(\delta_{m',k}\sqrt{p'_\ell}),\\ &= \Big(\sum_k \delta_{m,k}\delta_{m',k}\Big)\Big(\sum_\ell p'_\ell\Big),\\ &= \delta_{m,m'},\end{aligned}$$

ce qui montre bien que la famille $(\vec{e}_m)_{1\le m\le d}$ est orthonormée. Le même raisonnement s'applique à la famille $(\vec{f}_n)_{1\le n\le d'}$. D'autre part on a $\vec{q}=\sum_m\sqrt{p_m}\vec{e}_m=\sum_n\sqrt{p'_n}\vec{f}_n$, comme cela se vérifie aisément en regardant chaque coordonnée (k,ℓ). □

Etudions maintenant les matrices B et C construites avec ces vecteurs. On a

Lemme 3.13 Les matrices $B'=B-\vec{q}\cdot(\vec{q})^*$, $C'=C-\vec{q}\cdot(\vec{q})^*$ et $\vec{q}\cdot(\vec{q})^*$ sont des matrices de projecteurs orthogonaux [5], d'images 2 à 2 orthogonales. Leurs rangs sont respectivement $d-1$, $d'-1$ et 1.

[5] On rappelle qu'une matrice R est la matrice d'un projecteur orthogonal si $R^2=R$ et $R=R^*$. Détaillons un peu l'interprétation géométrique. Les valeurs propres sont alors 0 et 1, les espaces propres associés E_0 et E_1 sont orthogonaux, et R est la projection orthogonale sur E_1. Si $\vec{v}_1,\dots,\vec{v}_r$ désigne une base orthogonale de E_1, la matrice R s'écrit $R=\sum_{i=1}^r \vec{v}_i\cdot\vec{v}_i^*$. Enfin la matrice $I_{dd'}-R$ est la matrice de la projection complémentaire, c'est-à-dire sur E_0.

Démonstration Il découle du lemme 3.12 ci-dessus que $B^2 = B$ et $C^2 = C$, et que $\vec{q}$ vérifie $B\vec{q} = C\vec{q} = \vec{q}$. Il s'en suit que $B' = B - \vec{q} \cdot (\vec{q})^*$ et $C' = C - \vec{q} \cdot (\vec{q})^*$ vérifient aussi $B'^2 = B'$ et $C'^2 = C'$, et que $\vec{q}$ est vecteur propre des matrices B' et C', pour la valeur propre 0. On vérifie par ailleurs que $(\vec{e}_m)^* \cdot \vec{f}_n = \sqrt{p_m p'_n}$, d'où on déduit

$$\begin{aligned} B \cdot C = & \sum_m \sum_n \vec{e}_m \cdot (\vec{e}_m)^* \cdot \vec{f}_n \cdot \vec{f}_n^*, \\ = & \sum_m \sum_n \vec{e}_m \cdot \sqrt{p_m p'_n} \vec{f}_n^*, \\ = & \Big(\sum_m \sqrt{p_m} \vec{e}_m \Big) \Big(\sum_n \sqrt{p'_n} \vec{f}_n \Big)^*, \\ = & \vec{q} \cdot (\vec{q})^*. \end{aligned}$$

On en déduit aisément que $B' \cdot C' = 0$. Ceci démontre la première assertion du lemme. Enfin, il est clair que les rangs de B et C sont respectivement d et d', ce qui démontre la seconde assertion. □

On peut maintenant faire le calcul du produit de matrices de l'équation (3.9).

Lemme 3.14 La matrice Γ_Z de la ligne (3.9) admet l'expression

$$\Gamma_Z = I_{dd'} - B' - C' - \vec{q} \cdot (\vec{q})^*$$

où les matrices B' et C' sont celles introduites dans le lemme précédent.

Démonstration En faisant apparaître les matrices B' et C' dans l'équation (3.9), on obtient

$$\Gamma_Z = (I_{dd'} - B' - C' - 2\vec{q} \cdot (\vec{q})^*) \cdot (I_{dd'} - \vec{q} \cdot (\vec{q})^*) \cdot (I_{dd'} - B' - C' - 2\vec{q} \cdot (\vec{q})^*)^*.$$

Comme $(I_{dd'} - \vec{q} \cdot (\vec{q})^*) \cdot \vec{q} \cdot (\vec{q})^* = 0$, on peut ajouter un terme $\vec{q} \cdot (\vec{q})^*$ au facteur de droite comme de gauche dans l'égalité ci-dessus sans changer le résultat, qui est donc encore égal à

$$(I_{dd'} - B' - C' - \vec{q} \cdot (\vec{q})^*) \cdot (I_{dd'} - \vec{q} \cdot (\vec{q})^*) \cdot (I_{dd'} - B' - C' - \vec{q} \cdot (\vec{q})^*)^*. \quad (3.10)$$

Il découle du lemme 3.13 que l'on a aussi $(I_{dd'} - B' - C' - \vec{q} \cdot (\vec{q})^*) \cdot \vec{q} \cdot (\vec{q})^* = 0$, donc on peut, sans changer le résultat, ajouter un terme $\vec{q} \cdot (\vec{q})^*$ au facteur central dans l'égalité ci-dessus, qui est donc encore égal à $(I_{dd'} - B' - C' - \vec{q} \cdot (\vec{q})^*)^2$. En appliquant de nouveau le lemme 3.13, on voit que la matrice $I_{dd'} - B' - C' - \vec{q} \cdot (\vec{q})^*$ est celle d'un projecteur orthogonal de rang

$$\begin{aligned} \nu = & dd' - \mathrm{rang}(B') - \mathrm{rang}(C') - \mathrm{rang}(\vec{q} \cdot (\vec{q})^*), \\ = & dd' - (d-1) - (d'-1) - 1, \\ = & (d-1)(d'-1). \end{aligned}$$

Cette matrice est donc égale à son carré. Cela démontre le lemme 3.14. □

Grâce à ce lemme on voit que la loi limite de T_n est bien la loi $\chi^2(\nu)$; le niveau asymptotique du test ϕ est bien celui annoncé dans le théorème.

Supposons l'hypothèse Θ_0 non vérifiée. On a $\frac{T_n}{n} = \sum_{i=1}^{d} \sum_{j=1}^{d'} \frac{(N_{i,j}/n - \hat{p}_i \hat{p}'_j)^2}{\hat{p}_i \hat{p}'_j}$, d'où l'on déduit la convergence en probabilité

$$\lim_{n\to+\infty} \frac{T_n}{n} = \sum_{i=1}^{d} \sum_{j=1}^{d'} \frac{(p_{i,j} - p_i p'_j)^2}{p_i p'_j}.$$

Cette limite étant > 0, on obtient que $\lim_{n\to+\infty} T_n = +\infty$, ce qui montre que le test ϕ est convergent. □

3.5 Exercices

Les exercices 3.1 et 3.2 sont des exercices d'application numérique des tests vus dans ce chapitre. Il sont corrigés à l'aide de tables statistiques au chapitre 5 et à l'aide du logiciel « R » dans l'annexe B. Les exercices 3.3 et 3.4 portent sur la loi de Gauss multidimensionnelle. À partir de l'exercice 3.5 sont proposés des tests asymptotiques pour lesquels la détermination du niveau fait appel à des raisonnements analogues à ceux vus dans ce chapitre.

3.5.1 Applications numériques

Exercice 3.1. *Test de Pearson du théorème 3.8.*— On désire tester si un dé est équilibré, à partir des résultats de $n = 100$ lancés, présentés dans le tableau suivant.

Faces	1	2	3	4	5	6
Effectifs	16	20	18	14	14	18

1. Déterminer les effectifs théoriques $Np_{0,i}$ du test du chi-carré du théorème 3.8.
2. En déduire la valeur de la statistique de Pearson sur cet échantillon.
3. Déterminer le nombre de degrés de liberté et le seuil c du test de Pearson du théorème 3.8 au niveau $\alpha = 5\%$.
4. Donner la conclusion du test sur l'échantillon ci-dessus.

Exercice 3.2. *Test d'indépendance du théorème 3.10.*— On désire tester si un lancé de deux dés, simulé par une console de jeu, respecte l'indépendance des dés (sans s'occuper de l'équilibrage des dés). On observe sur $n = 1000$ lancés, les effectifs suivants

dé 1→ dé 2↓	1	2	3	4	5	6
1	25	32	14	25	29	35
2	23	30	25	35	25	37
3	22	32	24	21	20	33
4	33	22	29	20	33	28
5	26	22	38	30	20	24
6	33	35	29	31	31	29

1. Déterminer les effectifs théoriques $N\hat{p}_i\hat{p}_j$ du test du chi-carré du théorème 3.10.
2. En déduire la valeur de la statistique du chi-carré sur cet échantillon.
3. Déterminer le nombre de degrés de liberté, puis le seuil c du test de Pearson du théorème 3.10 au niveau $\alpha = 5\%$.
4. Donner la conclusion du test sur l'échantillon ci-dessus.

3.5.2 Loi de Gauss multidimensionnelle

Exercice 3.3. *Combinaison linéaire.*— Soit $\vec{X} = (X_i)_{1\leq i\leq d}$ un vecteur aléatoire de dimension d. On note $\vec{m}$ son vecteur moyenne et Γ sa matrice de covariance. On suppose que toute combinaison linéaire de ses coordonnées suit une loi de Gauss sur $\mathbb{R}$.

1. Soit $\vec{u} = (u_i)_{1\leq i\leq d}$ un vecteur de $\mathbb{R}^d$. Soit la variable aléatoire $Y = \sum_{i=1}^d u_iX_i$. Déterminer la moyenne et la variance de Y.
2. En déduire la loi et la fonction caractéristique de Y.
3. Démontrer que $\vec{X}$ est un vecteur gaussien (on déterminera sa fonction caractéristique à l'aide de la question précédente).

Exercice 3.4. *Densité de la loi de Gauss multidimensionnelle.*— Soit $\vec{Y}$ un vecteur gaussien, et $\vec{Y} = A\vec{Z} + \vec{m}$ l'écriture de la définition 3.4. On suppose que la matrice A est une matrice carrée inversible.

1. Démontrer par changement de variable à partir de la densité de $\vec{Z}$ que le vecteur aléatoire $\vec{Y}$ admet la densité définie sur $\mathbb{R}^d$ par
$$\vec{y} \mapsto \frac{(\det \Gamma)^{-1/2}}{(2\pi)^{d/2}} \exp\Big(-\frac{1}{2}(\vec{y}-\vec{m})^* \cdot \Gamma^{-1} \cdot (\vec{y}-\vec{m})\Big),$$
où $\Gamma = \Gamma_Y = A \cdot A^*$.
2. Soient Γ une matrice symétrique définie positive de taille d et $\vec{m} \in \mathbb{R}^d$. Démontrer que la loi $\mathcal{N}(\vec{m}, \Gamma)$ admet une densité.

3.5.3 Tests asymptotiques sur une moyenne, une variance, une proportion

Exercice 3.5. *Test sur la moyenne.*— Soit pour tout $n \geq 1$, une suite $(X_k)_{1\leq k\leq n}$ de variables aléatoires indépendantes de loi de Gauss de paramètre (m, σ^2). On note $\overline{X}_n = n^{-1}(X_1 + \cdots + X_n)$.

1. Grâce au théorème de Slutsky, vérifier la convergence en loi
$$\sqrt{n}\frac{\overline{X}_n - m}{\sqrt{S^2}} \to \mathcal{N}(0,1)$$
pour n tendant vers l'infini.
2. En déduire un test asymptotique convergent basé sur la loi de Gauss, de l'hypothèse $\Theta_0 = \{m_0\}$ contre $\Theta_1 = \Theta \setminus \Theta_0$, pour les (grands) échantillons d'une loi de Gauss de paramètre m, avec σ^2 inconnu.

3. Sur un échantillon de taille $n = 100$, on a observé les valeurs de $\overline{X}$ et S^2 suivantes : $\overline{x} = -0.04725805$ et $s^2 = 1.163814$. Appliquer le test ci-dessus de l'hypothèse $\Theta_0 = \{m = 0\}$ contre $\Theta_1 = \{m \neq 0\}$, au niveau $\alpha = 10\%$.

Exercice 3.6. *Test sur la variance.*— Cet exercice propose une version asymptotique du test sur la variance du théorème 1.24.

1. Soit K_n une variable aléatoire de loi $\chi^2(n)$. Vérifier la convergence en loi
$$\frac{K_n - n}{\sqrt{n}} \to \mathcal{N}(0,2)$$
pour n tendant vers l'infini.
2. Dans le cas d'un échantillon gaussien, en déduire la convergence en loi
$$\sqrt{n}\frac{S^2 - \sigma^2}{\sqrt{2\sigma^4}} \to \mathcal{N}(0,1)$$
pour n tendant vers l'infini.
3. En déduire une version asymptotique du test sur la variance du théorème 1.24. basée sur la loi de Gauss, dans le cas d'un échantillon gaussien.
4. Sur un échantillon de taille $n = 100$, on a observé les valeurs de $\overline{X}$ et S^2 suivantes : $\overline{x} = -0.04725805$ et $s^2 = 1.163814$. Appliquer le test ci-dessus de l'hypothèse $\Theta_0 = \{\sigma^2 = 1\}$ contre $\Theta_1 = \{\sigma^2 \neq 1\}$, au niveau $\alpha = 10\%$.

Exercice 3.7. *Théorème limite central pour la variance empirique.*— Soit un échantillon de taille n d'une variable aléatoire X non nécessairement gaussienne. On note m son espérance et σ^2 sa variance. On suppose $E(X^4) < +\infty$.

1. À l'aide du théorème limite central et du théorème de Slutsky, montrer que le vecteur aléatoire
$$\sqrt{n}\begin{pmatrix}(\overline{X} - m)(\overline{X} + m)\\ \overline{X^2} - m^2 - \sigma^2\end{pmatrix}$$
tend en loi, pour n tendant vers l'infini, vers une loi de Gauss de covariance
$$\begin{pmatrix}4m^2\mathbf{V}(X) & 2m\mathrm{Cov}(X, X^2)\\ 2m\mathrm{Cov}(X, X^2) & \mathbf{V}(X^2)\end{pmatrix}.$$
2. En déduire que la loi limite de $\sqrt{n}(S^2 - \sigma^2)$ est la loi de Gauss centrée de variance $\mathbf{V}[(X - m)^2]$.
3. Montrer que dans le cas d'un échantillon de la loi uniforme, la convergence de la question 2 de l'exercice 3.6 n'a pas lieu. *Indic. : montrer que l'égalité* $\mathbf{V}[(X - m)^2] = 2\sigma^4$ *n'est pas vérifiée.*
4. En déduire que le test sur la variance du théorème 1.24 ne constitue pas, dans le cas non gaussien, un test asymptotique de niveau α.

Exercice 3.8. *Test sur une proportion.*— Le test du chi-carré de Pearson avec un ensemble réduit à $d = 2$ valeurs constitue un test asymptotique sur la proportion d'une loi de Bernoulli.

Démontrer que ce test est le même que celui présenté dans l'exemple 3.3 page 58.

3.5.4 Modèle linéaire gaussien

Exercice 3.9. *Analyse de la variance à 1 facteur (test asymptotique).*— Soient $d \geq 2$ et $n_1 \geq 1$. Pour tout $j \leq d$, on considère une suite $(X_{i,j})_{1\leq i\leq n_1}$ de n_1 variables aléatoires indépendantes de loi de Gauss $\mathcal{N}(m_j, \sigma^2)$. On note $\overline{X}_j$ et S_j^2 les estimateurs usuels de l'espérance m_j et de la variance σ^2 de l'échantillon j. Les échantillons, supposés indépendants, ont des moyennes inconnues, éventuellement différentes, et leurs variances sont égales, inconnue aussi. On veut tester l'hypothèse d'égalité des moyennes. On note $\overline{\overline{X}}$ la moyenne des moyennes empiriques $\overline{X}_j$, c'est-à-dire la moyenne empirique calculée sur tous les échantillons $\overline{\overline{X}} = \frac{1}{n_1 d}\sum_{j=1}^{d}\sum_{i=1}^{n_1} X_{i,j}$

1. On note $\overline{S^2}$ la moyenne empirique des variances S_j^2 et $S_{\overline{X}}^2$ la variance empirique des moyennes empiriques $\overline{X}_j$ normalisée d'un facteur n_1, soit

$$\overline{S^2} = \frac{1}{d}\sum_{j=1}^{d} S_j^2 \qquad \text{et} \qquad S_{\overline{X}}^2 = \frac{n_1}{d-1}\sum_{j=1}^{d}\left(\overline{X}_j - \overline{\overline{X}}\right)^2$$

Donner la loi limite des deux variables aléatoires $\overline{S^2}$ et $S_{\overline{X}}^2$, pour n_1 tendant vers l'infini (on étudiera d'abord le cas où les moyennes m_j, $j = 1, \ldots, d$ sont toutes égales).

2. Donner la loi limite de la variable aléatoire

$$F_{n_1} = \frac{S_{\overline{X}}^2}{\overline{S^2}}.$$

3. En déduire un test asymptotique convergent de l'hypothèse d'égalité de toutes les moyennes, au niveau α, basé sur la statistique F_{n_1}.

4. Vérifier que lorsque les échantillons sont de tailles $n_1, \ldots, n_d$, éventuellement différentes, les formules doivent être modifiées de la manière suivante :

$$\overline{S^2} = \frac{1}{n-d}\sum_{j=1}^{d}(n_j - 1)S_j^2 \qquad \text{et} \qquad S_{\overline{X}}^2 = \frac{1}{d-1}\sum_{j=1}^{d} n_j\left(\overline{X}_j - \overline{\overline{X}}\right)^2,$$

où $n = n_1 + \cdots + n_d$ et $\overline{\overline{X}}$ est la moyenne des moyennes empiriques pondérées par les tailles des échantillons

$$\overline{\overline{X}} = \frac{1}{n}\sum_{j=1}^{d} n_j \overline{X}_j$$

($\overline{\overline{X}}$ est donc toujours la moyenne empirique de l'échantillon de taille n obtenu en réunissant les d échantillons).

Exercice 3.10. *Application numérique sur l'exercice 3.9.*— On reprend les notations de l'exercice 3.9, avec des échantillons de tailles éventuellement différentes.

1. Démontrer que les statistiques $S^2_{\overline{X}}$ et $\overline{S^2}$ sont indépendantes.
2. En déduire la loi exacte de la statistique $F_{\vec{n}}$, lorsque l'hypothèse d'égalité des moyennes est vérifiée.
3. Expliciter un test asymptotique convergent $(\phi_{\vec{n}})_{\vec{n}}$ tel que pour chaque $\vec{n}$, le test $\phi_{\vec{n}}$ soit de niveau α exactement.
4. Appliquer ce test aux données des trois échantillons ci-dessous, avec le niveau $\alpha = 5\%$.

j	$X_{1,j}$	$X_{2,j}$	$X_{3,j}$	$X_{4,j}$	$X_{5,j}$	$X_{6,j}$
1	+1.061	−0.070	+1.049	−0.669	+0.212	+0.122
2	+1.660	−1.639	+1.485	−0.370	+1.014	−0.109
3	−0.583	+1.005	+1.529	−0.380	−1.491	+0.566

On pourra prendre, soit le seuil c trouvé à la question 3, soit celui de l'exercice 3.9.

Exercice 3.11. *Droite de régression (test asymptotique).*— Soient $d \geq 3$ et $n_1 \geq 1$. Pour tout $j \leq d$, on considère une suite $(Y_{i,j})_{1 \leq i \leq n_1}$ de n_1 variables aléatoires indépendantes de loi de Gauss $\mathcal{N}(m_j, \sigma^2)$. On note $\overline{Y_j}$ et S_j^2 les estimateurs usuels de l'espérance m_j et de la variance σ^2 de l'échantillon j. Les échantillons, supposés indépendants, ont des moyennes inconnues, et leurs variances sont égales, inconnue aussi. Enfin, à chaque échantillon est associée un nombre réel x_j, tel que les x_j, pour $j \leq d$, soient tous différents. On veut tester l'hypothèse d'une relation affine entre les moyennes m_j et les abscisses x_j, c'est-à-dire l'existence de deux nombres réels a et b tels que $m_j = ax_j + b$, pour $j = 1, \dots, d$.

1. On considère la fonction f définie sur $\mathbb{R}^2$ par

$$f(a, b) = \frac{1}{d} \sum_{j=1}^{d} (m_j - ax_j - b)^2.$$

Montrer que f atteint son minimum en

$$a = \frac{\overline{xm} - \overline{x} \cdot \overline{m}}{\overline{x^2} - \overline{x}^2} \qquad \text{et} \qquad b = \overline{m} - a\overline{x} \tag{3.11}$$

où la barre désigne la moyenne sur les indices $j = 1, \dots d$, et xm désigne la suite des produits $(x_j m_j)_{1 \leq j \leq d}$. Vérifier que ce minimum vaut

$$\min_{a,b} f(a, b) = \overline{m^2} - \overline{m}^2 - \frac{(\overline{xm} - \overline{x} \cdot \overline{m})^2}{\overline{x^2} - \overline{x}^2}.$$

2. En déduire que les coefficients a et b tels que $m_j = ax_j + b$ pour $j = 1, \dots, d$ existent ssi
$$(\overline{x^2} - \overline{x}^2)(\overline{m^2} - \overline{m}^2) = (\overline{xm} - \overline{x} \cdot \overline{m})^2,$$
et que a et b sont alors donnés par les égalités (3.11) ci-dessus.

3. Considérons les deux statistiques $\hat{A}$ et $\hat{B}$ obtenues en remplaçant dans les égalités (3.11) ci-dessus chaque moyenne m_j par son estimateur $\overline{Y}_j$, soit
$$\hat{A} = \frac{\overline{x\overline{Y}} - \overline{x} \cdot \overline{\overline{Y}}}{\overline{x^2} - \overline{x}^2} \qquad \text{et} \qquad \hat{B} = \overline{\overline{Y}} - \hat{A}\overline{x}$$
où $\overline{Y}$ désigne la suite $(\overline{Y}_1, \dots, \overline{Y}_d)$, et $\overline{\overline{Y}}$ sa moyenne. Vérifier que si les points (x_i, m_i) sont alignés sur une droite D, les estimateurs $\hat{A}$ et $\hat{B}$ tendent respectivement vers les coefficients a et b de la droite D, lorsque n_1 tend vers l'infini.

4. On considère les statistiques $\overline{S^2}$ et $S^2_{\overline{Y}}$ définies par
$$\overline{S^2} = \frac{1}{d} \sum_{j=1}^{d} S_j^2, \qquad S^2_{\overline{Y}} = \frac{n_1}{d-2} \sum_{j=1}^{d} (\overline{Y}_j - \hat{A}x_j - \hat{B})^2.$$
Donner la loi limite des deux variables aléatoires $\overline{S^2}$ et $S^2_{\overline{Y}}$, pour n_1 tendant vers l'infini (on on étudiera d'abord le cas où les points (x_j, m_j), $j = 1, \dots, d$ sont alignés).

5. Donner la loi limite de la variable aléatoire $F_{n_1} = \dfrac{S^2_{\overline{Y}}}{\overline{S^2}}$, pour n_1 tendant vers l'infini.

6. En déduire un test asymptotique convergent de l'hypothèse $m_j = ax_j + b$, au niveau α, basé sur la statistique F_{n_1}.

7. Vérifier que lorsque les échantillons sont de tailles $n_1, \dots, n_d$, éventuellement différentes, les formules doivent être modifiées de la manière suivante :
$$\overline{S^2} = \frac{1}{n-d} \sum_{j=1}^{d} (n_j - 1) S_j^2, \qquad S^2_{\overline{Y}} = \frac{1}{d-2} \sum_{j=1}^{d} n_j (\overline{Y}_j - \hat{A}x_j - \hat{B})^2,$$
où $n = n_1 + \cdots + n_d$, et
$$\hat{A} = \frac{n \sum_{j=1}^{d} n_j x_j \overline{Y}_j - \left(\sum_{j=1}^{d} n_j x_j\right)\left(\sum_{j=1}^{d} n_j \overline{Y}_j\right)}{n \sum_{j=1}^{d} n_j x_j^2 - \left(\sum_{j=1}^{d} n_j x_j\right)^2},$$
$$\hat{B} = \frac{1}{n}\Big(\sum_{j=1}^{d} n_j \overline{Y}_j - \hat{A}\Big(\sum_{j=1}^{d} n_j x_j\Big)\Big).$$

Exercice 3.12. *Application numérique sur l'exercice 3.11.*— On reprend les notations de l'exercice 3.11.

1. Démontrer que les statistiques $S^2_{\overline{Y}}$ et $\overline{S^2}$ sont indépendantes.
2. En déduire la loi exacte de la statistique $F_{\vec{n}}$, lorsque l'hypothèse d'alignement des points $(x_j, m_j)_{1\leq j\leq d}$ est vérifiée.
3. Expliciter un test asymptotique convergent $(\phi_{\vec{n}})_{\vec{n}}$ tel que pour chaque $\vec{n}$, le test $\phi_{\vec{n}}$ soit exactement de niveau α.
4. Appliquer ce test au niveau $\alpha = 5\%$ avec les données des quatre échantillons ci-dessous.

j	x_j	$Y_{1,j}$	$Y_{2,j}$	$Y_{3,j}$	$Y_{4,j}$	$Y_{5,j}$
1	2	1.733	1.716	2.023	1.698	2.402
2	4	3.446	3.539	3.149	4.123	4.509
3	6	5.576	5.844	6.364	5.631	6.079
4	8	7.820	8.778	8.023	7.596	7.596

On pourra prendre, soit le seuil c trouvé à la question 3, soit celui de l'exercice 3.11.

CHAPITRE 4

Analyse factorielle des correspondances

LE BUT DE L'ANALYSE FACTORIELLE DES CORRESPONDANCES est de mettre en évidence graphiquement d'éventuelles liaisons entre deux caractères non numériques.

Sur un grand nombre d'individus sont relevées les valeurs de ces deux caractères X et Y, pouvant prendre respectivement d et d' valeurs. Les données se présentent sous la forme du tableau des effectifs $(n_{i,j})_{i,j}$, où $n_{i,j}$ est le nombre d'individus ayant la valeur i pour le caractère X et la valeur j pour le caractère Y. Pour le caractère X, on identifie graphiquement les valeurs i contribuant le plus au défaut d'indépendance du tableau N. La même étude graphique est faite sur les valeurs j du caractère Y. Enfin un graphique représentant simultanément les valeurs des deux caractères permet de faire apparaître visuellement les liens statistiques entre ces deux caractères.

Il n'y a pas de considération sur l'aspect aléatoire des données dans cette méthode statistique.

4.1 Rappels d'algèbre linéaire

L'outil mathématique principal sur lequel se base cette méthode statistique est l'algèbre linéaire. Quelques rappels seront utiles, notamment sur la diagonalisation des matrices symétriques.

Proposition 4.1 (diagonalisation d'une matrice symétrique) Soit A une matrice carrée symétrique de taille d. Il existe une matrice orthogonale P telle que P^*AP soit diagonale, où P^* désigne la matrice transposée de P.

Démonstration Soient $A = (a_{i,j})_{i,j}$ une matrice réelle symétrique, et les fonctions f et g définies sur $\mathbb{R}^d$ par $f(\vec{v}) = \langle \vec{v}, \vec{v} \rangle$ et $g(\vec{v}) = \langle \vec{v}, A\vec{v} \rangle$, où $\langle \cdot, \cdot \rangle$ désigne le produit scalaire usuel de $\mathbb{R}^d$, soit $\langle \vec{u}, \vec{v} \rangle = \vec{u}^* \cdot \vec{v}$ avec les notations des chapitres précédents.

On a donc, en notant $\vec{v} = (x_i)_i$

$$f(\vec{v}) = \sum_{i=1}^{d} x_i^2,$$

$$g(\vec{v}) = \sum_{i=1}^{d}\sum_{j=1}^{d} a_{i,j}x_ix_j.$$

Ces fonctions ont respectivement pour gradients au point $\vec{v}$ les vecteurs $\overrightarrow{\text{grad}}f(\vec{v}) = (\frac{\partial f}{\partial x_i})_i$ et $\overrightarrow{\text{grad}}g(\vec{v}) = (\frac{\partial g}{\partial x_i})_i$ définis par

$$\overrightarrow{\text{grad}}f(\vec{v}) = 2\vec{v},$$
$$\overrightarrow{\text{grad}}g(\vec{v}) = 2A\vec{v}.$$

Or par continuité, la fonction g atteint son maximum sur le compact défini par l'équation $f(\vec{v}) = 1$. D'après la théorie des multiplicateurs de Lagrange, il existe donc $\vec{e_1} \in \mathbb{R}^d$ et $\lambda_1 \in \mathbb{R}$ tels que $f(\vec{e_1}) = 1$ et $\overrightarrow{\text{grad}}g(\vec{e_1}) = \lambda_1\overrightarrow{\text{grad}}f(\vec{e_1})$, soit

$$\langle \vec{e_1}, \vec{e_1}\rangle = 1,$$
$$2A\vec{e_1} = \lambda_1 2\vec{e_1},$$

ce qui donne un premier vecteur propre. Soit alors la fonction h définie par $h(\vec{v}) = \langle \vec{e_1}, \vec{v}\rangle$. Son gradient est $\overrightarrow{\text{grad}}h(\vec{v}) = \vec{e_1}$. La fonction g atteint son maximum sur le compact défini par le système d'équations $f(\vec{v}) = 1$ et $h(\vec{v}) = 0$. En appliquant de nouveau la théorie des multiplicateurs de Lagrange, on déduit qu'il existe $\vec{e_2} \in \mathbb{R}^d$ et $\mu_1, \mu_2 \in \mathbb{R}$ tels que $f(\vec{e_2}) = 1$, $h(\vec{e_2}) = 0$ et $\overrightarrow{\text{grad}}g(\vec{e_2}) = \mu_1\overrightarrow{\text{grad}}f(\vec{e_2}) + \mu_2\overrightarrow{\text{grad}}h(\vec{e_2})$, soit

$$\langle \vec{e_2}, \vec{e_2}\rangle = 1,$$
$$\langle \vec{e_1}, \vec{e_2}\rangle = 0,$$
$$2A\vec{e_2} = \mu_1 2\vec{e_2} + \mu_2\vec{e_1}.$$

La dernière équation entraîne $2\langle \vec{e_1}, A\vec{e_2}\rangle = \mu_1 2\langle \vec{e_1}, \vec{e_2}\rangle + \mu_2\langle \vec{e_1}, \vec{e_1}\rangle$. De la symétrie de A, du fait que $\vec{e_1}$ est vecteur propre de A, et de la seconde équation ci-dessus, on déduit $\mu_2 = 0$. Donc $\vec{e_2}$ est un second vecteur propre de A, orthogonal à $\vec{e_1}$. En itérant le procédé, on en déduit que A admet une base de vecteurs propres orthogonaux. □

Ce résultat a une version pour matrice non symétrique, et même non carrée.

Corollaire 4.2 (Décomposition en valeurs singulières) Soit A une matrice. On note (d, d') sa taille [1]. Il existe deux matrices orthogonales P et Q de tailles respectives d et d' telles que P^*AQ soit diagonale [2]. On peut de plus imposer que ses éléments diagonaux soient ≥ 0.

[1] Dans cette notation, d désigne le nombre de lignes et d' le nombre de colonnes.

[2] Une matrice $D = (d_{i,j})_{i,j}$ est diagonale si pour tous $i \neq j$ on a $d_{i,j} = 0$. Ainsi définie, cette notion s'applique à des matrices non carrées.

Démonstration Quitte à remplacer A par A^*, on peut supposer $d \geq d'$. On prend pour Q une matrice orthogonale de taille d' diagonalisant A^*A, donnée par la proposition 4.1. Les valeurs propres de A^*A sont positives. On peut donc poser $Q^*A^*AQ = D^2$. Notons que D^2 est une matrice carrée de taille d'. Soit r son rang. On peut choisir Q pour que les r coefficients diagonaux non nuls de D^2 soient rassemblés en début de diagonale. Soit alors D_r^2 le bloc carré de taille r contenant ces r coefficients diagonaux non nuls. Soit l'écriture de la matrice AQ en blocs, respectivement de r et $d'-r$ colonnes (et d lignes) $AQ = (H\ K)$. L'égalité $Q^*A^*AQ = D^2$ se réécrit

$$\begin{pmatrix} H^* \\ K^* \end{pmatrix} \begin{pmatrix} H & K \end{pmatrix} = \begin{pmatrix} D_r^2 & 0_{r,d'-r} \\ 0_{d-r,r} & 0_{d-r,d'-r} \end{pmatrix}.$$

On en déduit que K^*K est nulle, ainsi K est la matrice $0_{d,d'-r}$ nulle de taille $(d, d'-r)$. On en déduit de même que la matrice H de taille (d, r) vérifie $H^*H = D_r^2$. Posons $P_1 = HD_r^{-1}$. On a $P_1^*P_1 = I_r$, ce qui signifie que les r vecteurs colonnes de P_1 forment une famille orthonormée. Celle-ci peut être complétée en une base orthonormée de $\mathbb{R}^d$. Notons P_2 la matrice correspondante et $P = (P_1\ P_2)$ la matrice de la base complétée. La matrice P^*AQ de taille (d, d') se calcule par blocs. On obtient

$$\begin{aligned} P^*AQ &= \begin{pmatrix} P_1^* \\ P_2^* \end{pmatrix} \begin{pmatrix} H & K \end{pmatrix}, \\ &= \begin{pmatrix} P_1^* \\ P_2^* \end{pmatrix} \begin{pmatrix} P_1 D_r & 0_{d,d'-r} \end{pmatrix}, \\ &= \begin{pmatrix} D_r & 0_{r,d'-r} \\ 0_{d-r,r} & 0_{d-r,d'-r} \end{pmatrix}, \end{aligned}$$

ce qui achève la démonstration. □

Remarque : Notons λ_k avec $k = 1, \ldots, r$ les coefficients diagonaux non nuls de la matrice D^2. Les coefficients diagonaux non nuls de D sont $\sqrt{\lambda_k}$, pour $k = 1, \ldots, r$. Ils sont appelés les *valeurs singulières* de la matrice A. La formule $D = P^*AQ$ entraîne sur les vecteurs colonnes $(\vec{e}_k)_k$ de P et $(\vec{f}_k)_k$ de Q les formules utiles suivantes :

1. $\sqrt{\lambda_k}\vec{f}_k = A^*\vec{e}_k$ et $\sqrt{\lambda_k}\vec{e}_k = A\vec{f}_k$, pour $k \leq r$;
2. les λ_k sont les valeurs propres non nulles à la fois des matrices A^*A et AA^* ;
3. les $\vec{e}_k$ et $\vec{f}_k$ sont les vecteurs propres correspondants, respectivement des matrices A^*A et AA^* (pour $k \leq r$) ;
4. $A = PDQ^* = \sum_{k=1}^{r} \sqrt{\lambda_k}\vec{e}_k \cdot \vec{f}_k^*$.

Revenons aux matrices symétriques. Lorsque l'on dispose de deux matrices symétriques de même taille, chacune d'elle est diagonalisable dans une base orthonormée, d'après la proposition 4.1. Par contre pour qu'une même base convienne simultanément aux deux matrices, il faut une hypothèse supplémentaire, présentée dans la proposition suivante.

Proposition 4.3 (Diagonalisation simultanée) Soient A et B deux matrices symétriques de même taille. Il existe une matrice orthogonale P telle que P^*AP et P^*BP soient diagonales si et seulement si $AB = BA$.

Démonstration Le sens direct est clair. Pour le sens réciproque, d'après la proposition 4.1, on peut supposer A diagonale. Soient λ_i ses valeurs propres, de multiplicité r_i, pour $1 \leq i \leq k$. En notant I_r la matrice identité de taille r, on a donc l'écriture en blocs :

$$A = \begin{pmatrix} \lambda_1 I_{r_1} & 0 & \dots & 0 \\ 0 & \lambda_2 I_{r_2} & & \vdots \\ \vdots & & \ddots & 0 \\ 0 & \dots & 0 & \lambda_k I_{r_k} \end{pmatrix}.$$

Soit $B = (B_{i,j})_{1 \leq i,j \leq k}$ l'écriture en blocs correspondante pour la matrice B. De l'égalité $AB = BA$ on déduit que $\lambda_i B_{i,j} = \lambda_j B_{i,j}$, donc $B_{i,j} = 0$ pour $i \neq j$. La matrice B admet finalement l'écriture en blocs

$$B = \begin{pmatrix} B_{1,1} & 0 & \dots & 0 \\ 0 & B_{2,2} & & \vdots \\ \vdots & & \ddots & 0 \\ 0 & \dots & 0 & B_{k,k} \end{pmatrix}.$$

Or chaque bloc $B_{i,i}$ est symétrique, donc diagonalisable dans une base orthonormée de la dimension correspondante. Notons P_i la matrice de passage. On vérifie aisément que la matrice P construite de manière analogue à B, mais avec comme blocs diagonaux les P_i, est une matrice orthogonale qui diagonalise simultanément A et B. □

Ce résultat de diagonalisation simultanée possède à nouveau une version pour matrices non carrées.

Corollaire 4.4 (Décomposition simultanée) Soient A et B deux matrices de taille (d, d'). Il existe deux matrices orthogonales P et Q de taille respectivement d et d' telles que P^*AQ et P^*BQ soient diagonales si et seulement si AB^* et A^*B sont symétriques.

Démonstration Le sens direct est clair. Pour le sens réciproque, d'après le corollaire 4.2 précédent sur la décomposition en valeurs singulières, on peut supposer que A est diagonale, avec les coefficients diagonaux non nuls rassemblés en début de diagonale. Soit D son bloc diagonal carré non nul, dont la taille est notée r. On considère le découpage de B suivant les mêmes tailles de blocs :

$$A = \begin{pmatrix} D & 0_{r,d'-r} \\ 0_{d-r,r} & 0_{d-r,d'-r} \end{pmatrix}, \qquad B = \begin{pmatrix} G & K_1 \\ K_2 & H \end{pmatrix}.$$

Un calcul de produit de matrices par blocs montre alors

$$A^*B = \begin{pmatrix} DG & DK_1 \\ 0_{d'-r,r} & 0_{d'-r,d'-r} \end{pmatrix}, \qquad AB^* = \begin{pmatrix} DG^* & DK_2^* \\ 0_{d-r,r} & 0_{d-r,d-r} \end{pmatrix}.$$

L'hypothèse de symétrie de la matrice A^*B entraîne que K_1 est nul, et que DG est symétrique. De même l'hypothèse de symétrie de la matrice BA^* entraîne que K_2

est nul, et que GD est symétrique. On en déduit que $GD^2 = DG^*D = D^2G$, et donc que G commute avec D^2. Puisque D est diagonale à coefficients diagonaux > 0, elle a les mêmes espaces propres que D^2. Les matrices G et D commutent donc aussi. La symétrie de GD s'écrit alors $GD = G^*D$. Comme D est inversible, on en déduit que G est symétrique. Il s'en suit que D et G, qui sont symétriques et qui commutent, sont simultanément diagonalisables dans une base orthonormée. Notons P_1 la matrice de changement de base. Le bloc H peut être diagonalisé grâce au corollaire 4.2. Soit P_2 et Q_2 les matrices de changement de base correspondant. Les matrices

$$P = \begin{pmatrix} P_1 & 0_{r,d-r} \\ 0_{d-r,r} & P_2 \end{pmatrix} \quad \text{et} \quad Q = \begin{pmatrix} P_1 & 0_{r,d'-r} \\ 0_{d'-r,r} & Q_2 \end{pmatrix}$$

diagonalisent simultanément A et B. □

4.2 Théorème d'Eckart-Young

Une des façons de faire une représentation plane d'un tableau est de l'approcher par une matrice de rang 2. En effet, les vecteurs colonnes d'une telle matrice sont coplanaires, et peuvent donc être représentés sur une feuille. C'est le principe de l'analyse factorielle des correspondances. Commençons donc par présenter comment une matrice peut être approchée par une matrice de rang inférieur.

Définition 4.5 (Norme de Frobenius) La norme de Frobenius d'une matrice A de coefficients $(a_{i,j})_{i,j}$ est la racine carrée de la somme des carrés des coefficients : $\|A\|^2 = \sum_i \sum_j a_{i,j}^2 = \text{Trace}(AA^*) = \text{Trace}(A^*A)$.

Soit A une matrice de taille (d, d'). Soient P et Q deux matrices orthogonales de tailles respectives d et d' telles que $PAQ^* = D$ soit diagonale, d'éléments diagonaux non nuls $\sqrt{\lambda_1}, \sqrt{\lambda_2}, \cdots, \sqrt{\lambda_r}$. Alors $\|A\|^2 = \text{Trace}(DD^*) = \sum_k \lambda_k$

Théorème 4.6 (Eckart-Young) *Soit A une matrice de taille (d, d'), de rang r. Soit $s \leq r$.*

1. *Soit B une matrice de rang $\leq s$ réalisant le minimum de la distance $\|A - B\|$ parmi les matrices de rang $\leq s$. Alors il existe deux matrices orthogonales P et Q de tailles respectives d et d' telles que P^*AQ soit diagonale, et telles que B s'écrive*
$$B = \sum_{k=1}^{s} \sqrt{\lambda_k} \vec{e}_k \cdot \vec{f}_k^* \tag{4.1}$$
où les $\sqrt{\lambda_1} \geq \sqrt{\lambda_2} \geq \cdots \geq \sqrt{\lambda_r} > 0$ désignent les valeurs singulières non nulles de A, et où $(\vec{e}_k)_k$ et $(\vec{f}_k)_k$ sont les vecteurs colonnes respectivement de P et Q. On a alors $\|A - B\|^2 = \sum_{k=s+1}^{r} \lambda_k$.
2. *Si l'écriture (4.1) n'est pas unique (c'est-à-dire si A a des valeurs singulières multiples) alors toute matrice B de la forme (4.1) minimise $\|A - B\|$ parmi les matrices de rang $\leq s$.*

Démonstration Soit B une des matrices de rang $\leq s$ réalisant le minimum[3] de la distance $\|A - B\|$ parmi les matrices de rang $\leq s$. Soit une matrice antisymétrique H et un réel t. Le déterminant étant une fonction continue des coefficients, la matrice $I + tH$ est inversible si t est assez petit. On en déduit que $B(I + tH)$ a même rang que B, donc $t \mapsto \|A - B(I + tH)\|^2$ admet un minimum en $t = 0$, et sa dérivée s'annule en 0. Or on a

$$\|A - B(I + tH)\|^2 = \text{Trace}[(A^* - (I + tH)^* B^*)(A - B(I + tH))].$$

En développant, et en utilisant $H^* = -H$, c'est encore égal à

$$\text{Trace}(AA^*) - 2\text{Trace}(A^* B(I + tH)) + \text{Trace}[B(I - t^2 H^2)B^*].$$

On en déduit, en dérivant en t,

$$\frac{\mathrm{d}}{\mathrm{d}t}\|A - B(I + tH)\|^2 = -2\text{Trace}(A^* BH) - 2t\text{Trace}(BH^2 B^*).$$

La nullité de la dérivée en $t = 0$ s'écrit donc

$$\text{Trace}(A^* BH) = 0.$$

Il découle, d'après la liberté de choix de H, que $A^* B$ est symétrique. En reprenant le même calcul mais à partir de

$$\|A - (I + tH)B\|^2 = \text{Trace}[(A - (I + tH)B)(A^* - B^*(I + tH)^*)]$$

on obtient que AB^* est symétrique. Soient alors P et Q des matrices orthogonales provenant de la décomposition simultanée en valeurs singulières de A et B, énoncée dans le corollaire 4.4, et D et D_s les matrices diagonales non négatives correspondantes. En notant $A = PDQ^*$ et $B = PD_s Q^*$, on constate que $\|A - B\| = \|D - D_s\|$. L'hypothèse $s \leq r$ entraîne que la matrice D_s de rang $\leq s$ minimisant cette quantité est obtenue à partir de la matrice D en annulant ses $r - s$ plus petites valeurs propres non nulles, pour ne garder que les s plus grandes. Ceci démontre le premier point du théorème.

Pour démontrer le second point, observons que l'égalité (4.1) entraîne $\|A - B\|^2 = \sum_{k=s+1}^{r} \lambda_k$. Or on vient de voir que cette quantité est le carré du minimum de la distance de A à l'ensemble des matrices de rang $\leq s$. Donc l'expression (4.1) est bien celle d'une matrice B réalisant ce minimum. □

4.3 Approximation de rang 1 pour la métrique du chi-carré

Soit $N = (n_{i,j})_{i,j}$ un tableau d'effectifs à double entrée correspondant à l'observation, sur un échantillon, de deux caractères X et Y, prenant respectivement d et d' valeurs. Le coefficient $n_{i,j}$ est le nombre d'individus ayant la valeur i pour le caractère X et la valeur j pour le caractère Y. On utilisera la notation usuelle $n_{i,.} = \sum_j n_{i,j}$ et $n_{.,j} = \sum_i n_{i,j}$ pour les effectifs marginaux. Enfin n désigne l'effectif total.

[3] Notons que ce minimum est atteint, puisque les matrices de rang $\leq s$ forment un sous-ensemble fermé dans un espace de dimension fini.

Lemme 4.7 On suppose tous les $n_{i,j}$ non nuls. Soit la matrice $A = (a_{i,j})_{i,j}$ de coefficients $a_{i,j} = n_{i,j}/\sqrt{n_{i,.}n_{.,j}}$. Alors la matrice $B = (\sqrt{n_{i,.}n_{.,j}}/n)_{i,j}$ est l'unique matrice de rang 1 minimisant la distance de A aux matrices de rang 1.

Remarque : Si A et B sont deux matrices comme dans le lemme ci-dessus, un calcul immédiat donne

$$\|A - B\|^2 = \sum \frac{(n_{i,j} - \frac{n_{i,.}n_{.,j}}{n})^2}{n_{i,.}n_{.,j}}.$$

Cette quantité est à la base du test d'indépendance présenté au chapitre 3 (voir théorème 3.10). Elle mesure le défaut d'indépendance des deux caractères.

Démonstration Reprenons les formules de dualité de la décomposition en valeurs singulières vues dans l'alinéa 1 de la remarque page 79 : $\sqrt{\lambda_\ell}\vec{f_\ell} = A^*\vec{e_\ell}$ et $\sqrt{\lambda_\ell}\vec{e_\ell} = A\vec{f_\ell}$, et montrons que $\lambda_\ell \leq 1$. Notons les coordonnées de $\vec{f_\ell} = (f_{\ell,j})_j$. On a $\lambda_\ell = \|\sqrt{\lambda_\ell}\vec{e_\ell}\|^2 = \|A\vec{f_\ell}\|^2 = \sum_i \Big(\sum_j \frac{n_{i,j}}{\sqrt{n_{i,.}n_{.,j}}} f_{\ell,j}\Big)^2$. Or, d'après l'inégalité de Cauchy-Schwarz, on a pour chaque i

$$\Big(\sum_j \frac{n_{i,j}}{\sqrt{n_{i,.}n_{.,j}}} f_{\ell,j}\Big)^2 \leq \Big(\sum_j \frac{n_{i,j}}{n_{i,.}}\Big)\Big(\sum_j \frac{n_{i,j}}{n_{.,j}} f_{\ell,j}^2\Big) = \sum_j \frac{n_{i,j}}{n_{.,j}} f_{\ell,j}^2. \tag{4.2}$$

En sommant en i on obtient $\lambda_\ell \leq \sum_j f_{\ell,j}^2$, ce qui montre bien que $\lambda_\ell \leq 1$. D'autre part, les vecteurs $\vec{e_1} = (\sqrt{n_{i,.}/n})_i$ et $\vec{f_1} = (\sqrt{n_{.,j}/n})_j$ vérifient $\vec{e_1} = A\vec{f_1}$ et $\vec{f_1} = A^*\vec{e_1}$. Donc $\lambda_1 = 1$ est la valeur propre maximale de A^*A. Montrons que c'est une valeur propre simple. Soit $\vec{f_1'}$ un autre vecteur propre normé de A^*A pour la valeur propre 1. D'après le cas d'égalité dans l'inégalité de Cauchy-Schwarz (4.2), cela signifie que pour chaque i, il existe μ_i tel que pour tout j

$$\mu_i \sqrt{\frac{n_{i,j}}{n_{i,.}}} = \sqrt{\frac{n_{i,j}}{n_{.,j}}} f'_{1,j}. \tag{4.3}$$

Comme on a supposé les $n_{i,j} \neq 0$, on en déduit que $\frac{f'_{1,j}}{\sqrt{n_{.,j}}} = \frac{\mu_i}{\sqrt{n_{i,.}}}$ ne dépend pas de j. Soit, d'après le caractère normé, $\vec{f_1'} = \pm\vec{f_1}$. Donc $\lambda_1 = 1$ est bien valeur propre simple. Le vecteur associé par la dualité est alors $\vec{e'}_1 = A\vec{f_1'} = \pm\vec{e_1}$ avec le même signe, ce qui ne change pas la matrice $B = \vec{e'}_1 \cdot \vec{f_1'}^*$. D'après le théorème d'Eckart-Young ceci montre l'unicité de B et achève la démonstration. □

4.4 Représentation graphique

On a donc approché au mieux la matrice A par la matrice B de rang 1, que l'on a écrit sous la forme $B = \vec{e_1} \cdot \vec{f_1}^*$. Notons D_l et D_c les matrices diagonales carrées d'éléments diagonaux respectivement les effectifs marginaux des lignes $(n_{i,.})_i$ et ceux des colonnes $(n_{.,j})_j$. On vérifie aisément que la matrice A du lemme 4.7 a été obtenue en multipliant la matrice initiale N par $\sqrt{D_l^{-1}}$ à gauche et $\sqrt{D_c^{-1}}$ à droite. Faisons le chemin inverse, en multipliant les deux matrices A et B par $\sqrt{D_l}$ à gauche et $\sqrt{D_c}$ à droite, ce qui peut être vu comme un changement de métrique sur $\mathbb{R}^d$ et $\mathbb{R}^{d'}$. On obtient les matrices

$$N \quad \text{et} \quad M = \left(\frac{n_{i,.}n_{.,j}}{n}\right)_{i,j}.$$

Or la matrice M est la matrice correspondant au cas d'indépendance des caractères, construite avec les effectifs marginaux de N. Donc la matrice $N - M$, et par extension la matrice $A - B$, sont des matrices représentant le défaut d'indépendance dans N. On a d'ailleurs déjà signalé, dans cet esprit, que la quantité $\|A - B\|^2$ est à la base du test d'indépendance du chi-carré, présenté chapitre 3.

La matrice M, et par extension la matrice B, ne retiennent du tableau de contingence initial N que les effectifs marginaux de chacun des deux caractères. Le lemme 4.7 peut donc s'interpréter comme illustrant le fait que la première information qu'apporte un tableau de contingence est celle des effectifs marginaux. Ceux-ci sont contenus dans les vecteurs $\vec{e}_1$ et $\vec{f}_1$.

Poussant plus loin le développement d'Ecart-Young, on peut écrire

$$A - B = \sqrt{\lambda_2}\vec{e}_2 \cdot \vec{f}_2^* + \sqrt{\lambda_3}\vec{e}_3 \cdot \vec{f}_3^* + \cdots$$

soit encore

$$N - M = \sqrt{D_l}\Big(\sqrt{\lambda_2}\vec{e}_2 \cdot \vec{f}_2^* \sqrt{\lambda_3}\vec{e}_3 \cdot \vec{f}_3^* + \cdots\Big)\sqrt{D_c}$$

Notons que les matrices de rang 1 que sont B et M dépendent des effectifs marginaux de N (et seulement des effectifs marginaux comme on l'a vu). Cela peut être vu comme un problème, si l'on est dans l'optique d'extraire le défaut d'indépendance, de manière normalisée par rapport aux effectifs marginaux. Si l'on veut que la matrice de rang 1 ne dépende plus des effectifs marginaux, on peut multiplier l'égalité ci-dessus par $\sqrt{n}D_l^{-1}$ à gauche et $\sqrt{n}D_c^{-1}$ à droite. On obtient

$$nD_l^{-1}ND_c^{-1} - \mathbf{1} = \sqrt{\lambda_2}\vec{a}_2 \cdot \vec{b}_2^* + \sqrt{\lambda_3}\vec{a}_3 \cdot \vec{b}_3^* + \cdots \tag{4.4}$$

où $\mathbf{1}$ est la matrice de même taille que N et dont tous les coefficients sont égaux à 1, et $\vec{a}_k = n^{1/2}D_l^{-1/2}\vec{e}_k$ et $\vec{b}_k = n^{1/2}D_c^{-1/2}\vec{f}_k$.

L'analyse factorielle des correspondances à une composante consiste à représenter graphiquement le premier terme du développement (4.4) de la manière suivante. Le long d'un axe, chacune des d lignes du tableau N est représentée par un point d'abscisse égale au coefficient correspondant dans le vecteur $\sqrt{\lambda_2}\vec{a}_2$ apparu ligne (4.4). Notons que le nombre de coefficients de ce vecteur est bien le nombre de lignes de N. Ce vecteur s'appelle le vecteur des **composantes principales** des profils-ligne, un « profil-ligne » désignant une ligne de N divisée par son effectif, c'est-à-dire une sorte de distribution conditionnelle des colonnes dans la ligne. Notons que, d'après les formules de dualité liant $\vec{e}_2$ et $\vec{f}_2$, le vecteur $\sqrt{\lambda_2}\vec{a}_2$ s'obtient aussi par la formule

$$\sqrt{\lambda_2}\vec{a}_2 = L\vec{b}_2$$

où L est la matrice constituée des profils-ligne, soit $L = D_l^{-1}N$; le vecteur $\vec{b}_2$ est celui apparu ligne (4.4). Autrement dit, la composante d'un profil-ligne s'obtient en multipliant chacun de ses coefficients par le coefficient correspondant de $\vec{b}_2$. C'est pourquoi ce dernier vecteur $\vec{b}_2$ s'appelle le vecteur des **facteurs principaux**.

Le même raisonnement, et le même graphique, peut être fait pour les profils-colonne. Le vecteur des composantes principales des profils-colonne est $\sqrt{\lambda_2}\vec{b}_2$, et celui des facteurs principaux est $\vec{a}_2$. La formule de dualité est

$$\sqrt{\lambda_2}\vec{b}_2 = C^* \vec{a}_2$$

où C est la matrice constituée des profils-colonne, soit $C = ND_c^{-1}$.

Notons que l'on fait habituellement une représentation plane basée sur deux composantes par point, en considérant l'ordre suivant dans le développement (4.4) d'Eckart-Young. La seconde coordonnée de chaque point représentant un profil-ligne est égale au coefficient correspondant dans le vecteur $\sqrt{\lambda_3}\vec{a}_3$.

L'interprétation d'une AFC se fait en deux étapes. On regarde d'abord séparément le graphe des profils-ligne et celui des profils-colonne, afin de déterminer quelles lignes et quelles colonnes contribuent le plus au défaut d'indépendance du tableau de contingence. Puis on étudie la corrélation entre lignes et colonnes en superposant les deux graphes.

Commentons à titre d'exemple (sans détailler les calculs) l'AFC d'une étude statistique sur la couleurs des cheveux et des yeux en Écosse[4]. Les données sont reportées dans le tableau d'effectifs ci-dessous (les couleurs des cheveux sont écrites en majuscules et celle des yeux en minuscules).

	BLONDS	ROUX	CHÂTINS	FONCÉS	NOIRS
bleus	326	38	241	110	3
clairs	688	116	584	188	4
marrons	343	84	909	412	26
noirs	98	48	403	681	85

Le graphe de l'AFC est la figure 4.1 page 86.

Commençons par regarder les profils-ligne. On devine, à voir la proximité des points « bleus » et « clairs », que le groupe des personnes ayant des yeux bleus et celui des personnes ayant les yeux clairs ont des répartitions de couleurs de cheveux assez proches. Par contre le point « noirs » en étant éloigné, on en déduit que la répartition des couleurs de cheveux est différente dans le groupe des personnes ayant des yeux noirs. Cela se vérifie sur la matrice des profils-ligne reportée ci-dessous : les lignes « bleus » et « clairs » se ressemblent, mais diffèrent de la ligne « noirs ».

	BLONDS	ROUX	CHÂTINS	FONCÉS	NOIRS	Totaux
bleus	0.454	0.053	0.334	0.153	0.004	1
clairs	0.435	0.073	0.370	0.119	0.003	1
marrons	0.193	0.047	0.512	0.232	0.015	1
noirs	0.075	0.037	0.306	0.518	0.065	1

[4] Source : Fisher, R.A. (1940) *The precision of discriminant functions.* Annals of Eugenics (London) **10**, 422-429.

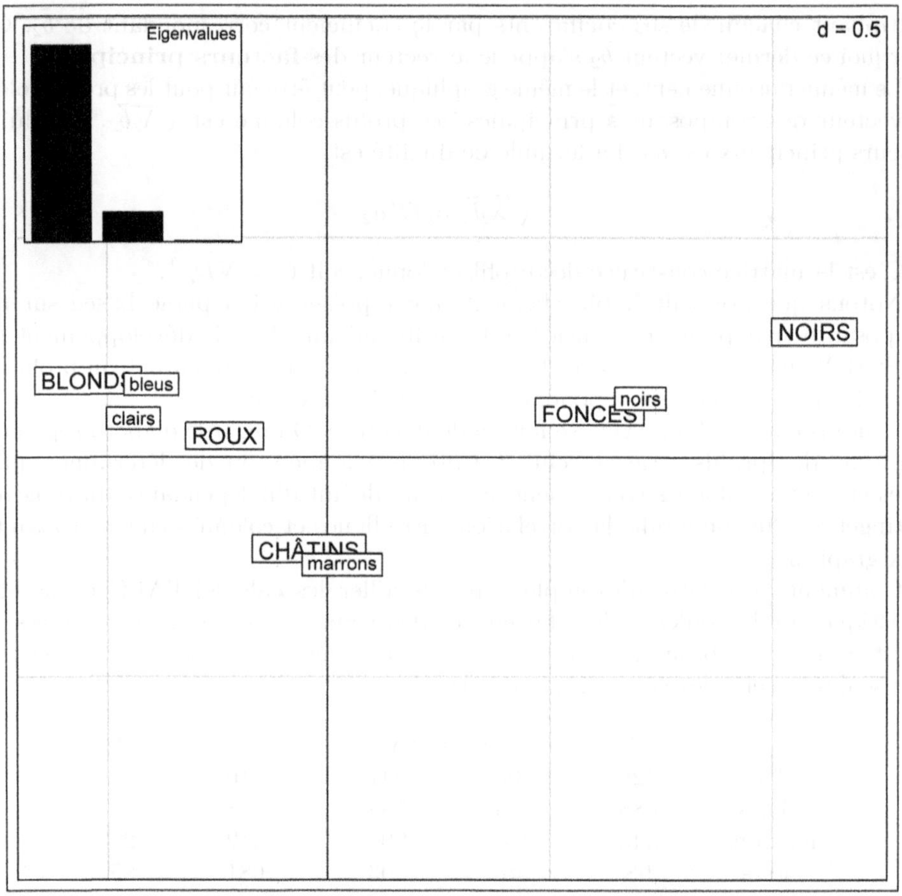

FIGURE 4.1. Graphe AFC sur la couleurs des cheveux et des yeux

Passons aux profils-colonne. À voir la proximité des points « BLONDS » et « ROUX », on peut s'attendre à ce que le groupe des personnes ayant des cheveux blonds et celui des personnes ayant les cheveux roux aient des répartitions de couleurs d'yeux assez proches. Par contre, le point « FONCÉS » en étant éloigné, on en déduit que les couleurs d'yeux se répartissent différemment chez les personnes ayant des cheveux foncés. Cela se vérifie cette fois sur la matrice des profils-colonne reportée ci-dessous : les colonnes « BLONDS » et « ROUX » se ressemblent, mais diffèrent de la colonne « FONCÉS ».

	BLONDS	ROUX	CHÂTINS	FONCÉS	NOIRS
bleus	0.224	0.133	0.113	0.079	0.025
clairs	0.473	0.406	0.273	0.135	0.034
marrons	0.236	0.294	0.425	0.296	0.220
noirs	0.067	0.168	0.189	0.490	0.720
Totaux	1	1	1	1	1

Enfin, en superposant les projections des profils-ligne et celles des profils-colonne on voit le lien statistique entre la couleur des yeux et celle des cheveux. Ce lien peut être étudié soit du point de vue des profils-ligne, soit du point de vue des profils-colonne. Commençons par les profils-ligne. En observant par exemple que le point « bleus » est plus proche du point « BLONDS » que le point « marrons », on devine que les personnes ayant les yeux bleus ont plus fréquemment les cheveux blonds que celles qui ont les yeux marrons. Cela se vérifie sur la matrice des profils-ligne, en comparant le coefficient « BLONDS » des lignes « bleus » et « marrons ».

Passons aux profils-colonne. En observant que le point « BLONDS » est plus proche du point « bleus » que le point « FONCÉS », on devine que les personnes ayant des cheveux blonds ont plus fréquemment les yeux bleus que celle ayant les cheveux foncés. Cela se vérifie sur la matrice des profils-colonne, en comparant le coefficient « bleus » des colonnes « BLONDS » et « FONCÉS ».

Comme cela vient d'être fait ci-dessus, toutes les observations graphiques doivent être vérifiées sur les matrices de profils-ligne et colonne, car la réduction à deux composantes peut avoir fait perdre de l'information. Notons que le diagramme des valeurs propres, inscrit en encart dans la figure 4.1, donne une illustration visuelle de l'information contenue dans chaque axe. On voit que sur cet exemple, les deux premiers axes contiennent l'essentiel de l'information.

4.5 Exercices

L'exercice 4.1 propose un exemple d'AFC. Il est corrigé avec une AFC sur 1 axe dans le chapitre 5, et sur 2 axes dans l'annexe B. L'exercice 4.2 propose une analyse en composantes principales (ACP). Cette méthode présente de grandes similitudes avec l'AFC, mais s'applique aux caractères prenant des valeurs numériques. Enfin, l'exercice 4.3 porte sur la question de la multiplicité de la valeur propre $\lambda = 1$ dans l'AFC.

Exercice 4.1. *AFC sur un facteur.—* Une enquête faite en 1976 sur les origines sociales des parents de $n = 10000$ étudiants, en fonction de leur filière d'étude, a donné le tableau des effectifs de la figure 4.2 (exemple pris dans [Sap90]).

	Droit	Scie. Eco.	Lettres	Sciences	Med. Dent.	Pharma	Pluridisc.	IUT
Exploitant Agric.	80	36	134	99	65	28	11	58
Salarié Agric.	6	2	15	6	4	1	1	4
Patron	168	74	312	137	208	53	21	62
Libéral Cadre Sup	470	191	806	400	876	164	45	79
Cadre Moyen	236	99	493	264	281	56	36	87
Employé	145	52	281	133	135	30	20	54
Ouvrier	166	64	401	193	127	23	28	129
Service	16	6	27	11	8	2	2	8
Autres	305	115	624	247	301	47	42	90

FIGURE 4.2. Filière - Origine Socioprofessionnelle

Faire le graphe de l'AFC sur un facteur. Interpréter.

Exercice 4.2. *Analyse en composantes principales.*— Une enquête faite en 1972 sur les dépenses des foyers (exprimées en Francs), en fonction de leur catégorie sociale, a donné les résultats figure 4.3 (exemple pris dans [Sap90]).

	Pain ordinaire	Pain autre	Vin ordinaire	Vin autre	Pommes de terre	Légumes secs	Raisin	Plats préparés
Agriculteur	167	1	163	23	41	8	6	6
Salarié agricole	162	2	141	12	40	12	4	15
Indépendant	119	6	69	56	39	5	13	41
Cadre supérieur	87	11	63	111	27	3	18	39
Cadre moyen	103	5	68	77	32	4	11	30
Employé	111	4	72	66	34	6	10	28
Ouvrier	130	3	76	52	43	7	7	16
Inactif	138	7	117	74	53	8	12	20

FIGURE 4.3. Dépenses - Catégorie Socioprofessionnelle

Dans la suite de l'exercice, les catégories socio-professionnelles seront considérées comme $n = 8$ « individus », sur lesquels on a relevé les valeurs de $k = 8$ différents « caractères ». On note X la matrice de taille (n, k) correspondant au tableau de données.

1. Soit A_1 la matrice obtenue en ôtant à chaque colonne sa moyenne, puis en la divisant par son écart-type. Calculer A_1.
2. Soit la matrice $A = \frac{1}{\sqrt{n}} A_1$. Calculer A.
3. Calculer la matrice B de rang 2 approchant A au mieux parmi les matrices de rang 2. L'exprimer sous la forme $\lambda_1 \vec{e}_1 \cdot \vec{f}_1^* + \lambda_2 \vec{e}_2 \cdot \vec{f}_2^*$, où les vecteurs $\vec{e}_i$ et $\vec{f}_j$ sont normés ($i = 1, 2,\ j = 1, 2$).
4. Représenter sur un plan chaque catégorie socio-professionnelle (i.e. chaque « individu » de l'échantillon) par un point d'abscisse égale à la coordonnée correspondante dans le vecteur $\lambda_1 \vec{e}_1$, et d'ordonnée égale à la coordonnée correspondante dans le vecteur $\lambda_2 \vec{e}_2$ (ces coordonnées s'appellent les composantes principales de l'individu).
5. Sur un autre graphe planaire, représenter chaque produit (i.e. chaque « caractère ») par un point d'abscisse égale à la coordonnée correspondante dans le vecteur $\lambda_1 \vec{f}_1$, et d'ordonnée égale à la coordonnée correspondante dans le vecteur $\lambda_2 \vec{f}_2$ (ces coordonnées s'appellent les composantes principales du caractère).
6. Interpréter.
7. Démontrer que les points des caractères sont dans le disque de rayon 1.

Les questions 1 à 6, à caractère numérique, sont corrigées dans l'annexe B (page 155). La question 7, à caractère plus théorique, est corrigée au chapitre 5.

Exercice 4.3. *Multiplicité de la valeur propre* $\lambda = 1$.— Dans le lemme 4.7, on a fait l'hypothèse que les coefficients $n_{i,j}$ étaient tous $\neq 0$. Cette condition, qui est généralement remplie si l'échantillon est suffisamment grand, nous a permis d'établir que la valeur propre $\lambda = 1$ est simple. L'objet de cet exercice est d'étudier le cas où certains $n_{i,j}$ sont nuls. On suppose seulement que les effectifs totaux de chaque ligne et chaque colonne sont non nuls (si ce n'était pas le cas, il faudrait supprimer la ligne ou la colonne correspondante).

Soient j et $j' \leq d'$ deux indices de colonne (dans cet exercice, la lettre i sera réservée aux indices de ligne et la lettre j aux indices de colonne). On appelle chemin de j à j' une suite finie $(i_k, j_k)_{k=1}^K$ telle que

1. $n_{i_k, j_k} \neq 0$ pour tout $k \leq K$,
2. $i_k = i_{k+1}$ ou $j_k = j_{k+1}$ pour tout $k \leq K-1$,
3. $j_1 = j$ et $j_K = j'$.

On dit que j et j' sont reliés si un tel chemin existe. On note $j \sim j'$. La notion analogue sur les lignes sera aussi considérée. Les relations ainsi définies sont clairement des relations d'équivalence. On note respectivement $\mathcal{C}_j$ et $\mathcal{L}_i$ les classes d'équivalence respectives de la colonne j et de la ligne i. Enfin, pour deux classes $\mathcal{L}$ et $\mathcal{C}$ respectivement de lignes et de colonnes, on pose $\mathcal{C} \equiv \mathcal{L}$ s'il existe $i' \in \mathcal{L}$ et $j' \in \mathcal{C}$ tels que $n_{i',j'} \neq 0$.

1. Démontrer que si $\mathcal{C} \equiv \mathcal{L}$ et $\mathcal{C} \equiv \mathcal{L}'$ alors $\mathcal{L} = \mathcal{L}'$.
2. Vérifier que la relation $\equiv$ définit une bijection entre l'ensemble des classes $\mathcal{L}$ et l'ensemble des classes $\mathcal{C}$.
3. Vérifier que si $\mathcal{C}_j \not\equiv \mathcal{L}_i$ alors $n_{i,j} = 0$.
4. Vérifier que l'on peut réordonner les lignes et les colonnes de N de façon à avoir une écriture par blocs de la forme suivante

$$N = \begin{pmatrix} N_1 & 0 & \dots & 0 \\ 0 & N_2 & & \vdots \\ \vdots & & \ddots & 0 \\ 0 & \dots & 0 & N_r \end{pmatrix}$$

   où r est le nombre de classes $\mathcal{L}$.
5. On reprend les notations du lemme 4.7 : on note $\vec{f}_1'$ un vecteur propre de A^*A associé à la valeur propre $\lambda_1 = 1$. Soient j et $j' \leq d'$ deux indices de colonne, tels que $j \sim j'$. Soit $(i_k, j_k)_{k=1}^K$ un chemin de j à j'. En considérant l'égalité (4.3), montrer que le rapport $f'_{1,j_k}/\sqrt{n_{.,j_k}}$ est constant le long de ce chemin.
6. Démontrer que le nombre r de blocs de N est égal à l'ordre de multiplicité de la valeur propre $\lambda = 1$ dans la matrice $A = \sqrt{D_l^{-1}} N \sqrt{D_c^{-1}}$ du lemme 4.7.

Notons que du point de vue statistique, il n'y a pas lieu de faire une AFC pour chercher des correspondances entre des lignes appartenant à des classes $\mathcal{L}$ et $\mathcal{L}'$ différentes, ou entre des lignes et des colonnes de classes $\mathcal{L}$ et $\mathcal{C}$ non liées par la relation $\mathcal{C} \equiv \mathcal{L}$, l'exclusion mutuelle se lisant directement sur N. La question de l'AFC ne se pose donc que pour les tableaux d'effectifs N avec un seul bloc. Cet exercice montre que ce sont les tableaux pour lesquels $\lambda = 1$ est valeur propre simple de $A = \sqrt{D_l^{-1}} N \sqrt{D_c^{-1}}$ (avec les notations du lemme 4.7). La matrice $B = (\sqrt{n_{i,.} n_{.,j}}/n)_{i,j}$ est donc dans ce cas l'unique matrice de rang 1 minimisant la distance de A aux matrices de rang 1.

CHAPITRE 5

Corrigés des exercices

5.1 Corrigés des exercices du chapitre 1

Corrigé de l'exercice 1.1 page 24 Test de Student de l'hypothèse $\Theta_0 = \{m = 0\}$ contre $\Theta_1 = \{m \neq 0\}$, au niveau $\alpha = 5\%$.

1. Le seuil c du théorème de Student, au niveau $\alpha = 5\%$, est déterminé par l'égalité $\mathcal{P}(|T| > c) = \alpha$, où T suit la loi de Student à $n-1$ degrés de liberté. Par symétrie de cette loi, cela s'écrit encore $\mathcal{P}(T > c) = \alpha/2$. Le seuil c est donc le quantile d'ordre $1 - \alpha/2 = 0.975$ de la loi de Student à $n - 1 = 9$ degrés de liberté. On lit sur la table C.2 que $st_9(0.975) = 2.262$. Donc Θ_0 est rejeté si

$$|T| > 2.262.$$

2. On calcule

$$\overline{x} = \frac{1.061 - 0.070 + \cdots + 1.485}{10} = 0.4088,$$

et

$$\overline{x^2} = \frac{1.061^2 + 0.070^2 + \cdots + 1.485^2}{10} = 1.115469.$$

Donc

$$s^2 = \frac{10}{9}(\overline{x^2} - \overline{x}^2) = \frac{10}{9}(1.115469 - 0.4088^2) = 1.053724.$$

Enfin la valeur t prise par la statistique T :

$$t = \overline{x}\sqrt{\frac{n}{s^2}} = 0.4088\sqrt{\frac{10}{1.053724}} = 1.259353.$$

3. On a $|t| \leq c$ donc l'hypothèse $(m = 0)$ n'est pas rejetée.

Corrigé de l'exercice 1.2 page 24 Test symétrique sur la variance de l'hypothèse $\Theta_0 = \{\sigma^2 = 1\}$ contre $\{\sigma^2 \neq 1\}$, au niveau $\alpha = 5\%$.

1. Les seuils c et c' au niveau $\alpha = 5\%$, sont, au facteur $\sigma_0^2/(n-1)$ près, les quantiles d'ordre $\alpha/2 = 0.025$ et $1 - \alpha/2 = 0.975$ de la loi du chi-carré à $n - 1 = 9$ degrés

de liberté. On lit sur la table C.3 que $k_9(0.025) = 2.700$ et $k_9(0.975) = 19.023$. D'où $c = 2.7/9 = 0.300$ et $c' = 19.023/9 = 2.1137$. Donc Θ_0 est rejetée si

$$S^2 \notin [0.300;\ 2.1137].$$

2. La valeur s^2 prise par la statistique S^2 a été calculée dans l'exercice précédent : $s^2 = 1.053724$.
3. On a $c \leq s^2 \leq c'$ donc l'hypothèse $(\sigma^2 = 1)$ n'est pas rejetée.

Le calcul du test UPPB du théorème 1.24 nécessite le recours à l'ordinateur, pour résoudre l'équation (1.17). Cela est fait dans le second paragraphe de l'exemple numérique B.3.

Corrigé de l'exercice 1.3 page 25

1. En posant $z = a + ib$ avec $a, b \in \mathbb{R}$, l'intégrale définissant $I(z)$ s'écrit

$$I(z) = \int_{-\infty}^{+\infty} \frac{1}{\sqrt{2\pi}} e^{at+itbt-t^2/2}\, \mathrm{d}t.$$

La fonction à intégrer en t est majorée en module par la fonction $t \mapsto e^{at-t^2/2}$ qui est intégrable sur $\mathbb{R}$. Cela démontre que l'intégrale $I(z)$ est bien définie.

2. La réduction de Gauss de la forme quadratique dans l'exponentielle donne $2zt - t^2 = z^2 - (t-z)^2$. Donc

$$I(z) = e^{z^2/2} \int_{-\infty}^{+\infty} \frac{1}{\sqrt{2\pi}} e^{-(t-z)^2/2}\, \mathrm{d}t.$$

Par changement de variable $t \to z + t$ dans l'intégrale, celle-ci s'identifie à $I(0)$, qui vaut 1. On en déduit $I(z) = e^{z^2/2}$.

3. La dérivation sous l'intégrale donne

$$\begin{aligned} I'(z) &= \int_{-\infty}^{+\infty} \frac{\partial}{\partial z}\Big(\frac{1}{\sqrt{2\pi}} e^{zt} e^{-t^2/2}\Big)\, \mathrm{d}t, \\ &= \int_{-\infty}^{+\infty} \frac{1}{\sqrt{2\pi}} t e^{zt} e^{-t^2/2}\, \mathrm{d}t. \end{aligned}$$

Cette dérivation est valide au point z_0 si la dérivée en z sous l'intégrale en t a son module majoré au voisinage de z_0 par une fonction $t \mapsto g(t)$ intégrable. Posons $z_0 = a_0 + ib_0$ avec $a_0, b_0 \in \mathbb{R}$ et considérons le voisinage $\mathcal{V}$ des nombres complexes de partie réelle dans l'intervalle $]-|a_0| - 1, |a_0| + 1[$. Pour tout $z \in \mathcal{V}$ on a

$$|te^{zt}e^{-t^2/2}| < |t| e^{(|a_0|+1)|t|} e^{-t^2/2}.$$

Cette dernière fonction est intégrable sur $\mathbb{R}$, ce qui démontre que I est dérivable en z_0. Comme z_0 est quelconque, cela montre que $z \to I(z)$ est holomorphe sur $\mathbb{C}$.

4. Les fonctions $z \mapsto I(z)$ et $z \mapsto e^{z^2/2}$ sont holomorphes sur $\mathbb{C}$ et égales sur $\mathbb{R}$. Par le théorème des zéros isolés, elles sont donc égales sur $\mathbb{C}$. Il en découle qu'en tout point $z = i\eta$ on a
$$\int_{-\infty}^{+\infty} e^{i\eta t} \frac{1}{\sqrt{2\pi}} e^{-t^2/2}\, \mathrm{d}t = e^{-\eta^2/2}.$$

Corrigé de l'exercice 1.4 page 25

1. Soit $x > 0$. Par le changement de variable $u = tx$ on a
$$\int_0^A \frac{\sin(tx)}{t}\, \mathrm{d}t = \int_0^{xA} \frac{\sin u}{u}\, \mathrm{d}u.$$
Donc la limite de cette intégrale lorsque A tend vers l'infini ne dépend pas de $x > 0$, et vaut $\pi/2$. Si $x < 0$, comme le sinus est une fonction impaire, on voit que cette intégrale tend vers $-\pi/2$ lorsque A tend vers l'infini. Enfin, si $x = 0$, la limite est clairement nulle.

2. La convergence étudiée est dominée par la constante
$$K = \max_{A\geq 0} \left| \frac{1}{\pi} \int_0^A \frac{\sin(t)}{t} dt - \frac{1}{2} \right|.$$
Donc le théorème de convergence dominée s'applique, ce qui donne la convergence souhaitée dans L^2.

3. Soit $(b_n)_n$ une suite de nombres réels strictement croissante convergeant vers le nombre réel b. D'après le calcul précédent, on a
$$\lim_{n\to+\infty} \left(\lim_{A\to+\infty} X_{A,b_n} \right) = \mathbf{1}_{]-\infty,b[}(X).$$
On a vu que la convergence en A a lieu dans L^2 d'après le théorème de convergence dominée. C'est aussi vrai pour la convergence en n, cette fois d'après le théorème de convergence monotone. Donc l'adhérence de l'espace vectoriel engendré par les fonctions $(X_{A,b})_{A>0,b\in\mathbb{R}}$ est la même que celle de l'espace vectoriel engendré par les fonctions indicatrices des événements de la forme $(X < b)$. Or ceux ci engendrent la tribu $\sigma(X)$, ce qui démontre la densité voulue.

4. La valeur absolue à majorer s'écrit
$$\left| \int_0^1 f(t)\, \mathrm{d}t - \frac{1}{n} \sum_{k=0}^{n-1} f\left(\frac{k}{n}\right) \right|, \tag{5.1}$$
avec $f(t) = \sin(Axt)/t$. Cette quantité est majorée par
$$\sum_{k=0}^{n-1} \int_{\frac{k}{n}}^{\frac{k+1}{n}} \left| f(t) - f\left(\frac{k}{n}\right) \right| \mathrm{d}t,$$

et donc par $n^{-1}\max_{t\in[0,1]}|f'(t)|$ d'après le théorème des accroissements finis. Le calcul de f' donne

$$f'(t) = \frac{t\,x\,A\,\cos(t\,x\,A) - \sin(t\,x\,A)}{t^2}.$$

Cela montre que $|f'(t)| \leq KA^2x^2$ où

$$K = \max_u \left|\frac{\sin u - u\,\cos u}{u^2}\right|.$$

D'autre part, la quantité (5.1) est aussi majorée par $2\max_{t\in[0,1]}|f(t)|$. Or f atteint son maximum en $t = 0$, et ce dernier vaut Ax. Cela donne la majoration demandée avec $M = \max(2, K)$.

5. La question précédente montre que $\lim_{n\to\infty} Y_{A,b,n} = X_{A,b}$ presque sûrement. De plus, cette convergence est dominée par AMX. La variable aléatoire AMX étant par hypothèse de carré intégrable, la convergence a lieu dans L^2. La densité de l'espace engendré par la famille des $Y_{A,b,n}$ découle alors de celle de l'espace engendré par la famille des $X_{A,b}$.
6. C'est immédiat, en exprimant les fonctions trigonométriques comme des combinaisons d'exponentielles complexes.

Corrigé de l'exercice 1.5 page 26

Notons f la densité du vecteur aléatoire $\vec{X}$. On reprend la formule (1.1), dans le cas $m = 0$ et $\sigma = 1$, soit

$$f(x_1, \dots, x_n) = (2\pi)^{-n/2}\exp\left[-\frac{1}{2}\Big(\sum_{i=1}^{n} x_i^2\Big)\right].$$

Soit ϕ une fonction borélienne bornée de $\mathbb{R}^n$ dans $\mathbb{R}$. On a $\mathbf{E}(\phi(\vec{Y})) = \mathbf{E}(\phi(P\vec{X}))$, ce qui s'écrit

$$\int_{\mathbb{R}^n} \phi(P\vec{x})f(x_1, \dots, x_n)\,\mathrm{d}x_1 \dots \mathrm{d}x_n,$$

en notant $\vec{x}$ le vecteur de coordonnées $(x_1, \dots, x_n)$. Par le changement de variable $\vec{y} = P\vec{x}$, de jacobien $J = |\det P|^{-1}$, c'est encore égal à

$$\int_{\mathbb{R}^n} \phi(\vec{y})f(P^{-1}\vec{y})|\det P|^{-1}\,\mathrm{d}y_1 \dots \mathrm{d}y_n.$$

Or d'après l'orthogonalité de la matrice P on a $\sum_{i=1}^n x_i^2 = \sum_{i=1}^n y_i^2$, d'où il découle $f(P^{-1}\vec{y}) = f(\vec{y})$. De plus, toujours d'après l'orthogonalité de la matrice P, on a $|\det P| = 1$. L'intégrale ci-dessus se réécrit donc

$$\int_{\mathbb{R}^n} \phi(y_1, \dots, y_n)f(y_1, \dots, y_n)\,\mathrm{d}y_1 \dots \mathrm{d}y_n,$$

ce qui démontre que $\vec{Y}$ admet la densité f, c'est-à-dire qu'elle suit la même loi que $\vec{X}$.

Corrigé de l'exercice 1.6 page 26

1. D'après la formule (1.1) avec $m = 0$ et $\sigma = 1$ on a

$$\mathbf{E}(g(R)) = \int_{\mathbb{R}^d} g\Big(\sqrt{\sum_{i=1}^d z_i^2}\Big)(2\pi)^{-d/2}\exp\Big(-\frac{1}{2}\sum_{i=1}^d z_i^2\Big)\,\mathrm{d}z_1\ldots\mathrm{d}z_d.$$

Considérons le changement de variables en coordonnées sphériques en dimension d défini par

$$\begin{cases} z_1 &= r\sin\theta_1;\\ z_2 &= r\cos\theta_1\sin\theta_2;\\ z_3 &= r\cos\theta_1\cos\theta_2\sin\theta_3;\\ \vdots & \\ z_{d-1} &= r\cos\theta_1\cdots\cdots\cdots\cos\theta_{d-2}\sin\theta_{d-1};\\ z_d &= r\cos\theta_1\cdots\cdots\cdots\cos\theta_{d-2}\cos\theta_{d-1}.\end{cases}$$

Son jacobien est de la forme $J = r^{d-1}\psi(\theta_1,\ldots,\theta_{d-1})$. L'intégrale ci-dessus devient donc par ce changement de variables

$$\iint\cdots\int g(r)(2\pi)^{-d/2}\exp\Big(-\frac{r^2}{2}\Big)r^{d-1}\psi(\theta_1,\ldots,\theta_{d-1})\,\mathrm{d}r\mathrm{d}\theta_1\ldots\mathrm{d}\theta_{d-1}.$$

En posant $c_d = \iint\cdots\int\psi(\theta_1,\ldots,\theta_{d-1})\,\mathrm{d}\theta_1\ldots\mathrm{d}\theta_{d-1}$, on obtient grâce au théorème de Fubini

$$c_d\int_0^{+\infty} g(r)(2\pi)^{-d/2}\exp\Big(-\frac{r^2}{2}\Big)r^{d-1}\,\mathrm{d}r,$$

ce qui est la formule demandée.

2. Pour faire apparaître la densité de $V = R^2$, considérons une fonction G borélienne bornée, et posons dans l'intégrale ci-dessus $g(r) = G(r^2)$. On pose alors $r = \sqrt{v}$, d'où il découle $\mathrm{d}r = \frac{\mathrm{d}v}{2\sqrt{v}}$. On en déduit

$$\mathbf{E}(G(V)) = c_d\int_0^{+\infty} G(v)(2\pi)^{-d/2}\exp\Big(-\frac{v}{2}\Big)v^{(d-1)/2}\,\frac{\mathrm{d}v}{2\sqrt{v}},$$

Ceci montre bien que la densité de V est la fonction f définie par

$$f(v) = \frac{c_d}{2\sqrt{2\pi}^d}v^{d/2-1}\exp\Big(-\frac{v}{2}\Big)\mathbf{1}_{\mathbb{R}_+}(v).$$

3. L'égalité $\mathbf{E}(Z_1^2) = 1$ découle immédiatement du fait que Z_1 suit la loi $\mathcal{N}(0,1)$. D'autre part $\mathbf{E}(Z_1^4) = \int z^4\frac{1}{\sqrt{2\pi}}e^{-z^2/2}\,\mathrm{d}z$. Cette intégrale se calcule grâce à une intégration par parties, en dérivant z^3 et en intégrant $ze^{-z^2/2}$. On obtient $\mathbf{E}(Z_1^4) = \mathbf{E}(3Z_1^2) = 3$. Il s'en suit que $\mathbf{V}(Z_1^2) = 3 - 1^2 = 2$, puis que

$$\begin{aligned}\mathbf{E}(Z_1^2+\cdots+Z_d^2) &= d,\\ \mathbf{V}(Z_1^2+\cdots+Z_d^2) &= 2d.\end{aligned}$$

Corrigé de l'exercice 1.7 page 27

1. La densité de la variable aléatoire R_1 est celle de la variable R de l'exercice précédent, en remplaçant d par $d-1$. D'autre part, la variable aléatoire Z_1 suit la loi de Gauss $\mathcal{N}(0,1)$. Enfin ces deux variables aléatoires sont indépendantes. La densité jointe du couple (Z_1, R_1) est donc le produit des densités, ce qu'exprime la formule demandée.
2. Soit g une fonction borélienne bornée. On a $\mathbf{E}(g(U,V)) = \mathbf{E}(g(Z_1/R_1, Z_1^2 + R_1^2))$, soit d'après l'expression de la densité calculée précédemment
$$\int\int g(z/r, r^2+z^2)\frac{c_{d-1}}{\sqrt{2\pi}^d} r^{d-2}\exp\Big(-\frac{z^2+r^2}{2}\Big)\,\mathrm{d}r\mathrm{d}z.$$
Considérons le changement de variables
$$\left\{\begin{array}{rcl} u &=& z/r \\ v &=& z^2+r^2 \end{array}\right. \quad \text{soit} \quad \left\{\begin{array}{rcl} r &=& \sqrt{\frac{v}{u^2+1}} \\ z &=& u\sqrt{\frac{v}{u^2+1}} \end{array}\right. .$$
On déduit du premier système, en calculant les dérivées partielles de u et v par rapport à z et r,
$$\begin{pmatrix}\mathrm{d}u\\ \mathrm{d}v\end{pmatrix} = \begin{pmatrix} 1/r & -z/r^2 \\ 2z & 2r\end{pmatrix}\begin{pmatrix}\mathrm{d}z\\ \mathrm{d}r\end{pmatrix}.$$
En calculant le déterminant de la matrice, on a donc $\mathrm{d}u\mathrm{d}v = 2(1+z^2/r^2)\mathrm{d}z\mathrm{d}r$. Or $z/r = u$, et la formule inverse s'écrit donc $\mathrm{d}z\mathrm{d}r = \frac{\mathrm{d}u\mathrm{d}v}{2(1+u^2)}$. On peut maintenant faire le changement de variables dans l'intégrale ci-dessus, qui devient
$$\int\int g(u,v)\frac{c_{d-1}}{\sqrt{2\pi}^d}\Big(\frac{v}{u^2+1}\Big)^{d/2-1}\exp\Big(-\frac{v}{2}\Big)\frac{\mathrm{d}u\mathrm{d}v}{2(1+u^2)}.$$
La fonction en facteur de $g(u,v)$ sous l'intégrale est la densité du couple (U,V). On trouve bien le résultat demandé.
3. La densité du couple (U,V), calculée à la question précédente, est le produit d'une fonction de u et d'une fonction de v, ce qui démontre que U et V sont indépendantes. Pour obtenir les densités, il suffit de choisir convenablement les constantes multiplicatives ; on trouve respectivement
$$v \mapsto \frac{c_d}{2\sqrt{2\pi}^d}e^{-v/2}v^{d/2-1} \qquad \text{et} \qquad u \mapsto \frac{c_{d-1}}{c_d}\frac{1}{\sqrt{1+u^2}^d},$$
où c_d est la constante qui apparait dans l'exercice précédent.
4. On a vu que les variables aléatoires $Z_1' = \overline{X}\sqrt{d}/\sigma$ et $(R_1')^2 = (d-1)S^2/\sigma^2$ sont indépendantes. Si $m = 0$, leurs lois respectives sont $\mathcal{N}(0,1)$ et $\chi^2(d-1)$. Le couple $(Z_1', (R_1')^2)$ a donc même loi que le couple (Z_1, R_1^2) des questions précédentes. Il en découle que $U = Z_1/R_1$ a la même loi que $U' = Z_1'/R_1'$. Un calcul élémentaire donne
$$U' = \frac{\overline{X}\sqrt{d}}{\sqrt{d-1}S} = \frac{T}{\sqrt{d-1}}.$$

On déduit alors la densité de T de celle de U, par changement de variable $u = t/\sqrt{d-1}$ et $\mathrm{d}u = \mathrm{d}t/\sqrt{d-1}$ dans la densité de U. On trouve

$$\frac{c_{d-1}}{c_d}\frac{1}{\sqrt{1+u^2}^d}\mathrm{d}u = \frac{c_{d-1}}{c_d}\frac{1}{\sqrt{1+\frac{t^2}{d-1}}^d}\frac{\mathrm{d}t}{\sqrt{d-1}},$$

ce qui est le résultat demandé.

5. D'après la question précédente la variable aléatoire $V = Z_1^2 + R_1^2$ a la même loi que $V' = (Z_1')^2 + (R_1')^2$. Un calcul donne

$$V' = d\overline{X}^2/\sigma^2 + (d-1)S^2/\sigma^2 = d\frac{\overline{X^2}}{\sigma^2},$$

Plus précisément, le couple $(U, V) = (Z_1/R_1, Z_1^2 + R_1^2)$ a même loi que le couple $(U', V') = (\frac{T}{\sqrt{d-1}}, d\frac{\overline{X^2}}{\sigma^2})$. Or U et V sont indépendantes, il en est donc de même pour T et $\overline{X^2}$.

Corrigé de l'exercice 1.8 page 27

1. Soient g une fonction borélienne bornée et $W = g(S^2) - \mathbf{E}_{m,1}(g(S^2))$. Notons que la loi de S^2 ne dépend pas de m, donc l'espérance $\mathbf{E}_{m,1}(g(S^2))$ non plus. La fonction W est bien une statistique. De plus, on a $\mathbf{E}_{m,1}(W) = 0$ pour tout $m \in \mathbb{R}$. D'après le lemme 1.26, pour toute variable aléatoire de la forme $f(\overline{X})$, avec f fonction borélienne bornée, on a

$$E_{m,1}(Wf(\overline{X})) = 0.$$

D'après la définition de W, cela s'écrit encore

$$E_{m,1}\Big(g(S^2)f(\overline{X})\Big) = E_{m,1}\Big(g(S^2)\Big)E_{m,1}\Big(f(\overline{X})\Big).$$

Ceci étant vrai pour toutes fonctions f et g boréliennes bornées, l'indépendance de $\overline{X}$ et S^2 est bien démontrée.

Notons que l'on a pris $\sigma^2 = 1$ pour ne pas alourdir le corrigé, mais le résultat reste vrai pour $\sigma^2 > 0$ quelconque.

2. La démonstration suit la même démarche qu'à la question précédente. Soient g une fonction borélienne bornée et $W = g(T) - \mathbf{E}_{0,\sigma^2}(g(T))$. Notons que pour $m = 0$, la loi de T ne dépend pas de σ^2, donc l'espérance $\mathbf{E}_{0,\sigma^2}(g(T))$ non plus. La fonction W est bien une statistique. De plus, on a $\mathbf{E}_{0,\sigma^2}(W) = 0$ pour tout $\sigma^2 > 0$. D'après le lemme 1.23, pour toute variable aléatoire de la forme $f(\overline{X^2})$, avec f fonction borélienne bornée, on a

$$E_{0,\sigma^2}(Wf(\overline{X^2})) = 0.$$

D'après la définition de W, cela s'écrit encore

$$E_{0,\sigma^2}\Big(g(T)f(\overline{X^2})\Big) = E_{0,\sigma^2}\Big(g(T)\Big)E_{0,\sigma^2}\Big(f(\overline{X^2})\Big).$$

Ceci étant vrai pour toutes fonctions f et g boréliennes bornées, l'indépendance de $\overline{X^2}$ et T est bien démontrée.

On a utilisé dans cette question le fait que la loi de T ne dépend pas de σ^2. Ceci n'est vrai que si $m = 0$. L'indépendance des variables aléatoires $\overline{X^2}$ et T n'est plus vérifiée pour m quelconque.

Corrigé de l'exercice 1.9 page 27

1. Soit la variable aléatoire $V = (d-1)S^2/\sigma^2$. On a $\mathbf{E}(S) = \frac{\sigma}{\sqrt{d-1}}\mathbf{E}(\sqrt{V})$. L'espérance de $\sqrt{V}$ se calcule grâce à la densité f de V par la formule $\mathbf{E}(\sqrt{V}) = \int \sqrt{v} f(v)\, dv$. On sait que V suit la loi du chi-carré à $d-1$ degrés de liberté, si bien que d'après l'exercice 1.6, on a

$$\begin{aligned}\mathbf{E}(\sqrt{V}) &= \int_0^{+\infty} \sqrt{v}\frac{c_{d-1}}{2\sqrt{2\pi}^{d-1}} v^{(d-1)/2-1} \exp\Big(-\frac{v}{2}\Big)\, dv, \\ &= \frac{c_{d-1}}{2\sqrt{2\pi}^{d-1}} \int_0^{+\infty} v^{d/2-1} \exp\Big(-\frac{v}{2}\Big)\, dv.\end{aligned}$$

On reconnaît sous l'intégrale la densité du chi-carré à d degrés de liberté à la constante de normalisation près. Donc cette intégrale est égale à l'inverse de la dite constante, soit $\frac{2\sqrt{2\pi}^d}{c_d}$. En remplaçant dans l'expression de $\mathbf{E}(\sqrt{V})$ ci-dessus il en découle que $\mathbf{E}(\sqrt{V}) = \frac{\sqrt{2\pi}c_{d-1}}{c_d}$. Enfin on en déduit $\mathbf{E}(S) = \frac{\sigma\sqrt{2\pi}c_{d-1}}{\sqrt{d-1}c_d}$. En posant $c = \frac{\sqrt{d-1}c_d}{\sqrt{2\pi}c_{d-1}}$, on a donc $\mathbf{E}(cS) = \sigma$.

2. La démonstration du fait que cS est un ESBVM de σ est la même que celle pour S^2, en tant qu'ESBVM de σ^2. Soit Z un autre estimateur sans biais de σ de carré sommable. En développant le carré $(Z-\sigma_0)^2 = [(cS-\sigma_0)+(Z-cS)]^2$, puis en intégrant sous $\mathcal{P}_{m_0,\sigma_0^2}$, on a

$$(Z-\sigma_0)^2 = (cS-\sigma_0)^2 + (Z-cS)^2 + 2(Z-cS)(cS-\sigma_0)$$

puis $\mathbf{V}_{m_0,\sigma_0^2}(Z) =$

$$= \mathbf{V}_{m_0,\sigma_0^2}(cS) + \mathbf{E}_{m_0,\sigma_0^2}\Big((Z-cS)^2\Big) + 2\mathbf{E}_{m_0,\sigma_0^2}\Big((Z-cS)(cS-\sigma_0)\Big).$$

La statistique $W = cS - Z$ est d'espérance nulle sous $\mathcal{P}_{m,\sigma^2}$ pour tout (m,σ^2), puisque Z et cS ont même espérance, en tant qu'estimateurs sans biais de σ. L'espérance du double produit ci-dessus s'écrit $\mathbf{E}_{m_0,\sigma_0^2}(Wf(\overline{X^2},\overline{X}))$ avec $f(\overline{X^2},\overline{X}) = cS - \sigma_0$. D'après le lemme 1.9, elle est nulle. L'égalité ci-dessus devient donc

$$\mathbf{V}_{m_0,\sigma_0^2}(Z) = \mathbf{V}_{m_0,\sigma_0^2}(cS) + \mathbf{E}_{m_0,\sigma_0^2}\Big((cS-Z)^2\Big).$$

Ceci démontre que $\mathbf{V}_{m_0,\sigma_0^2}(cS) \leq \mathbf{V}_{m_0,\sigma_0^2}(Z)$, c'est-à-dire que cS est un estimateur sans biais de variance minimale de σ. De plus, si Z est aussi un estimateur sans biais de variance minimale de σ, alors la dernière inégalité est une égalité, et l'on a $\mathbf{E}_{m_0,\sigma_0^2}\Big((cS-Z)^2\Big)=0$, ce qui montre l'unicité $\mathcal{P}_{m_0,\sigma_0^2}$-p.s., pour tout $m_0\in\mathbb{R}$ et $\sigma_0>0$.

Corrigé de l'exercice 1.10 page 28

1. Pour cette question, on renvoie à la démonstration de la proposition 2.4, ligne (2.5).
2. D'après la question précédente, l'égalité $\mathbf{E}_\theta(W)=0$ s'écrit

$$\mathbf{E}_{\theta_0}\Big[W\Big(\frac{\theta(1-\theta_0)}{\theta_0(1-\theta)}\Big)^{n\overline{X}}\Big]=0.$$

En posant $t=n\ln\frac{\theta(1-\theta_0)}{\theta_0(1-\theta)}$, on voit que l'égalité $\mathbf{E}_\theta(W)=0$ pour tout $\theta\in]0,1[$ s'écrit $\mathbf{E}_{\theta_0}\Big[We^{t\overline{X}}\Big]=0$, pour tout $t\in\mathbb{R}$. Par prolongement analytique, c'est encore vrai en remplaçant le nombre réel t par un nombre complexe z. C'est alors en particulier vrai pour $z=i\eta$ imaginaire pur, soit

$$\mathbf{E}_{\theta_0}\Big[We^{i\eta\overline{X}}\Big]=0.$$

Or les combinaisons linéaires des variables aléatoires de la famille $(e^{i\eta\overline{X}})_{\eta\in\mathbb{R}}$ sont denses dans le sous-espace de l'espace $L^2(\mathcal{P}_{\theta_0})$ des variables aléatoires de la forme $f(\overline{X})$. L'égalité ci-dessus est donc aussi vérifiée sur cet espace :

$$\mathbf{E}_{\theta_0}\Big[Wf(\overline{X})\Big]=0.$$

3. Soit Z un autre estimateur sans biais de θ de carré sommable. En développant le carré $(Z-\theta_0)^2=[(\overline{X}-\theta_0)+(Z-\overline{X})]^2$, puis en intégrant sous $\mathcal{P}_{\theta_0}$, on a

$$(Z-\theta_0)^2=(\overline{X}-\theta_0)^2+(Z-\overline{X})^2+2(Z-\overline{X})(\overline{X}-\theta_0)$$

puis

$$\mathbf{V}_{\theta_0}(Z)=\mathbf{V}_{\theta_0}(\overline{X})+\mathbf{E}_{\theta_0}\Big((Z-\overline{X})^2\Big)+2\mathbf{E}_{\theta_0}\Big((Z-\overline{X})(\overline{X}-\theta_0)\Big).$$

La statistique $W=\overline{X}-Z$ est d'espérance nulle sous $\mathcal{P}_\theta$ pour tout θ, puisque Z et $\overline{X}$ ont même espérance, en tant qu'estimateurs sans biais de θ. L'espérance du double produit ci-dessus s'écrit $\mathbf{E}_{\theta_0}(Wf(\overline{X}))$ avec $f(\overline{X})=\overline{X}-\theta_0$. D'après la question précédente, elle est nulle. L'égalité ci-dessus devient donc

$$\mathbf{V}_{\theta_0}(Z)=\mathbf{V}_{\theta_0}(\overline{X})+\mathbf{E}_{\theta_0}\Big((\overline{X}-Z)^2\Big).$$

Ceci démontre que $\mathbf{V}_{\theta_0}(\overline{X})\leq\mathbf{V}_{\theta_0}(Z)$, c'est-à-dire que $\overline{X}$ est un estimateur sans biais de variance minimale de θ. De plus, si Z est aussi un estimateur sans biais de variance minimale de θ, alors la dernière inégalité est une égalité, et l'on a $\mathbf{E}_{\theta_0}\Big((\overline{X}-Z)^2\Big)=0$, ce qui montre l'unicité $\mathcal{P}_{\theta_0}$-p.s., pour tout θ_0.

Corrigé de l'exercice 1.11 page 28 Dans cet exercice σ^2 est fixé, supposé connu, ainsi que n. Ils ne seront donc pas mis en indice. De plus, quitte à faire une translation de $-m_0$ sur l'échantillon et le paramètre, on peut supposer $m_0 = 0$.

1. Soit ψ un test, et notons α_ψ son niveau. Il vérifie
$$\mathbf{E}_0(\psi) = \alpha_\psi. \tag{5.2}$$
Si ce test est sans biais, on a aussi $\alpha_\psi \leq \mathbf{E}_m(\psi)$ pour tout $m \neq 0$. On déduit de la dérivabilité de la fonction puissance,
$$\frac{\partial}{\partial m}\mathbf{E}_m(\psi)\Big|_{m=0} = 0.$$
Cette dernière égalité s'écrit encore, en faisant apparaître la densité $\frac{\mathrm{d}\mathcal{P}_m}{\mathrm{d}\mathcal{P}_0}$
$$\frac{\partial}{\partial m}\mathbf{E}_0\Big(\frac{\mathrm{d}\mathcal{P}_m}{\mathrm{d}\mathcal{P}_0}\psi\Big)\Big|_{m=0} = 0. \tag{5.3}$$
Or $\mathcal{P}_m$ admet par rapport à $\mathcal{P}_0$ la densité
$$\frac{\mathrm{d}\mathcal{P}_m}{\mathrm{d}\mathcal{P}_0} = \exp\Big[nm\sigma^{-2}\overline{X} - \frac{n}{2}m^2\sigma^{-2}\Big]. \tag{5.4}$$
En calculant la dérivée en m de (5.3) à l'aide de (5.4) par dérivation sous l'intégrale, puis en posant $m = 0$, on obtient
$$\mathbf{E}_0\Big(\overline{X}\psi\Big) = 0. \tag{5.5}$$

2. Le test ϕ s'écrit $\phi = 1 - \mathbf{1}_{[-c,c]}(\overline{X})$, avec $c = F^{-1}(1-\alpha/2)\frac{\sigma}{\sqrt{n}}$. Or d'après (5.4), la densité $\frac{\mathrm{d}\mathcal{P}_m}{\mathrm{d}\mathcal{P}_0}$ est une fonction convexe de $\overline{X}$. Pour une valeur fixée de m, il existe donc deux constantes $\lambda_m > 0$ et λ'_m du signe de m telles que la condition $|\overline{X}| > c$ s'écrive
$$\frac{\mathrm{d}\mathcal{P}_m}{\mathrm{d}\mathcal{P}_0} > \lambda_m + \lambda'_m\overline{X}. \tag{5.6}$$

3. Il découle de l'écriture du test ϕ par (5.6) que pour tout test ψ on a
$$\Big(\frac{\mathrm{d}\mathcal{P}_m}{\mathrm{d}\mathcal{P}_0} - \lambda_m - \lambda'_m\overline{X}\Big)(\phi - \psi) \geq 0. \tag{5.7}$$
En intégrant sous $\mathcal{P}_0$ on obtient,
$$\mathbf{E}_m\Big(\phi - \psi\Big) - \mathbf{E}_0\Big((\phi - \psi)(\lambda_m - \lambda'_m\overline{X})\Big) \geq 0.$$
Si de plus ψ est sans biais, grâce à (5.2) et (5.5) on a
$$\mathbf{E}_m\Big(\phi - \psi\Big) - \lambda_m(\alpha_\phi - \alpha_\psi) \geq 0.$$
Ainsi ϕ est UPPB, puisque $\lambda_m > 0$. De plus, si ψ est aussi UPPB, on a nécessairement égalité dans (5.7), donc $\phi = \psi$ sauf éventuellement sur l'événement négligeable $(|\overline{X}| = c)$, ce qui montre l'unicité.

4. Comme cela est rappelé ci-dessus, le seuil vaut $c = \frac{\sigma}{\sqrt{n}} F^{-1}(1-\alpha/2)$. Pour $\alpha = 5\%$, on lit sur la table C.1 que $F^{-1}(0.975) = 1.9600$. Donc $c = 1.96/\sqrt{10} = 0.6198$. Or on a vu dans la correction de l'exercice 1.1 que $\overline{x} = 0.4088$. C'est bien inférieur (en valeur absolue) au seuil c, donc l'hypothèse $m = 0$ n'est pas rejetée.

Corrigé de l'exercice 1.12 page 28 Afin de ne pas alourdir inutilement les notations, les probabilités et les espérances seront notées avec l'indice m à la place de (m, σ^2), puisque σ^2 est supposé connu, fixé. De plus, quitte à faire une translation de $-(m_0 + m_1)/2$ sur l'échantillon et le paramètre, on peut supposer que cette quantité est nulle, c'est-à-dire que $m_1 = -m_0$. La statistique Z s'écrit alors

$$Z = \frac{\overline{X}}{\sigma/\sqrt{n}}.$$

1. Le niveau du test ϕ est par définition $\alpha_\phi = \max_{m\in[-m_0,m_0]} \mathcal{P}_m(|Z| > c)$. Démontrons que la fonction $m \mapsto \mathcal{P}_m(|Z| > c)$ atteint son maximum sur l'intervalle $[-m_0, m_0]$ aux extrémités de cet intervalle. Il suffit pour cela de vérifier que cette fonction est décroissante sur $\mathbb{R}_-$ et croissante sur $\mathbb{R}_+$. Or, sous $\mathcal{P}_m$, la loi de Z est la loi de Gauss $\mathcal{N}(\frac{m}{\sigma/\sqrt{n}}, 1)$. Donc la loi de $Z - \frac{m}{\sigma/\sqrt{n}}$ est la loi de Gauss $\mathcal{N}(0, 1)$. Ceci permet d'écrire

$$\begin{aligned}\mathcal{P}_m(|Z| > c) &= 1 - \mathcal{P}_m(-c \leq Z \leq c) && (5.8)\\ &= 1 - \mathcal{P}_{\mathcal{N}(0,1)}\Big(\Big[-c - \frac{m}{\sigma/\sqrt{n}},\ c - \frac{m}{\sigma/\sqrt{n}}\Big]\Big) && (5.9)\\ &= 1 - F\Big(c - \frac{m}{\sigma/\sqrt{n}}\Big) + F\Big(-c - \frac{m}{\sigma/\sqrt{n}}\Big), && (5.10)\end{aligned}$$

où F désigne la fonction de répartition de la loi $\mathcal{N}(0, 1)$. En notant f la densité de cette loi, on obtient

$$\frac{\partial}{\partial m}\mathcal{P}_m(|Z| > c) = \frac{1}{\sigma/\sqrt{n}}\Big(f\Big(c - \frac{m}{\sigma/\sqrt{n}}\Big) - f\Big(-c - \frac{m}{\sigma/\sqrt{n}}\Big)\Big).$$

La fonction $f(x)$ est décroissante en x^2, donc la dérivée ci-dessus est ≥ 0 ssi $\Big(c - \frac{m}{\sigma/\sqrt{n}}\Big)^2 \leq \Big(-c - \frac{m}{\sigma/\sqrt{n}}\Big)^2$. En développant, on obtient $m \geq 0$. Cela vérifie que la fonction $m \mapsto \mathcal{P}_m(|Z| > c)$ est décroissante sur $\mathbb{R}_-$ et croissante sur $\mathbb{R}_+$. De plus cette fonction est clairement paire d'après la symétrie de la loi $\mathcal{N}(0, 1)$, d'où il découle que

$$\alpha_\phi = \mathcal{P}_{m_0}(|Z| > c) = \mathcal{P}_{-m_0}(|Z| > c).$$

2. Considérons l'expression suivante de α_ϕ, qui découle de la l'égalité précédente et de l'égalité (5.10)

$$\alpha_\phi = 1 - F\Big(c - \frac{m_0}{\sigma/\sqrt{n}}\Big) + F\Big(-c - \frac{m_0}{\sigma/\sqrt{n}}\Big).$$

Cette égalité définit une fonction continue décroissante de c, valant 1 en $c = 0$, et qui tend vers 0 quand c tend vers $+\infty$. Donc, pour un niveau $\alpha \in]0, 1[$ donné, on peut choisir c tel que ϕ soit exactement de niveau α.

3. Soit ψ un test. Par définition de son niveau on a $\mathcal{P}_m(|Z| > c) \leq \alpha_\psi$ pour tout $m \in [-m_0, m_0]$. De plus si ψ est sans biais on a aussi $\mathcal{P}_m(|Z| > c) \geq \alpha_\psi$ pour tout $m \notin [-m_0, m_0]$. Par continuité de la fonction puissance, il en découle que

$$\begin{aligned} \mathbf{E}_{m_0}(\psi) &= \alpha_\psi, \\ \mathbf{E}_{-m_0}(\psi) &= \alpha_\psi. \end{aligned}$$

4. Soit $m \notin [-m_0, m_0]$. Supposons pour commencer que $m_0 < m$. On veut écrire le test ϕ sous la forme du théorème de Neymann-Pearson. On a

$$\begin{aligned} \frac{\mathrm{d}\mathcal{P}_{-m_0}}{\mathrm{d}\mathcal{P}_{m_0}} &= \exp\left[-2nm_0\sigma^{-2}\overline{X}\right] \\ \frac{\mathrm{d}\mathcal{P}_{m}}{\mathrm{d}\mathcal{P}_{m_0}} &= \exp\left[n(m-m_0)\sigma^{-2}\overline{X} - \frac{n}{2}(m^2 - m_0^2)\sigma^{-2}\right] \end{aligned}$$

Cela s'écrit encore

$$\begin{aligned} \frac{\mathrm{d}\mathcal{P}_{-m_0}}{\mathrm{d}\mathcal{P}_{m_0}} &= e^{aZ} \\ \frac{\mathrm{d}\mathcal{P}_{m}}{\mathrm{d}\mathcal{P}_{m_0}} &= Ke^{bZ}, \end{aligned}$$

où a, b, et K sont les constantes appropriées. Commençons par résoudre le système d'inconnue (λ, λ')

$$\begin{cases} \lambda e^{ac} + \lambda' K e^{bc} &= 1 \\ \lambda e^{-ac} + \lambda' K e^{-bc} &= 1. \end{cases}$$

Par la méthode de Cramer, on obtient

$$\begin{cases} \lambda &= \frac{e^{bc} - e^{-bc}}{e^{(b-a)c} - e^{(a-b)c}} \\ \lambda' &= \frac{e^{-ac} - e^{ac}}{K(e^{(b-a)c} - e^{(a-b)c})}. \end{cases}$$

Or $a < 0$, $b > 0$ et $a - b < 0$, donc $\lambda, \lambda' > 0$. Considérons alors la fonction G définie par

$$G(x) = \lambda e^{ax} + \lambda' K e^{bx}.$$

On a $G''(x) = \lambda a^2 e^{ax} + \lambda' b^2 K e^{bx} > 0$, donc G est strictement convexe. De plus $G(c) = G(-c) = 1$ par construction. Donc la condition de rejet $|Z| > c$ du test ψ s'écrit $G(Z) > 1$, c'est-à-dire

$$\lambda \frac{\mathrm{d}\mathcal{P}_{-m_0}}{\mathrm{d}\mathcal{P}_{m_0}} + \lambda' \frac{\mathrm{d}\mathcal{P}_{m}}{\mathrm{d}\mathcal{P}_{m_0}} > 1.$$

5. De la démonstration du lemme de Neymann-Pearson, il découle que pour tout test ψ on a

$$\left(\lambda \frac{\mathrm{d}\mathcal{P}_{-m_0}}{\mathrm{d}\mathcal{P}_{m_0}} + \lambda' \frac{\mathrm{d}\mathcal{P}_{m}}{\mathrm{d}\mathcal{P}_{m_0}} - 1\right)(\phi - \psi) \geq 0.$$

En intégrant sous $\mathcal{P}_{m_0}$, on obtient

$$\lambda \mathbf{E}_{-m_0}(\phi - \psi) + \lambda' \mathbf{E}_m(\phi - \psi) - \mathbf{E}_{m_0}(\phi - \psi) \geq 0.$$

Si ψ est sans biais, on en déduit, d'après les questions 1 et 3

$$\lambda' \mathbf{E}_m(\phi - \psi) \geq (1 - \lambda)(\alpha_\phi - \alpha_\psi).$$

Or $a - b < -b$, donc $\lambda < 1$. Cela montre que si $\alpha_\psi \leq \alpha_\phi$, alors ϕ est au moins aussi puissant que ψ sur $]m_0, +\infty[$. En échangeant les rôles de m_0 et $-m_0$, on montre par un raisonnement analogue que c'est aussi vrai sur $]-\infty, -m_0[$. Cela démontre que ϕ est UPPB.

Si ψ est aussi UPPB, on a $\phi = \psi$ en dehors de l'événement $(|Z| = c)$; celui-ci est négligeable, ce qui démontre l'unicité.

Corrigé de l'exercice 1.13 page 29

1. La condition $(\phi_{m_0} = 0)$ s'écrit $\left|\frac{\overline{X} - m_0}{S/\sqrt{n}}\right| \leq c$. Les statistiques A et B demandées sont donc

$$A = \overline{X} - c\frac{S}{\sqrt{n}}$$

$$B = \overline{X} + c\frac{S}{\sqrt{n}}.$$

2. Par construction des statistiques A et B, on a

$$\mathcal{P}_{m,\sigma^2}(A \leq m \leq B) = \mathcal{P}_{m,\sigma^2}(\phi_m = 0).$$

Par définition du niveau α_{ϕ_m}, cette probabilité vaut encore $1 - \alpha_{\phi_m}$. Comme on a choisi le seuil c pour que ϕ_m soit de niveau $1 - \beta$, elle est encore égale à β, ce qui démontre que $[A, B]$ est un intervalle de confiance sur m, de niveau β.

3. Dans le corrigé de l'exercice 1.1, on a vu que $\overline{x} = 0.4088$, $s^2 = 1.053724$, et $c = 2.262$. Donc

$$a = 0.4088 - 2.262\sqrt{\frac{1.053724}{10}},$$

$$b = 0.4088 + 2.262\sqrt{\frac{1.053724}{10}}.$$

Ce qui donne l'intervalle $[-0.3255;\ 1.1431]$.

Corrigé de l'exercice 1.14 page 30

1. La condition $(\phi_{\sigma_0^2} = 0)$ s'écrit $c_0 \leq \frac{(n-1)S^2}{\sigma_0^2} \leq c_0'$. Les statistiques A et B demandées sont donc

$$A = \frac{(n-1)S^2}{c_0'}$$

$$B = \frac{(n-1)S^2}{c_0}.$$

2. Par construction des statistiques A et B, on a $\mathcal{P}_{m,\sigma^2}(A \leq \sigma^2 \leq B) = 1 - \alpha_{\phi_{\sigma^2}}$. Comme on a choisi les seuils c_0 et c_0' pour que ϕ_{σ^2} soit de niveau $1 - \beta$, cette probabilité est encore égale à β, ce qui démontre que $[A, B]$ est un intervalle de confiance sur σ^2, de niveau β.
3. Dans le corrigé de l'exercice 1.1, on a vu que $s^2 = 1.053724$, et $c_0 = 2.700$ et $c_0' = 19.023$. Donc
$$a = 9\frac{1.054}{19.023}, \qquad b = 9\frac{1.054}{2.700}.$$
Ce qui donne l'intervalle [0.4985; 3.5124].

Corrigé de l'exercice 1.15 page 30

1. La condition $(\phi_{m_0} = 0)$ s'écrit $|\overline{X} - m_0| \leq c$, avec $c = \frac{\sigma}{\sqrt{n}} F^{-1}(1 - \alpha/2)$ où F est la fonction de répartition de la loi de Gauss $\mathcal{N}(0, 1)$. Les statistiques A et B demandées sont donc
$$A = \overline{X} - \frac{\sigma}{\sqrt{n}} F^{-1}(1 - \alpha/2)$$
$$B = \overline{X} + \frac{\sigma}{\sqrt{n}} F^{-1}(1 - \alpha/2).$$
2. Par construction des statistiques A et B, on a $\mathcal{P}_{m,\sigma^2}(A \leq m \leq B) = \beta$, ce qui démontre que $[A, B]$ est un intervalle de confiance sur m, de niveau β.
3. Dans le corrigé de l'exercice 1.11, on a vu que $\overline{x} = 0.4088$, $F^{-1}(0.975) = 1.9600$. Donc
$$a = 0.4088 - \frac{1.9600}{\sqrt{10}}, \qquad b = 0.4088 + \frac{1.9600}{\sqrt{10}}.$$
Ce qui donne l'intervalle [−0.2110; 1.0286].
4. Cet intervalle est plus petit que celui trouvé dans l'exercice 1.13. Cela est dû au fait que l'on dispose d'une information supplémentaire, puisque la variance σ^2 est connue.

Corrigé de l'exercice 1.16 page 30 On suit mot à mot la démonstration du théorème 1.18.

1. Soit ϕ un test vérifiant les conditions de la question. Pour toute statistique ψ à valeurs comprises entre 0 et 1 (et a fortiori si ψ est un test), les fonctions $p_1 - \lambda_0 p_0$ et $\phi - \psi$ sont de même signe. Cela s'écrit
$$(\phi - \psi)(p_1 - \lambda_0 p_0) \geq 0.$$
En intégrant sous ν on obtient
$$\beta_\phi(\theta_1) - \beta_\psi(\theta_1) \geq \lambda_0(\alpha_\phi - \alpha_\psi),$$
ce qui répond la première question.
2. De plus cette intégrale ne peut être nulle que si la fonction intégrée l'est aussi ν-p.s., soit $(\phi - \psi)(p_1 - \lambda_0 p_0) = 0$. Donc $\phi = \psi$ sur l'événement $(p_1 \neq \lambda_0 p_0)$.

Corrigé de l'exercice 1.17 page 31 Quitte à faire une translation de $-m_0$ sur l'échantillon et le paramètre, on peut supposer $m_0 = 0$. La statistique T de Student s'écrit alors

$$T = \frac{\overline{X}}{S/\sqrt{n}}.$$

1. Le niveau α_ϕ de ϕ en tant que test de Θ_0 contre Θ_1 est défini par $\alpha_\phi = \max_{m\leq 0,\sigma^2>0} \beta_\phi(m,\sigma^2)$, où β_ϕ désigne la fonction puissance de ϕ. Or on a

$$\begin{aligned}\beta_\phi(m,\sigma^2) &= \mathcal{P}_{m,\sigma^2}(T > c) \\ &= \mathcal{P}_{0,\sigma^2}(T_m > c),\end{aligned}$$

où T_m désigne la fonction définie sur Ω par $T_m = \frac{\overline{X}+m}{S/\sqrt{n}}$. Comme T_m est croissante avec m, il en est de même pour la fonction β_ϕ. Pour σ fixé, son maximum pour $m \leq 0$ est donc atteint en $m = 0$. Mais pour $m = 0$, la loi de $T_0 = T$ ne dépend pas de σ. On a donc bien $\alpha_\phi = \beta_\phi(0, \sigma^2)$, pour tout $\sigma^2 > 0$.
2. On a vu dans la question précédente que le niveau du test ϕ se calcule à partir de la loi de Student à $n - 1$ degrés de liberté, et vaut $\alpha_\phi = \mathcal{P}_{St(n-1)}(]c, +\infty[)$. On en déduit que pour tout $\alpha \in]0, 1[$, on peut choisir c tel que $\alpha_\phi = \alpha$.
3. Soit ψ un test et α_ψ son niveau. On a donc $\mathbf{E}_{m,\sigma^2}(\psi) \leq \alpha_\psi$ pour tout $m \leq 0$. Si de plus ψ est sans biais, il vérifie $\mathbf{E}_{m,\sigma^2}(\psi) \geq \alpha_\psi$ pour tout $m > 0$. Il en découle par continuité de la fonction puissance que

$$\mathbf{E}_{0,\sigma^2}(\psi) = \alpha_\psi.$$

4. Notons que la condition $T > c$ s'écrit aussi

$$\overline{X} > c_1\big(\overline{X^2}\big),$$

avec $c_1\big(\overline{X^2}\big) = \frac{c}{\sqrt{n-1+c^2}}\sqrt{\overline{X^2}}$. Soient $\sigma^2 > 0$ et $m > 0$ fixés. On a vu que $\mathcal{P}_{m,\sigma^2}$ admet par rapport à $\mathcal{P}_{0,\sigma^2}$ la densité

$$\frac{\mathrm{d}\mathcal{P}_{m,\sigma^2}}{\mathrm{d}\mathcal{P}_{0,\sigma^2}} = \exp\Big[\frac{nm}{\sigma^2}\overline{X} - \frac{n}{2}m^2\sigma^{-2}\Big].$$

Cette densité est une fonction croissante et continue de $\overline{X}$. Il existe donc une fonction $\lambda_{m,\sigma^2}\big(\overline{X^2}\big) > 0$ telle que la condition $T > c$ s'écrive

$$\frac{\mathrm{d}\mathcal{P}_{m,\sigma^2}}{\mathrm{d}\mathcal{P}_{0,\sigma^2}} > \lambda_{m,\sigma^2}\big(\overline{X^2}\big).$$

5. De la définition de ϕ par l'inégalité précédente, on déduit que tout test ψ vérifie

$$\Big(\frac{\mathrm{d}\mathcal{P}_{m,\sigma^2}}{\mathrm{d}\mathcal{P}_{0,\sigma^2}} - \lambda_{m,\sigma^2}\big(\overline{X^2}\big)\Big)(\phi - \psi) \geq 0.$$

Or, d'après la question 3, tout test sans biais pour le jeu d'hypothèses de cet exercice vérifie l'égalité (1.9). Il en découle que la première assertion du lemme 1.22 page 17 est valide pour le test ψ de cet exercice. En intégrant l'inégalité ci-dessus en $\mathcal{P}_{0,\sigma^2}$, on obtient donc

$$\beta_\phi(m,\sigma^2) - \beta_\psi(m,\sigma^2) - \mathbf{E}_{0,\sigma^2}\Big(\lambda_{m,\sigma^2}(\overline{X^2})\Big)(\alpha_\phi - \alpha_\psi) \geq 0.$$

6. Si $\alpha_\phi \geq \alpha_\psi$, alors d'après l'inégalité ci-dessus ϕ est plus puissant que ψ, ce qui démontre que le test ϕ est UPPB. Enfin, si ψ est aussi UPPB, alors il découle de la première inégalité de la question 5 que $\phi = \psi$ sauf éventuellement si le terme en facteur de $\phi - \psi$ est nul, c'est-à-dire si $(T = c)$. Cet événement étant négligeable, cela démontre l'unicité.

Corrigé de l'exercice 1.18 page 31 Quitte à faire une homothétie de rapport $1/\sigma_0$ sur l'échantillon et le paramètre, on peut supposer $\sigma_0^2 = 1$.

1. Le niveau α_ϕ de ϕ en tant que test de Θ_0 contre Θ_1 est défini par $\alpha_\phi = \max_{m\in\mathbb{R},\sigma^2\leq 1}\beta_\phi(m,\sigma^2)$, où β_ϕ désigne la fonction puissance de ϕ. La loi de $(n-1)S^2/\sigma^2$ étant celle du chi-carré à $n-1$ degrés de liberté, on a
$$\beta_\phi(m,\sigma^2) = \mathcal{P}_{\chi^2(n-1)}(](n-1)c/\sigma^2, +\infty[).$$
Il en découle que β_ϕ est une fonction croissante en σ^2. Son maximum pour $\sigma \leq 1$ est donc atteint en $\sigma = 1$ et on a $\alpha_\phi = \beta_\phi(0,1)$.
2. On a vu dans la question précédente que le niveau du test ϕ vaut $\alpha_\phi = \mathcal{P}_{\chi^2(n-1)}(](n-1)c, +\infty[)$. On en déduit que pour tout $\alpha \in]0,1[$, on peut choisir c tel que $\alpha_\phi = \alpha$.
3. Soit ψ un test et α_ψ son niveau. On a par définition du niveau $\mathbf{E}_{m,\sigma^2}(\psi) \leq \alpha_\psi$ pour tout $\sigma \leq 1$. Si de plus ψ est sans biais, il vérifie $\mathbf{E}_{m,\sigma^2}(\psi) \geq \alpha_\psi$ pour tout $\sigma > 1$. Il découle de la continuité de la fonction puissance que
$$\mathbf{E}_{m,1}(\psi) = \alpha_\psi.$$
4. Soient $\sigma > 1$ et $m \in \mathbb{R}$ fixés. Rappelons que $\mathcal{P}_{m,\sigma^2}$ admet par rapport à $\mathcal{P}_{m,1}$ la densité
$$\frac{\mathrm{d}\mathcal{P}_{m,\sigma^2}}{\mathrm{d}\mathcal{P}_{m,1}} = (\sigma^2)^{-n/2}\exp\Big[-\frac{n-1}{2}(\sigma^{-2}-1)S^2\Big]\exp\Big[-\frac{n}{2}(\sigma^{-2}-1)(\overline{X}-m)^2\Big].$$
Considérons le premier facteur exponentiel ci-dessus. C'est une fonction croissante de S^2. Il existe donc une constante $\lambda_{\sigma^2} > 0$ telle que $S^2 > c$ ssi
$$\exp\Big[-\frac{n-1}{2}(\sigma^{-2}-1)S^2\Big] > \lambda_{\sigma^2}.$$
En multipliant par
$$f_{m,\sigma^2}(\overline{X}) = (\sigma^2)^{-n/2}\exp\Big[-\frac{n}{2}(\sigma^{-2}-1)\Big((\overline{X}-m)^2\Big)\Big],$$
cela s'écrit encore
$$\frac{\mathrm{d}\mathcal{P}_{m,\sigma^2}}{\mathrm{d}\mathcal{P}_{m,1}} > f_{m,\sigma^2}(\overline{X})\lambda_{\sigma^2}.$$

5. De la définition de ϕ par l'inégalité précédente, on déduit que tout test ψ vérifie

$$\Big(\frac{\mathrm{d}\mathcal{P}_{m,\sigma^2}}{\mathrm{d}\mathcal{P}_{m,1}} - f_{m,\sigma^2}(\overline{X})\lambda_{\sigma^2}\Big)(\phi - \psi) \geq 0.$$

On a vu dans la question 3 que tout test sans biais pour le jeu d'hypothèses de cet exercice vérifie l'égalité (1.20). Il en découle que la première assertion du lemme 1.25 est valide pour le test ψ de cet exercice. En intégrant l'inégalité ci-dessous en $\mathcal{P}_{0,\sigma^2}$, on obtient donc

$$\beta_\phi(m,\sigma^2) - \beta_\psi(m,\sigma^2) - \mathbf{E}_{0,\sigma^2}\Big(f_{m,\sigma^2}(\overline{X})\Big)\lambda_{\sigma^2}(\alpha_\phi - \alpha_\psi) \geq 0.$$

6. D'après l'inégalité ci-dessus, si $\alpha_\phi \geq \alpha_\psi$, le test ϕ est plus puissant que ψ. Il est donc UPPB. Enfin, si ψ est aussi UPPB, il découle de la première inégalité de la question 5 que $\phi = \psi$ sauf éventuellement si le terme en facteur de $\phi - \psi$ est nul, c'est-à-dire si $(S^2 = c)$. Cet événement étant négligeable, cela démontre l'unicité.

Corrigé de l'exercice 1.19 page 32 Afin de ne pas alourdir inutilement les notations, les probabilités et les espérances seront notées avec l'indice m à la place de (m, σ^2), puisque σ^2 est supposé connu, fixé. De plus, quitte à faire une translation de $-m_0$ sur l'échantillon et le paramètre, on peut supposer $m_0 = 0$. La statistique Z s'écrit alors

$$Z = \frac{\overline{X}}{\sigma/\sqrt{n}}.$$

1. Le niveau α_ϕ de ϕ en tant que test de Θ_0 contre Θ_1 est défini par $\alpha_\phi = \max_{m\leq 0}\beta_\phi(m)$, où β_ϕ désigne la fonction puissance de ϕ. Or, on a

$$\begin{aligned}\beta_\phi(m) &= \mathcal{P}_m(Z > c)\\ &= \mathcal{P}_0(Z_m > c),\end{aligned}$$

où Z_m désigne la fonction définie sur Ω par $Z_m = \frac{\overline{X}+m}{\sigma/\sqrt{n}}$. Comme Z_m est croissante avec m, il en découle que β_ϕ est une fonction croissante en m. Son maximum pour $m \leq 0$ est donc atteint en $m = 0$. On a donc bien $\alpha_\phi = \beta_\phi(0)$.

2. Sous $\mathcal{P}_0$, la loi de Z est la loi de Gauss $\mathcal{N}(0,1)$. D'après la question précédente le niveau du test ϕ vaut $\alpha_\phi = \mathcal{P}_{\mathcal{N}(0,1)}(]c, +\infty[)$ et il est clair que pour tout $\alpha \in]0,1[$, on peut choisir c tel que $\alpha_\phi = \alpha$.

3. Soit $m > 0$ fixé. On a vu que $\mathcal{P}_m$ admet par rapport à $\mathcal{P}_0$ la densité

$$\frac{\mathrm{d}\mathcal{P}_m}{\mathrm{d}\mathcal{P}_0} = \exp\Big[\frac{nm}{\sigma^2}\overline{X} - \frac{n}{2}m^2\sigma^{-2}\Big].$$

Cette densité est une fonction strictement croissante et continue en la variable aléatoire $\overline{X}$, donc en Z. Il existe une constante $\lambda_m > 0$ telle que la condition $Z > c$ s'écrive

$$\frac{\mathrm{d}\mathcal{P}_m}{\mathrm{d}\mathcal{P}_0} > \lambda_m.$$

4. Soit toujours $m > 0$ fixé. D'après la définition de ϕ et l'inégalité précédente, tout test ψ vérifie
$$\Big(\frac{\mathrm{d}\mathcal{P}_m}{\mathrm{d}\mathcal{P}_0} - \lambda_m\Big)(\phi - \psi) \geq 0.$$
En intégrant l'inégalité ci-dessous en $\mathcal{P}_0$, on obtient donc
$$\beta_\phi(m) - \beta_\psi(m) - \lambda_m(\beta_\phi(0) - \beta_\psi(0)) \geq 0. \tag{5.11}$$
Par définition du niveau du test ψ, on a $\alpha_\psi \geq \beta_\psi(0)$. D'autre part on a vu ci-dessus que pour le test ϕ, il y égalité $\alpha_\phi = \beta_\phi(0)$. Si $\alpha_\psi \leq \alpha_\phi$, il découle de l'inégalité (5.11) que $\beta_\phi(m) \geq \beta_\psi(m)$ pour tout $m \geq 0$, ce qui démontre que ϕ est UPP.
5. Si ψ est aussi UPP, alors il y a égalité dans les deux inégalités de la question précédente pour au moins un $m > 0$ (pour tout $m \geq 0$ en fait). Cela n'est possible que si $\phi = \psi$ sauf éventuellement sur l'événement $(Z = c)$, qui est négligeable. Cela démontre l'unicité.

Corrigé de l'exercice 1.20 page 32 Quitte à faire une translation de $-m_0$ sur l'échantillon et le paramètre, on peut supposer $m_0 = 0$.

1. D'après la question 4 de la correction de l'exercice 1.19, on a pour tout test ψ l'inégalité $\beta_{\phi_+}(m) - \beta_\psi(m) \geq \beta_{\phi_+}(0) - \beta_\psi(0)$, pour tout $m \geq 0$. On a vu aussi dans cet exercice que $\beta_{\phi_+}(0) = \alpha$. D'autre part le niveau de ψ, en tant que test de l'hypothèse $(m = 0)$, est égal par définition à $\beta_\psi(0)$. L'inégalité précédente s'écrit donc $\beta_{\phi_+}(m) - \beta_\psi(m) \geq 0$.
2. D'après la dernière question de l'exercice 1.19, si $\beta_{\phi_+}(m) = \beta_\psi(m)$ en un point $m > 0$, alors $\psi = \phi_+$.
3. D'après les questions précédentes, le test ϕ_+ est de niveau α en tant que test de $(m = 0)$, et un test ψ de même niveau ne peut être aussi puissant sur le domaine $m > 0$ que si $\psi = \phi_+$. Par un raisonnement analogue, le test ϕ_- est de niveau α en tant que test de $(m = 0)$, et un test ψ de même niveau ne peut être aussi puissant sur le domaine $m < 0$ que si $\psi = \phi_-$. Donc pour que ψ soit UPP sur $(m \neq 0)$, il faudrait qu'il soit à la fois égal à ϕ_+ et à ϕ_-, ce qui est impossible.

5.2 Corrigés des exercices du chapitre 2

Corrigé de l'exercice 2.1 page 53

1. En posant $u' = ax^{a-1}$ et $v = e^{-x}$, on a $u = x^a$ et $v' = -e^{-x}$, d'où
$$\begin{aligned}\int_0^{+\infty} ax^{a-1}e^{-x}\,\mathrm{d}x &= \Big[-x^a e^{-x}\Big]_0^{+\infty} - \int_0^{+\infty} -x^a e^{-x}\,\mathrm{d}x,\\ &= 0 + \int_0^{+\infty} x^a e^{-x}\,\mathrm{d}x.\end{aligned}$$
On en déduit immédiatement l'égalité $a\Gamma(a) = \Gamma(a+1)$.

2. On pose dans la première intégrale le changement de variables

$$\begin{cases} s = \frac{x}{x+y}; \\ t = x+y. \end{cases} \quad \text{soit} \quad \begin{cases} x = st; \\ y = t(1-s). \end{cases}$$

On a alors

$$\begin{pmatrix} \mathrm{d}x \\ \mathrm{d}y \end{pmatrix} = \begin{pmatrix} t & s \\ -t & 1-s \end{pmatrix} \begin{pmatrix} \mathrm{d}s \\ \mathrm{d}t \end{pmatrix}$$

Ce changement de variables a donc comme jacobien $J = \det \begin{pmatrix} t & s \\ -t & 1-s \end{pmatrix} = t$. En remplaçant dans l'intégrale, on trouve bien

$$\iint_{x,y \geq 0} x^{a-1} e^{-x} y^{b-1} e^{-y} \,\mathrm{d}x\mathrm{d}y = \iint_{\substack{0 \leq s \leq 1 \\ t \geq 0}} s^{a-1}(1-s)^{b-1} t^{a+b-1} e^{-t} \,\mathrm{d}t\mathrm{d}s$$

On en déduit immédiatement, d'après le théorème de Fubini, l'égalité $\Gamma(a)\Gamma(b) = \Gamma(a+b)\beta(a,b)$.

Corrigé de l'exercice 2.2 page 53

1. Comme $Y_c = cS^2$ par définition, on a $\mathbf{V}(Y_c) = c^2\mathbf{V}(S^2) = c^2 2\sigma^4/(n-1)$. D'autre part de l'égalité $\mathbf{E}(Y_c) = c\mathbf{E}(S^2) = c\sigma^2$ on déduit le biais en tant qu'estimateur de σ^2, qui vaut $\mathbf{E}(cS^2) - \sigma^2 = (c-1)\sigma^2$.

2. En calculant $R_c(m, \sigma^2)$ comme la somme de la variance et du carré du biais, on trouve

$$R_c(m, \sigma^2) = \frac{\left(\left(c^2 - 2\,c + 1\right)\, n + c^2 + 2\,c - 1\right)\, \sigma^4}{n-1}.$$

3. Comme R est un polynôme de degré 2 en c, avec le coefficient de c^2 positif, R atteint son minimum au point c_0 où sa dérivée s'annule. Le calcul donne

$$\frac{\partial R}{\partial c} = \frac{\left((2\,c-2)\, n + 2\,c + 2\right)\, \sigma^4}{n-1}.$$

d'où l'on déduit $c_0 = \frac{n-1}{n+1}$.

4. Les risques de Y_{c_0} et S^2 sont respectivement $R_{(n-1)/(n+1)}(m, \sigma^2)$ et $R_1(m, \sigma^2)$. Un calcul donne, d'après l'expression ci-dessus de R_c

$$R_{(n-1)/(n+1)}(m, \sigma^2) = \frac{2\sigma^4}{n+1} \quad \text{et} \quad R_1(m, \sigma^2) = \frac{2\sigma^4}{n-1}.$$

Donc l'estimateur $\frac{n-1}{n+1}S^2$ est meilleur que S^2, c'est-à-dire que S^2 n'est pas un estimateur admissible.

Corrigé de l'exercice 2.3 page 53

1. Ces estimateurs sont sans biais, donc leur risque est égal à leur variance, soit

$$R(\theta, X_1) = \theta(1-\theta) \qquad \text{et} \qquad R(\theta, \overline{X}) = \frac{\theta(1-\theta)}{n}.$$

   L'estimateur X_1 n'est donc pas un estimateur admissible.
2. Le risque bayésien de X_1 est l'intégrale de son risque calculé ci-dessus, sous μ. Il est donc nul. Il s'en suit qu'aucun estimateur ne peut avoir un risque plus petit, c'est-à-dire que X_1 est bayésien pour μ. Ce raisonnement est valide pour $\overline{X}$ aussi.

Corrigé de l'exercice 2.4 page 54

1. On a par définition

$$K(\mu, \phi) = \mathbf{E}_{\theta_0}(\phi)\mu(\theta_0) + \kappa\mathbf{E}_{\theta_1}(1-\phi)\mu(\theta_1).$$

   En exprimant l'espérance sous θ_1 à l'aide de la vraisemblance $\mathcal{L}$, puis en mettant $\phi(\omega)$ en facteur, on obtient la formule demandée :

$$K(\mu, \phi) = \mathbf{E}_{\theta_0}\Big(\kappa(1-\mu_0)\mathcal{L}(\theta_1, \cdot) + \phi\Big(\mu_0 - \kappa(1-\mu_0)\mathcal{L}(\theta_1, \cdot)\Big)\Big).$$

2. Pour que ϕ minimise la quantité ci-dessus, il faut que $\phi(\omega)$ soit maximum si le terme en facteur ci-dessus est < 0, est minimum s'il est > 0. Comme $\phi(\omega)$ est nécessairement entre 0 et 1, on obtient les implication demandées :

$$\begin{aligned} \mathcal{L}(\theta_1, \omega) > \lambda_0 \quad &\Rightarrow \quad \phi(\omega) = 1, \\ \mathcal{L}(\theta_1, \omega) < \lambda_0 \quad &\Rightarrow \quad \phi(\omega) = 0, \end{aligned} \tag{5.12}$$

   avec $\lambda_0 = \frac{\mu_0}{\kappa(1-\mu_0)}$.
3. On retrouve le même type de test que celui de l'exercice 1.16, page 30. Cela est dû au fait que le test du présent exercice étant bayésien pour une probabilité chargeant $\Theta = \{\theta_0, \theta_1\}$, il est admissible. Or pour des hypothèses simples, cela implique qu'il est UPP.
4. C'est une conséquence immédiate de l'expression de $K(\mu, \phi)$ ci-dessus.

Corrigé de l'exercice 2.5 page 54

1. Soit ϕ un test admissible. D'après le corollaire 2.16, il est donc bayésien pour une probabilité μ.

   Si μ ne charge que le point θ_0 alors ϕ est constamment égal à 0, comme cela se déduit de l'expression de $K(\mu, \phi)$ de la question 1 de l'exercice 2.4. Cela s'exprime bien sous la forme (2.20), avec un seuil $c < 0$. De même, si μ ne charge que le point θ_1 alors ϕ est constamment égal à 1, ce qui correspond à un seuil $c > 1$.

   Si μ charge les deux points θ_0 et θ_1, alors ϕ est de la forme explicitée dans la question 2 de l'exercice 2.4. Or l'hypothèse $\theta_0 < \theta_1$ entraîne que la densité $\frac{\partial \mathcal{P}_{\theta_1}}{\partial \mathcal{P}_{\theta_0}}$

est une fonction strictement croissante de $\overline{X}$. Les implications (5.12) ci-dessus s'écrivent donc bien

$$\begin{aligned}\overline{X}(\omega) > c \Rightarrow \qquad & \phi(\omega) = 1,\\ \overline{X}(\omega) < c \Rightarrow \qquad & \phi(\omega) = 0,\end{aligned}$$

où c est la solution de l'équation

$$\left(\frac{\theta_1}{\theta_0}\right)^{nc}\left(\frac{1-\theta_1}{1-\theta_0}\right)^{n(1-c)} = \lambda_0, \tag{5.13}$$

c'est-à-dire

$$c = \frac{\ln \lambda_0 + n \ln\left(\frac{1-\theta_0}{1-\theta_1}\right)}{n \ln\left(\frac{\theta_1(1-\theta_0)}{\theta_0(1-\theta_1)}\right)}.$$

2. Réciproquement, soit un test ϕ vérifiant les implications (2.20). Alors, en calculant λ_0 selon la formule (5.13), le test vérifie les implications (5.12). Il est donc bayésien pour la probabilité a priori sur $\{\theta_0, \theta_1\}$ chargeant le point θ_0 avec probabilité μ_0 solution de l'équation $\lambda_0 = \frac{\mu_0}{\kappa(1-\mu_0)}$, soit $\mu_0 = \frac{\kappa\,\lambda_0}{\kappa\,\lambda_0+1}$. Ce test est donc bien admissible.

Corrigé de l'exercice 2.6 page 54

1. Cherchons un test aléatoire ϕ admissible de risque constant. En effet on sait qu'un tel test est minimax. On a vu dans l'exercice précédent que les tests admissibles sont les tests pour lesquels il existe un seuil c tel que les implications (2.20) ci-dessus soient vérifiées. Il faut donc déterminer c, puis définir ϕ sur l'événement $(\overline{X} = c)$. Cherchons un test qui soit constant sur cet événement, et notons γ cette constante. On a alors

$$\begin{aligned}R(\theta_0, \phi) &= \mathcal{P}_{\theta_0}(\overline{X} > c) + \gamma \mathcal{P}_{\theta_0}(\overline{X} = c),\\ R(\theta_1, \phi) &= \kappa\Big(\mathcal{P}_{\theta_1}(\overline{X} < c) + (1-\gamma)\mathcal{P}_{\theta_1}(\overline{X} = c)\Big).\end{aligned}$$

L'égalité $R(\theta_0, \phi) = R(\theta_1, \phi)$ s'écrit donc

$$\kappa \mathcal{P}_{\theta_1}(\overline{X} \le c) - \mathcal{P}_{\theta_0}(\overline{X} > c) = \gamma\Big(\kappa \mathcal{P}_{\theta_1}(\overline{X} = c) + \mathcal{P}_{\theta_0}(\overline{X} = c)\Big).$$

Le membre de gauche définit une fonction en escalier $c \mapsto G(c)$ croissante et continue à droite, dont les sauts sont donnés par le terme en facteur de γ dans le membre de droite. En prenant pour c le point où G passe l'axe d'ordonnée nulle, soit $c = \min\{x \text{ tel que } G(x) \ge 0\}$, et

$$\gamma = \frac{\kappa \mathcal{P}_{\theta_1}(\overline{X} \le c) - \mathcal{P}_{\theta_0}(\overline{X} > c)}{\kappa \mathcal{P}_{\theta_1}(\overline{X} = c) + \mathcal{P}_{\theta_0}(\overline{X} = c)},$$

on a donc $\gamma \in [0, 1]$. Cela définit bien un test aléatoire minimax.

2. Ce test n'est pas nécessairement unique. En effet soit un test aléatoire ψ vérifiant $\phi = \psi$ sur l'événement $(\overline{X} \neq c)$, et défini sur l'événement $(\overline{X} = c)$ de telle façon que
$$\mathbf{E}_{\theta_0}(\psi \mathbf{1}_{(\overline{X}=c)}) = \gamma \mathcal{P}_{\theta_0}(\overline{X} = c).$$
avec le même γ que ϕ. On a alors aussi
$$\mathbf{E}_{\theta_1}(\psi \mathbf{1}_{(\overline{X}=c)}) = \gamma \mathcal{P}_{\theta_1}(\overline{X} = c).$$
Cela est une conséquence du fait que, restreinte à l'événement $(\overline{X} = c)$, la vraisemblence $\mathcal{L}(\theta_1, \cdot)$ est constante, comme cela se vérifie sur la formule (2.4) page 35. Le test aléatoire ψ a donc la même fonction de risque que ϕ. Un tel test aléatoire est donc aussi minimax.
3. Soit $\alpha \in]0, 1[$. Il existe $c \in \mathbb{R}$ et $\gamma \in [0, 1]$ tels que
$$\mathcal{P}_{\theta_0}(\overline{X} > c) + \gamma \mathcal{P}_{\theta_0}(\overline{X} = c) = \alpha. \tag{5.14}$$
En effet le premier terme de la somme ci-dessus est une fonction de c décroissante continue à droite et en escalier, dont les sauts sont donnés par le terme en facteur de γ. Donc en prenant $c = \sup_x(\mathcal{P}_{\theta_0}(\overline{X} > x) \geq \alpha)$, et
$$\gamma = \frac{\alpha - \mathcal{P}_{\theta_0}(\overline{X} > c)}{\mathcal{P}_{\theta_0}(\overline{X} = c)},$$
on a bien une solution de (5.14). Notons alors
$$H(\alpha) = \mathcal{P}_{\theta_1}(\overline{X} < c) + (1 - \gamma)\mathcal{P}_{\theta_1}(\overline{X} = c),$$
et considérons le coefficient de coût $\kappa = \alpha / H(\alpha)$. Cela signifie que si ϕ est le test aléatoire associé aux valeurs c et γ comme ci dessus, on a
$$R(\theta_0, \phi) = R(\theta_1, \phi) = \alpha.$$
C'est-à-dire que ϕ est un test de risque constant. D'autre part on a vu dans l'exercice 2.5 qu'un tel test est admissible. Il est donc minimax (pour le coefficient de coût $\kappa = \alpha / H(\alpha)$).

On peut vérifier que la fonction H est convexe. Il s'en suit que κ est une fonction continue de α.

Corrigé de l'exercice 2.7 page 55

1. Des valeurs numériques $\mathcal{P}_{1/3}(\overline{X} \leq \frac{5}{10}) = 0.9234$ et $\mathcal{P}_{1/3}(\overline{X} \leq \frac{6}{10}) = 0.9803$ on déduit
$$c = \frac{6}{10} \quad \text{et} \quad \gamma = \frac{0.05 - 1 + 0.9803}{0.9803 - 0.9234} = 0.5331.$$
2. Des valeurs numériques $\mathcal{P}_{2/3}(\overline{X} \leq \frac{5}{10}) = 0.2131$ et $\mathcal{P}_{2/3}(\overline{X} \leq \frac{6}{10}) = 0.4407$ on déduit
$$H(0.05) = 0.2131 + (1 - 0.5331)(0.4407 - 0.2131) = 0.3194$$
et $\kappa = 0.05/0.3194 = 0.1566$.

3. Puisque sur l'échantillon, on a $\overline{x} = c$, il faut tirer au hasard la conclusion du test, avec probabilité $\gamma = 0.5331$ de rejeter Θ_0.

Le fait de tirer au hasard la conclusion d'un test peut surprendre. Mais il ne faut pas oublier que d'une part, le résultat d'un test est toujours le fruit du hasard puisque la valeur $\overline{x}$ est issue d'un tirage aléatoire, et que d'autre part, les stratégies aléatoires (ou plutôt mixtes) apparaissent naturellement dans l'interprétation de la démarche statistique par la théorie des jeux.

Cependant, sauf pour les petits échantillons, la probabilité de l'évènement $(\overline{X} = c)$ est très petite sous Θ_0 comme sous Θ_1. Le test déterministe ψ obtenu en imposant $\gamma = 0$ a alors quasiment la même fonction puissance que le test aléatoire ϕ vérifiant l'équation (5.14). Cette remarque justifie l'emploi du test déterministe ψ de niveau presque égal à α, comme test approchant le test aléatoire ϕ de niveau exactement α.

Corrigé de l'exercice 2.8 page 55

1. Considérons l'identité $(Z-m)^2 = (Z-Y)^2 + (Y-m)^2 + 2(Z-Y)(Y-m)$. On l'intègre en m sous la probabilité

$$\frac{\mathcal{L}(m, \sigma^2, \cdot)\ \mu(\mathrm{d}m)}{\int \mathcal{L}(m, \sigma^2, \cdot)\ \mu(\mathrm{d}m)},$$

à ω fixé. En notant $\mathcal{L}(m)$ à la place de $\mathcal{L}(m, \sigma^2, \cdot)$, on obtient

$$\int_{-\infty}^{+\infty} (Z-m)^2 \mathcal{L}(m)\ \mu(\mathrm{d}m) = \int_{-\infty}^{+\infty} (Z-Y)^2 \mathcal{L}(m)\ \mu(\mathrm{d}m) + \int_{-\infty}^{+\infty} (Y-m)^2 \mathcal{L}(m)\ \mu(\mathrm{d}m),$$

l'intégrale du double produit s'annulant par définition de Y. Puis en prenant l'espérance sous $\mathcal{P}_{m_0,\sigma_0^2}$, grâce au théorème de Fubini, cela devient

$$R(\mu, Z) = \int_{-\infty}^{+\infty} \mathbf{E}_{m,\sigma^2}((Z-Y)^2)\ \mu(\mathrm{d}m) + R(\mu, Y).$$

Ceci démontre que $R(\mu, Z) \geq R(\mu, Y)$, donc que Y est un estimateur bayésien pour μ.

2. Prenons comme probabilité de référence dans la définition de la vraisemblance $\mathcal{L}$ les valeurs de paramètres $\sigma_0 = \sigma$ (la variance connue) et $m_0 = 0$. On a alors

$$\mathcal{L}(m, \cdot) = \exp\Big[-\frac{n}{2}\Big(-2m\sigma^{-2}\overline{X} + m^2\sigma^{-2}\Big)\Big].$$

Multiplions cette vraisemblance par la densité f de la loi $\mathcal{N}(\eta, \xi^2)$, définie par $f(m) = (\sqrt{2\pi\xi^2})^{-1} \exp[-(m-\eta)^2/2\xi^2]$. On obtient que le produit $f\mathcal{L}$, en tant que fonction de m, est de la forme κe^{am^2+bm}, avec

$$a = \frac{-n\,\xi^2 - \sigma^2}{2\,\sigma^2\,\xi^2} \quad \text{et} \quad b = \frac{n\,\overline{X}\,\xi^2 + \eta\,\sigma^2}{\sigma^2\,\xi^2}.$$

En appliquant la réduction de Gauss à la forme quadratique dans l'exponentielle $am^2 + bm$ on trouve $a(m - c)^2 + d$, avec $c = -b/2a$. Cela signifie que l'intégrale définissant Y par la formule (2.21) page 55 est la moyenne d'une loi de Gauss de moyenne $c = -b/2a$, soit

$$Y = \frac{n\overline{X}\,\xi^2 + \eta\,\sigma^2}{n\xi^2 + \sigma^2}.$$

3. La variance et le biais de Y se calculent à partir de la variance et de l'espérance de $\overline{X}$. On trouve

$$\mathbf{V}(Y) = \frac{n\,\sigma^2\,\xi^4}{(n\,\xi^2 + \sigma^2)^2} \quad \text{et} \quad \mathbf{E}(Y) - m = \frac{m\,n\,\xi^2 + \eta\,\sigma^2}{n\,\xi^2 + \sigma^2} - m.$$

Le risque est la somme de la variance et du carré du biais, soit

$$R(m, Y) = \frac{n\,\sigma^2\,\xi^4 + (m - \eta)^2\,\sigma^4}{n^2\,\xi^4 + 2\,n\,\sigma^2\,\xi^2 + \sigma^4}.$$

Enfin, m suivant la loi de Gauss $\mathcal{N}(\eta, \xi^2)$, le risque bayésien vaut

$$K = \frac{n\,\sigma^2\,\xi^4 + \xi^2\,\sigma^4}{n^2\,\xi^4 + 2\,n\,\sigma^2\,\xi^2 + \sigma^4}.$$

Corrigé de l'exercice 2.9 page 55

1. L'estimateur $\overline{X}$ est sans biais, donc sa fonction de risque est sa variance. Celle-ci est constante en m, donc égale au risque bayésien, soit $R_{\xi^2}(\overline{X}) = \sigma^2/n$
2. D'après l'exercice précédent, on a

$$R_{\xi^2}(Y_{\xi^2}) = \frac{n\,\sigma^2\,\xi^4 + \xi^2\,\sigma^4}{n^2\,\xi^4 + 2\,n\,\sigma^2\,\xi^2 + \sigma^4}.$$

3. On a

$$R_{\xi^2}(\overline{X}) - R_{\xi^2}(Y_{\xi^2}) = \frac{2\,n\,\sigma^4\,\xi^2 - n\,\sigma^4\,\xi + \sigma^6}{n^3\,\xi^4 + 2\,n^2\,\sigma^2\,\xi^2 + n\,\sigma^4}.$$

Pour ξ tendant vers l'infini, c'est de l'ordre de $2\sigma^4/(n^2\xi^2)$. Donc multiplié par ξ, cela tend toujours vers 0.

4. Supposons que $\overline{X}$ n'est pas un estimateur admissible. Il existe un estimateur Z de risque $R(m, Z) \leq R(m, \overline{X})$, l'inégalité étant stricte en un m_0. Par continuité des risques, cela est aussi vrai sur un voisinage de m_0. Donc l'intégrale

$$\int \Big(R(m, \overline{X}) - R(m, Z)\Big) \frac{\mathrm{d}m}{\sqrt{2\pi}}$$

est strictement positive. D'après le théorème de convergence monotone, on a donc

$$\lim_{\xi \to +\infty} \int \Big(R(m, \overline{X}) - R(m, Z)\Big) \frac{1}{\sqrt{2\pi}} e^{-\frac{m^2}{2\xi^2}}\ \mathrm{d}m > 0,$$

soit encore

$$\lim_{\xi \to +\infty} \xi(R_{\xi^2}(\overline{X}) - R_{\xi^2}(Z)) > 0.$$

Or le risque bayésien $R_{\xi^2}(Z)$ de Z est plus grand que celui de l'estimateur bayésien Y_{ξ^2}. Donc d'après la question précédente, la limite ci-dessus est ≤ 0. Cette contradiction démontre que $\overline{X}$ est admissible.

Corrigé de l'exercice 2.10 page 56

1. La correction de cette question suit mot-à-mot la démonstration du lemme 2.9 page 40. Elle n'est pas recopiée ici.
2. La fonction de risque de $\overline{X}$ est constante, égale à σ^2/n. Pour tout probabilité à priori, le risque bayésien de $\overline{X}$ est donc égal à σ^2/n. Ce risque est non nul, donc d'après la question précédente, cela montre que $\overline{X}$ n'est pas un estimateur bayésien.
3. D'après la question 3 de l'exercice 2.9, il suffit de prendre pour la suite $(\mu_\ell)_{\ell \geq 1}$ la suite des loi de Gauss $\mathcal{N}(0, \ell^2)$.

5.3 Corrigés des exercices du chapitre 3

Corrigé de l'exercice 3.1 page 70

1. Tous les $p_{0,i}$ sont égaux à $1/6$, donc $Np_{0,i} = 100/6$, pour $i = 1, \ldots, 6$.
2. La valeur t de la statistique T vaut donc sur cet échantillon

$$\begin{aligned} t = & \frac{(16 - \frac{100}{6})^2}{\frac{100}{6}} + \frac{(20 - \frac{100}{6})^2}{\frac{100}{6}} + \cdots + \frac{(18 - \frac{100}{6})^2}{\frac{100}{6}} \\ = & \; 1.76. \end{aligned}$$

3. Il y a $d = 6$ classes, donc le nombre de degrés de liberté est $\nu = 5$. Le seuil c du test de Pearson du théorème 3.8 au niveau $\alpha = 5\%$ se lit dans la table C.3 : $c = k_5(0.95) = 11.070$
4. On a $t < c$, donc l'hypothèse $p_1 = \ldots = p_6 = 1/6$ n'est pas rejetée.

Corrigé de l'exercice 3.2 page 70

1. La somme sur chaque ligne du tableau donne $N\hat{p}_i$, et celle sur chaque colonne donne $N\hat{p}'_j$. En faisant ensuite le produit de ces deux nombres pour chaque case (i, j), puis en le divisant par N, on obtient $N\hat{p}_i\hat{p}'_j$. Les résultats sont reportés dans le tableau ci-dessous figure 5.1.
2. La valeur t de la statistique T vaut donc sur cet échantillon

$$\begin{aligned} t = & \frac{(25 - 25.920)^2}{25.920} + \frac{(32 - 27.680)^2}{27.680} + \cdots + \frac{(29 - 34.968)^2}{34.968} \\ = & \; 33.3631. \end{aligned}$$

dé 1 → dé 2 ↓	1	2	3	4	5	6	$\sum$
1	25.920	27.680	25.440	25.920	25.280	29.760	160
2	28.350	30.275	27.825	28.350	27.650	32.550	175
3	24.624	26.296	24.168	24.624	24.016	28.272	152
4	26.730	28.545	26.235	26.730	26.070	30.690	165
5	25.920	27.680	25.440	25.920	25.280	29.760	160
6	30.456	32.524	29.892	30.456	29.704	34.968	188
$\sum$	162	173	159	162	158	186	1000

FIGURE 5.1. Tableau des effectifs théoriques (données de l'exercice 3.2)

3. Il y a 6 lignes et 6 colonnes, donc le nombre de degrés de liberté est $\nu = 5 \times 5 = 25$. Le seuil c du test de Pearson du théorème 3.8 au niveau $\alpha = 5\%$ se lit dans la table C.3 : $c = k_{25}(0.95) = 37.652$.

4. On a $t < c$, donc l'hypothèse d'indépendance n'est pas rejetée.

Corrigé de l'exercice 3.3 page 71

1. D'après les formules connues sur le calcul d'espérance et de variance, on a

$$\mathbf{E}(Y) = \sum_{i=1}^{d} u_i \mathbf{E}(X_i); \qquad \text{et} \qquad \mathbf{V}(Y) = \sum_{i=1}^{d} \sum_{j=1}^{d} u_i u_j \mathrm{Cov}(X_i, X_j).$$

Cela s'écrit aussi comme produit matriciel

$$\mathbf{E}(Y) = \vec{u}^* \vec{m}; \qquad \text{et} \qquad \mathbf{V}(Y) = \vec{u}^* \Gamma \vec{u}.$$

2. L'hypothèse selon laquelle toute combinaison linéaire des coordonnées de $\vec{X}$ suit une loi de Gauss, associée au calcul ci-dessus de la moyenne et de la variance de Y, détermine la loi de Y. C'est la loi de Gauss $\mathcal{N}(\vec{u}^*\vec{m}, \vec{u}^*\Gamma\vec{u})$. La fonction caractéristique de Y est donc

$$\mathbf{E}(e^{itY}) = \exp\Big(it\vec{u}^*\vec{m} - \vec{u}^*\Gamma\vec{u}\frac{t^2}{2}\Big).$$

3. En posant $t = 1$ et en remplaçant Y par son expression matricielle $Y = \vec{u}^*\vec{X}$ on a

$$\mathbf{E}(e^{i\vec{u}^*\vec{X}}) = \exp\Big(i\vec{u}^*\vec{m} - \frac{1}{2}\vec{u}^*\Gamma\vec{u}\Big).$$

Cela caractérise bien un vecteur gaussien, d'après la proposition 3.5.

Corrigé de l'exercice 3.4 page 71

1. Soit une fonction f borélienne bornée définie sur $\mathbb{R}^d$. On a $\mathbf{E}(f(\vec{Y})) = \mathbf{E}(f(A\vec{Z}+\vec{m}))$. D'après la densité de $\vec{Z}$, cela s'écrit

$$\mathbf{E}(f(\vec{Y})) = \int_{\mathbb{R}^d} f(A\vec{z}+\vec{m})(2\pi)^{-d/2}e^{-\|\vec{z}\|^2/2}\,\mathrm{d}z_1\ldots\mathrm{d}z_d.$$

Faisons dans cette intégrale le changement de variables $\vec{y} = A\vec{z}+\vec{m}$, soit $\vec{z} = A^{-1}(\vec{y}-\vec{m})$. Son jacobien vaut $\det A^{-1}$, on obtient donc

$$\mathbf{E}(f(\vec{Y})) = \int_{\mathbb{R}^d} f(\vec{y})(2\pi)^{-d/2}e^{-\|A^{-1}(\vec{y}-\vec{m})\|^2/2}|\det A|^{-1}\,\mathrm{d}y_1\ldots\mathrm{d}y_d.$$

Or, le carré scalaire dans l'intégrale s'exprime comme un produit matriciel sous la forme

$$\begin{aligned}\|A^{-1}(\vec{y}-\vec{m})\|^2 &= (\vec{y}-\vec{m})^*(A^{-1})^*A^{-1}(\vec{y}-\vec{m})\\ &= (\vec{y}-\vec{m})^*(AA^*)^{-1}(\vec{y}-\vec{m}).\end{aligned}$$

On a clairement $|\det A|^{-1} = (\det AA^*)^{-1/2}$, donc en posant $\Gamma = AA^*$, et en remplaçant ci-dessus, on obtient

$$\mathbf{E}(f(\vec{Y})) = \int_{\mathbb{R}^d} f(\vec{y})(2\pi)^{-d/2}e^{-(\vec{y}-\vec{m})^*\Gamma^{-1}(\vec{y}-\vec{m})/2}\det\Gamma^{-1/2}\,\mathrm{d}y_1\ldots\mathrm{d}y_d.$$

La fonction sous l'intégrale en facteur de $f(\vec{y})$ est bien la densité demandée.

2. On a vu dans la démonstration de la proposition 3.5 que toute matrice symétrique non négative Γ de taille d et de rang r peut s'écrire sous la forme $A\cdot A^*$, où la matrice A est de rang r et de taille (d,r). Si de plus Γ est définie positive, alors $r = d$. L'existence d'une densité pour la loi $\mathcal{N}(\vec{m},\Gamma)$ découle donc de la question précédente.

Corrigé de l'exercice 3.5 page 71 Soit pour tout $n \geq 1$, une suite $(X_k)_{1\leq k\leq n}$ de variables aléatoires indépendantes de loi de Gauss de paramètre (m,σ^2).

1. Pour tout $n \geq 0$, posons $U_n = \sqrt{n}(\overline{X}_n - m)$ et $V_n = \sqrt{S^2} = \sqrt{\overline{X^2}_n - \overline{X}_n^2}$. D'après la loi des grands nombres, $\overline{X}_n$ et $\overline{X^2}_n$ tendent presque sûrement respectivement vers $\mathbf{E}(X)$ et $\mathbf{E}(X^2)$. Donc V_n tend presque sûrement vers $\sqrt{\mathbf{E}(X^2)-\mathbf{E}(X)^2}$, c'est-à-dire vers σ. D'autre part la variable aléatoire U_n suit la loi $\mathcal{N}(0,\sigma^2)$. Grâce au théorème de Slutsky, on en déduit la convergence en loi, pour n tendant vers l'infini,

$$\frac{U_n}{V_n} \to \frac{U}{c},$$

où U suit la loi $\mathcal{N}(0,\sigma^2)$ et $c = \sigma$. C'est la convergence demandée.

2. D'après la question précédent, si $m = m_0$, la loi de la statistique de Student $T = \sqrt{n}\frac{\overline{X}_n - m_0}{S}$ tend vers la loi de Gauss $\mathcal{N}(0,1)$ quand n tend vers l'infini. Donc

un test asymptotique convergent de l'hypothèse $\Theta_0 = \{m_0\}$ contre $\Theta_1 = \Theta \setminus \Theta_0$, est le test rejetant Θ_0 lorsque

$$|T| > c,$$

où c est le quantile $F^{-1}(1-\alpha/2)$ de la loi $\mathcal{N}(0,1)$.

3. Pour $n = 100$, $m_0 = 0$, $\overline{x} = -0.04725805$ et $s^2 = 1.163814$, on obtient

$$\begin{aligned} t &= \sqrt{100}\frac{-0.04725805}{\sqrt{1.163814}} \\ &= -0.4380604 \end{aligned}$$

Pour $\alpha = 10\%$, on voit sur la table C.1 que $c = 1.6449$. Donc $|t| \leq c$ et l'hypothèse Θ_0 n'est pas rejetée.

Ce test est utile quand on ne dispose que de tables statistiques (et pas d'ordinateur), car le test de Student exact nécessiterait une table de la loi de Student à 99 degrés de liberté.

Il est important de noter que l'hypothèse selon laquelle les variables aléatoires X_k suivent une loi de Gauss n'est pas nécessaire. En effet, d'après le théorème limite central, la convergence en loi de la suite $(U_n)_n$ vers la loi $\mathcal{N}(0,\sigma^2)$ reste valide dès que la loi des variables aléatoires X_k est de carré intégrable. Cela signifie que ce test, et par extension le test de Student, constituent des tests asymptotiques valides pour les échantillons de lois non gaussienne, de carré intégrable.

Corrigé de l'exercice 3.6 page 72

1. On peut considérer que K_n est une somme de n variables aléatoires indépendantes, suivant la loi de Z^2, où Z suit la loi $\mathcal{N}(0,1)$. On a vu dans la correction de l'exercice 1.6 (question 3), que $\mathbf{E}(Z^2) = 1$ et $\mathbf{V}(Z^2) = 2$. Il découle donc du théorème limite central que

$$\frac{K_n - n}{\sqrt{n}} \to \mathcal{N}(0,2)$$

pour n tendant vers l'infini.

2. En remplaçant ci-dessus K_n par nS_{n+1}^2/σ^2, on obtient la convergence demandée.
3. Considérons le test consistant à rejeter l'hypothèse $\Theta_0 = (\sigma = \sigma_0)$ ssi

$$\left|\sqrt{n}\frac{S^2 - \sigma_0^2}{\sqrt{2\sigma_0^4}}\right| > c$$

où c est déterminé à l'aide de la fonction de répartition F de la loi de Gauss $\mathcal{N}(0,1)$ par $c = F^{-1}(1-\alpha/2)$. D'après la question précédente, son niveau asymptotique est α. D'après la loi des grands nombres, il est convergent.

4. On a $|\sqrt{n}\frac{s^2-\sigma_0^2}{\sqrt{2\sigma_0^4}}| = 1.15834$, et $c = 1.6449$. Donc Θ_0 n'est pas rejetée.

Ce test est utile quand on ne dispose que de tables statistiques (et pas d'ordinateur), car le test exact nécessiterait une table de la loi du chi-carré à 99 degrés de liberté.

Enfin, contrairement au test sur la moyenne de l'exercice précédent, on a utilisé l'hypothèse que l'échantillon est celui d'une loi gaussienne à travers le calcul de la variance de Z^2. Ce test asymptotique ne s'applique donc pas à une loi non gaussienne. Un contre-exemple fait l'objet de l'exercice 3.7, corrigé ci-dessous.

Corrigé de l'exercice 3.7 page 72

1. Posons

$$\vec{U}_n = \sqrt{n}\begin{pmatrix} \overline{X} - m \\ \overline{X^2} - m^2 - \sigma^2 \end{pmatrix}, \qquad V_n = \overline{X} + m.$$

D'après le théorème limite central multidimensionnel, pour n tendant vers l'infini, le vecteur aléatoire $\vec{U}_n$ tend en loi vers un vecteur aléatoire $\vec{U} = (U_1, U_2)$ de loi de Gauss bidimensionnelle $\mathcal{N}(\vec{0}, \Gamma)$, où Γ est la matrice de covariance de (X, X^2), soit

$$\Gamma = \begin{pmatrix} \mathbf{V}(X) & \mathrm{Cov}(X, X^2) \\ \mathrm{Cov}(X, X^2) & \mathbf{V}(X^2) \end{pmatrix}. \tag{5.15}$$

D'autre part, d'après la loi des grands nombres, V_n tend en probabilité, donc a fortiori en loi, vers la constante $c = 2m$. D'après le théorème de Slutsky, dans une version vectorielle, le couple $(\vec{U}_n, V_n)$ tend en loi vers $(\vec{U}, 2m)$. Enfin, la fonction f de $\mathbb{R}^2 \times \mathbb{R}$ dans $\mathbb{R}^2$ définie par

$$f\left(\begin{pmatrix} u_1 \\ u_2 \end{pmatrix}, v\right) = \begin{pmatrix} vu_1 \\ u_2 \end{pmatrix}$$

étant continue, elle conserve la convergence en loi. On en déduit que le vecteur aléatoire $\vec{W}_n$ défini par $\vec{W}_n = f(\vec{U}_n, V_n)$ tend en loi vers le vecteur aléatoire $\vec{W} = f(\vec{U}, 2m)$, pour n tendant vers l'infini. D'après l'expression de f, cela s'écrit encore

$$\vec{W}_n = \sqrt{n}\begin{pmatrix} \overline{X}^2 - m^2 \\ \overline{X^2} - m^2 - \sigma^2 \end{pmatrix} \quad \longrightarrow \quad \vec{W} = \begin{pmatrix} 2mU_1 \\ U_2 \end{pmatrix}$$

pour n tendant vers l'infini. Ce dernier vecteur aléatoire $\vec{W}$ est un vecteur gaussien, dont la matrice de covariance Γ_W s'obtient en multipliant par $2m$ la première ligne et la première colonne de la matrice de covariance Γ de (U_1, U_2) ; on a

$$\Gamma_W = \begin{pmatrix} 4m^2\mathbf{V}(X) & 2m\mathrm{Cov}(X, X^2) \\ 2m\mathrm{Cov}(X, X^2) & \mathbf{V}(X^2) \end{pmatrix}.$$

2. En faisant la différence des coordonnées pour chacun des vecteurs $\vec{W}_n$ et $\vec{W}$, on voit que $\sqrt{n}(S^2 - \sigma^2)$ tend en loi vers $U_2 - 2mU_1$. Cette variable aléatoire suit une loi de Gauss centrée, de variance

$$\mathbf{V}(U_2) + 4m^2\mathbf{V}(U_1) - 4m\mathrm{cov}(U_1, U_2),$$

soit d'après (5.15),

$$\mathbf{V}(X^2) + 4m^2\mathbf{V}(X) - 4m\mathrm{Cov}(X, X^2)$$

On reconnaît le développement de $\mathbf{V}(X^2 - 2mX)$, et c'est aussi celui de $\mathbf{V}((X - m)^2)$.

3. Considérons une variable aléatoire X suivant loi uniforme sur l'intervalle $[m - \sigma\sqrt{3}, m + \sigma\sqrt{3}]$. Le paramètre m est la moyenne, et le paramètre σ son écart-type, comme cela sera vérifié ci-dessous. Posons $Z = (X - m)/\sigma$. Cette variable aléatoire suit loi la uniforme sur l'intervalle $[-\sqrt{3}, +\sqrt{3}]$. Pour tout $k \geq 1$ on a

$$\mathbf{E}_{m,\sigma}(Z^k) = \frac{1}{2\sqrt{3}} \int_{-\sqrt{3}}^{+\sqrt{3}} z^k \, dz.$$

Une intégration élémentaire donne, pour les exposants $k = 1$, 2 et 4 qui nous intéressent,

$$\mathbf{E}(Z) = 0, \qquad \mathbf{E}(Z^2) = 1, \qquad \mathbf{E}(Z^4) = \frac{9}{5}.$$

Il en découle que $\mathbf{V}(Z) = 1$ et $\mathbf{V}(Z^2) = \frac{4}{5}$. Or $X - m = \sigma Z$, donc

$$\mathbf{E}(X) = m, \qquad \mathbf{V}(X) = \sigma^2, \qquad \mathbf{V}((X-m)^2) = \frac{4}{5}\sigma^4.$$

On déduit alors de la question précédente que dans le cas de la loi uniforme on a l'approximation suivante, pour n grand :

$$\sqrt{n}\frac{S^2 - \sigma^2}{\sqrt{\frac{4}{5}\sigma^4}} \sim \mathcal{N}(0,1), \quad \text{c'est-à-dire} \quad \sqrt{n}\frac{S^2 - \sigma^2}{\sqrt{2\sigma^4}} \sim \mathcal{N}(0, \frac{2}{5}).$$

4. Le test sur la variance du théorème 1.24 admet pour version asymptotique le test de l'exercice 3.6 précédent. Ce dernier consiste à rejeter Θ_0 si

$$\left|\sqrt{n}\frac{S^2 - \sigma_0^2}{\sqrt{2\sigma_0^4}}\right| > F^{-1}(1 - \alpha/2).$$

où F est la fonction de répartition de la loi $\mathcal{N}(0,1)$. L'approximation vue dans la question précédente sur l'exemple de la loi uniforme montre que le niveau du test sur la variance est modifié s'il est appliqué à des lois non gaussiennes. Par exemple, le niveau α_U de ce test lorsqu'il est appliqué à une loi uniforme est

$$\alpha_U = 2\Big[1 - F\Big(\sqrt{\frac{5}{2}}F^{-1}(1 - \alpha/2)\Big)\Big].$$

Corrigé de l'exercice 3.8 page 73

Ici, on considère les lois de support l'ensemble à deux points $\{0, 1\}$. La statistique de Pearson est donc définie par $T_n = \sum_{i=0}^{1} \frac{(N_{n,i} - np_{0,i})^2}{np_{0,i}}$. On pose $p_0 = p_{0,1}$, on a donc $p_{0,0} = 1 - p_0$. D'autre part, comme les variables aléatoires Y_ℓ prennent les valeurs 0 et 1, la moyenne $\overline{Y}$ est égale à la fréquence d'apparition des 1, soit $\overline{Y} = N_{n,1}/n$. On en déduit immédiatement

$1 - \overline{Y} = N_{n,0}/n$. En remplaçant dans T_n ci-dessus, on a

$$T_n = \frac{(n\overline{Y} - np_0)^2}{np_0} + \frac{(n(1-\overline{Y}) - n(1-p_0))^2}{n(1-p_0)},$$
$$= n\frac{(\overline{Y} - p_0)^2}{p_0(1-p_0)}.$$

Le test de Pearson consiste donc à rejeter l'hypothèse $p = p_0$ si $T_n > c$, où c est le quantile d'ordre $1 - \alpha$ de la loi du chi-carré à $\nu = 1$ degrés de liberté. Or cette loi est celle du carré d'une variable $\mathcal{N}(0,1)$. C'est donc bien le même test que celui de l'exemple 3.3 page 58, puisque T_n est le carré de la statistique Z_n de ce dernier test, d'après le calcul ci-dessus.

Corrigé de l'exercice 3.9 page 73

1. Pour chaque échantillon, l'estimateur S_j^2 correspondant tend presque sûrement vers σ^2 quand n_1 tend vers l'infini, d'après la loi des grand nombres. Donc $\overline{S^2}$ tend aussi presque sûrement vers σ^2. D'autre part sous l'hypothèse d'égalité des moyennes, le vecteur aléatoire $(\overline{X_j})_{1\leq j\leq d}$ est constitué de d variables aléatoires indépendantes suivant la même loi $\mathcal{N}(m, \sigma^2/n_1)$, où m désigne la moyenne commune. D'après le paragraphe 1.2 du chapitre 1, la variance empirique de ces d gaussiennes indépendantes suit donc la loi du chi-carré à $d-1$ degrés de liberté, au facteur $(d-1)/(\sigma^2/n_1)$ près. Soit, après normalisation du facteur n_1,
$$S_{\overline{X}}^2 = \frac{\sigma^2}{d-1}K_{d-1}$$
avec K_{d-1} suivant la loi $\chi^2(d-1)$. Si les moyennes ne sont pas toutes égales, alors $n_1^{-1}S_{\overline{X}}^2$ tend vers
$$\frac{1}{d-1}\sum_{j=1}^{d}(m_j - \overline{m})^2 > 0$$
avec $\overline{m} = d^{-1}(m_1 + \cdots + m_d)$, puisque d'après la loi des grands nombres chaque moyenne $\overline{Y}_j$ tend vers m_j. Donc $S_{\overline{X}}^2$ tend vers l'infini.
2. Sous l'hypothèse d'égalité des moyennes, on déduit du théorème de Slutsky la convergence en loi
$$F_{n_1} \to \frac{1}{d-1}K_{d-1}$$
pour n_1 tendant vers l'infini. Sous l'hypothèse contraire, F_{n_1} tend vers l'infini.
3. Un test asymptotique convergent de l'hypothèse d'égalité des moyennes, au niveau α, consiste à rejeter cette hypothèse lorsque $(d-1)F_{n_1} > c$, où c est le quantile d'ordre $1-\alpha$ de la loi $\chi^2(d-1)$.
4. Sous l'hypothèse d'égalité des moyennes, le vecteur aléatoire $(\overline{X_j})_{1\leq j\leq d}$ est constitué de d variables aléatoires indépendantes de lois respectives $\mathcal{N}(m, \sigma^2/n_j)$, où m désigne la moyenne commune. Les lois des statistiques $\overline{S^2}$ et $S_{\overline{X}}^2$ ne

dépendent pas de m. On peut donc supposer que $m = 0$. Considérons le vecteur gaussien $\vec{Y} = (Y_j)_{1\le j\le d}$ de coordonnées $Y_j = \sqrt{n_j}\overline{X}_j$. Ses coordonnées sont des variables aléatoires indépendantes, de même loi $\mathcal{N}(0, \sigma^2)$. Le vecteur aléatoire $\vec{Z} = (Z_j)_{1\le j\le d}$ de coordonnées $Z_j = \sqrt{n_j}\overline{\overline{X}}$ s'écrit comme produit matriciel sous la forme

$$\begin{pmatrix} \sqrt{n_1}\overline{\overline{X}} \\ \sqrt{n_2}\overline{\overline{X}} \\ \vdots \\ \sqrt{n_d}\overline{\overline{X}} \end{pmatrix} = n^{-1} \begin{pmatrix} n_1 & \sqrt{n_1 n_2} & \cdots & \sqrt{n_1 n_d} \\ \sqrt{n_2 n_1} & n_2 & & \vdots \\ \vdots & & \ddots & \sqrt{n_{d-1} n_d} \\ \sqrt{n_d n_1} & \cdots & \sqrt{n_d n_{d-1}} & n_d \end{pmatrix} \begin{pmatrix} \sqrt{n_1}\overline{X}_1 \\ \sqrt{n_2}\overline{X}_2 \\ \vdots \\ \sqrt{n_d}\overline{X}_d \end{pmatrix},$$

soit, de manière condensée

$$\vec{Z} = \vec{q} \cdot (\vec{q})^* \cdot \vec{Y},$$

où $\vec{q} = (\sqrt{n_j}/\sqrt{n})_j$. Il s'en suit que le vecteur aléatoire $\vec{Z}' = (Z'_j)_{1\le j\le d}$ de coordonnées $Z'_j = \sqrt{n_j}\left(\overline{X}_j - \overline{\overline{X}}\right)$ s'écrit comme produit matriciel sous la forme

$$\vec{Z}' = (I_d - \vec{q} \cdot (\vec{q})^*) \cdot \vec{Y}.$$

Or $(\vec{q})^* \cdot \vec{q} = 1$, donc la matrice $A = I_d - \vec{q} \cdot (\vec{q})^*$ est la matrice d'un projecteur orthogonal[1] de rang $d - 1$. On en déduit, d'après la proposition 3.6, que la variable aléatoire

$$\frac{1}{\sigma^2} \sum_{j=1}^{d} (Z'_j)^2 = \frac{1}{\sigma^2} \sum_{j=1}^{d} n_j \left(\overline{X}_j - \overline{\overline{X}}\right)^2$$

suit la loi du chi-carré à $d - 1$ degrés de liberté. D'autre part, il est clair que $\overline{S^2}$ tend toujours presque sûrement vers σ^2, lorsque les tailles des d échantillons tendent vers l'infini. D'après le théorème de Slutsky, on a donc aussi

$$F_{\vec{n}} \to \frac{1}{d-1} K_{d-1}.$$

lorsque toutes les coordonnées du vecteur $\vec{n} = (n_1, \ldots, n_d)$ tendent vers l'infini. Fixons $\epsilon > 0$ et supposons que toutes les coordonnées du vecteur $\vec{n} = (n_1, \ldots, n_d)$ tendent vers l'infini de telle manière que $n_j \ge \epsilon \sum_{k=1}^{d} n_k$, pour tout $1 \le j \le d$. Si les moyennes sont différentes, alors

$$\lim_{n\to\infty} \inf_{\vec{n}} \left\{ n^{-1} S^2_{\overline{X}} \right\} \ge M,$$

où la borne inférieure est prise sur les vecteurs $\vec{n} = (n_1, \ldots, n_d)$ vérifiant $\sum_{k=1}^{d} n_k = n$ et $n_j \ge \epsilon n$, et où M désigne

$$M = \min_{\substack{s_1+\cdots+s_d=1,\\ s_j\ge\epsilon}} \sum_j s_j \Big(m_j - \sum_k s_k m_k \Big)^2.$$

[1] C'est-à-dire vérifie $A^2 = A$ et $A = A^*$.

Or on a $M = 0$ ssi toutes les moyennes m_j sont égales, donc dans le cas contraire $S^2_{\overline{X}}$ tend vers l'infini.
On en déduit que le test de la question 3 précédente est toujours un test convergent de niveau asymptotique α, sous réserve de définir $F_{\vec{n}}$ par

$$F_{\vec{n}} = \frac{\frac{1}{d-1}\sum_{j=1}^{d} n_j\left(\overline{X}_j - \overline{\overline{X}}\right)^2}{\frac{1}{n-d}\sum_{i=j}^{d}(n_j-1)S_j^2},$$

et de faire tendre $\vec{n}$ vers l'infini en respectant $n_j \geq \epsilon \sum_{k=1}^{d} n_k$, pour tout $j = 1, \ldots, d$ et pour un $\epsilon > 0$.

Corrigé de l'exercice 3.10 page 74

1. On a $\mathrm{Cov}(X_{i,j} - \overline{X}_j, \overline{X}_k - \overline{\overline{X}}) =$

$$\mathrm{Cov}(X_{i,j}, \overline{X}_k) - \mathrm{Cov}(\overline{X}_j, \overline{X}_k) \ - \mathrm{Cov}(X_{i,j}, \overline{\overline{X}}) + \mathrm{Cov}(\overline{X}_j, \overline{\overline{X}}).$$

   En explicitant les moyennes empiriques puis en développant les covariances, on obtient

$$\frac{\sigma^2}{n_j} - \frac{\sigma^2}{n_j} - \frac{\sigma^2}{n} + \frac{\sigma^2}{n} \text{ si } j = k, \quad \text{et} \quad 0 - 0 - \frac{\sigma^2}{n} + \frac{\sigma^2}{n} \text{ si } j \neq k.$$

   Cette quantité est nulle dans les deux cas. Comme ces variables aléatoires sont des combinaisons linéaires d'un même vecteur gaussien, ce calcul prouve leur indépendance. Cela démontre que les statistiques $\overline{S^2}$ et $S^2_{\overline{X}}$ sont indépendantes, puisqu'elles sont respectivement fonctions des $X_{i,j} - \overline{X}_j$ et des $\overline{X}_k - \overline{\overline{X}}$.

2. On a vu dans l'exercice 3.9 précédent que $S^2_{\overline{X}}$ suit, à un coefficient multiplicatif près, la loi du chi-carré à $d-1$ degrés de liberté. D'autre part, à un coefficient multiplicatif près, $\overline{S^2}$ est la somme des d variables aléatoires indépendantes $(n_j - 1)S_j^2, 1 \leq j \leq d$, chacune de ces variables aléatoires suivant elles-même la loi du chi-carré à $n_j - 1$ degrés de liberté. Donc $\overline{S^2}$ suit, à un coefficient multiplicatif près, la loi du chi-carré à $n-d$ degrés de liberté. La loi exacte de la statistique $F_{\vec{n}}$, lorsque l'hypothèse d'égalité des moyennes est vérifiée, est donc celle de

$$\frac{\frac{1}{d-1}K_{d-1}}{\frac{1}{n-d}K'_{n-d}},$$

   où K_{d-1} et K'_{n-d} sont indépendantes, et suivent la loi du chi-carré respectivement à $d-1$ et $n-d$ degrés de liberté. Cette loi est appelée la loi de Fisher de $d-1$ et $n-d$ degrés de liberté, et notée $\mathcal{F}(d-1, n-d)$.

3. Le test $\phi_{\vec{n}}$ consiste à rejeter l'hypothèse d'égalité des moyennes lorsque

$$F_{\vec{n}} > c_{\alpha,d-1,n-d},$$

   où $c_{\alpha,d-1,n-d}$ est le quantile d'ordre $1-\alpha$ de la loi de Fisher $\mathcal{F}(d-1, n-d)$.

4. Le calcul de la moyenne et de la variance empirique pour chaque échantillon donne

j	1	2	3
$\overline{x}_j$	0.2841667	0.3401667	0.1076667
s_j^2	0.4507814	1.6259686	1.2612079

De sorte que les statistiques $\overline{S^2}$ et $S^2_{\overline{X}}$ prennent respectivement les valeurs $\overline{s^2} = 1.112653$ et $s^2_{\overline{x}} = 0.0883445$. D'où l'on calcule la valeur prise par la statistique $F_{\vec{n}}$, qui est le rapport des deux, soit $f_{\vec{n}} = 0.0794$. Au niveau $\alpha = 5\%$, on lit dans la table C.3 que le quantile d'ordre $1 - \alpha = 0.95$ de la loi du chi-carré à $d - 1 = 2$ degrés de liberté vaut $k_2(0.95) = 5.991$. Donc le seuil approché c vaut $c = k_2(0.95)/2 = 2.9955$. L'hypothèse d'égalité des moyennes n'est donc pas rejetée.

Le seuil exact est le quantile d'ordre $1 - \alpha$ de la loi de Fisher $\mathcal{F}(2, 15)$. Il est calculé avec un ordinateur dans l'exemple numérique B.9, page 150.

Corrigé de l'exercice 3.11 page 74

1. En développant les carrés, on trouve

$$f(a,b) = \overline{m^2} + a^2\overline{x^2} + b^2 - 2a\overline{xm} - 2b\overline{m} + 2ab\overline{x}.$$

On en déduit

$$\frac{\partial f}{\partial a} = 2a\overline{x^2} - 2\overline{xm} + 2b\overline{x}, \qquad \frac{\partial f}{\partial b} = 2b - 2\overline{m} + 2a\overline{x}.$$

La résolution du système d'équations $\frac{\partial f}{\partial a} = 0$ et $\frac{\partial f}{\partial b} = 0$ donne les valeurs de a et b proposées ligne (3.11) page 74. De plus le calcul du déterminant et de la trace de la matrice des dérivées secondes donne

$$\det\begin{pmatrix} \frac{\partial^2 f}{\partial a^2} & \frac{\partial^2 f}{\partial a \partial b} \\ \frac{\partial^2 f}{\partial a \partial b} & \frac{\partial^2 f}{\partial b^2} \end{pmatrix} = 4(\overline{x^2} - \overline{x}^2), \qquad \text{Trace}\begin{pmatrix} \frac{\partial^2 f}{\partial a^2} & \frac{\partial^2 f}{\partial a \partial b} \\ \frac{\partial^2 f}{\partial a \partial b} & \frac{\partial^2 f}{\partial b^2} \end{pmatrix} = 2(\overline{x^2} + 1).$$

Ces nombres sont > 0 puisque $d \geq 3$. Donc on a bien un minimum strict. En calculant $f(a,b)$ au point donné par les égalités (3.11), on obtient la valeur du minimum.

2. Les points $(x_j, m_j)_j$ sont alignés sur la droite de coefficients a et b ssi $f(a,b) = 0$. Or la fonction f est positive. Donc a et b existent ssi le minimum de f est nul. D'après l'expression de ce minimum vue dans la question précédente, cela s'écrit bien

$$(\overline{x^2} - \overline{x}^2)(\overline{m^2} - \overline{m}^2) = (\overline{mx} - \overline{m} \cdot \overline{x})^2.$$

Si c'est le cas, le point (a,b) correspondant aux coefficients de la droite, qui est le point où f s'annule, est aussi le point où f atteint son minimum. Ce point a été calculé dans la question précédente.

3. Comme chaque moyenne empirique $\overline{Y}_j$ tend presque sûrement vers l'espérance m_j, on déduit immédiatement de la définition de $\hat{A}$ et $\hat{B}$

$$\lim_{n_1\to+\infty} \hat{A} = \frac{\overline{xm} - \overline{x}\cdot\overline{m}}{\overline{x^2} - \overline{x}^2} \qquad \text{et} \qquad \lim_{n_1\to+\infty} \hat{B} = \overline{m} - (\lim_{n_1\to+\infty} \hat{A})\overline{x}.$$

D'après les expressions de a et b de la question précédente, cela donne bien $\lim_{n_1\to+\infty} \hat{A} = a$ et $\lim_{n_1\to+\infty} \hat{B} = b$. Notons que ces estimateurs sont sans biais : $\mathbf{E}(\hat{A}) = a$ et $\mathbf{E}(\hat{B}) = b$.

4. Quitte à faire une translation sur l'axe des x, on peut supposer $\overline{x} = 0$. La statistique $S^2_{\overline{Y}}$ s'écrit

$$S^2_{\overline{Y}} = \frac{n_1}{d-2}\sum_{j=1}^{d} Z_j^2 \tag{5.16}$$

où le vecteur gaussien $\vec{Z}$ a pour coordonnées $Z_j = \overline{Y}_j - \hat{A}x_j + \hat{B}$. D'après la définition de $\hat{A}$ et $\hat{B}$, et l'hypothèse $\overline{x} = 0$, on a

$$Z_j = \overline{Y}_j - \frac{\overline{x\overline{Y}}}{\overline{x^2}}x_j - \overline{\overline{Y}}.$$

Cela s'exprime sous forme matricielle $\vec{Z} = M\vec{Y}$, avec

$$M = I - \vec{p}\cdot\vec{p}^* - \vec{q}\cdot(\vec{q})^*,$$

où les vecteurs $\vec{p}$ et $\vec{q}$ sont $\vec{p} = \left(\frac{x_j}{\sqrt{\overline{x^2}}}\right)_{1\le j\le d}$ et $\vec{q} = \left(\frac{1}{\sqrt{d}}\right)_{1\le j\le d}$. Comme ce sont des vecteurs orthogonaux (d'après l'hypothèse $\overline{x} = 0$) et normés, on a $M^2 = M$ et $\mathrm{Rang}(M) = d-2$. Or le vecteur gaussien $\overline{Y}$ des moyennes de chaque échantillon a pour matrice de covariance la matrice identité, au facteur σ^2/n_1 près. Donc $\vec{Z}$ a pour matrice de covariance $\Gamma_Z = \frac{\sigma^2}{n_1}M$. Enfin, si l'hypothèse $m_j = ax_j + b$ est vérifiée on a $\mathbf{E}(Z_j) = 0$. D'après la proposition 3.6, la variable aléatoire $\sum_j Z_j^2$ suit la loi du chi-carré à $d-2$ degrés de liberté, au facteur σ^2/n_1 près. Cela s'écrit encore, d'après (5.16)

$$S^2_{\overline{Y}} = \frac{\sigma^2}{d-2}K_{d-2},$$

où K_{d-2} suit la loi du chi-carré à $d-2$ degrés de liberté.

Si par contre l'hypothèse $m_j = ax_j + b$ est fausse, alors on a d'après la loi des grands nombres

$$\lim_{n_1\to+\infty} n_1^{-1}S^2_{\overline{Y}} = \frac{d}{d-2}f(a,b),$$

où a et b sont donnés par (3.11). Comme ce nombre est dans ce cas > 0, il en découle que $S^2_{\overline{Y}}$ tend vers l'infini.

Enfin la variable aléatoire $\overline{S^2}$ tend presque sûrement vers σ^2 d'après la loi des grands nombres.

5. Du théorème de Slutsky et de la question précédente on déduit la convergence en loi
$$F_{n_1} \to \frac{1}{d-2} K_{d-2}$$
pour n_1 tendant vers l'infini si l'hypothèse est vraie. Sinon F_{n_1} tend vers l'infini.
6. Un test asymptotique convergent de l'hypothèse $m_j = ax_j + b$, au niveau α, basé sur la statistique F_{n_1}, est le test rejetant l'hypothèse si $(d-2)F_{n_1} > c$ où c est le quantile d'ordre $1-\alpha$ de la loi $\chi^2(d-2)$.
7. On peut reprendre les questions précédentes, en affectant chaque indice j du poids n_j/n. Notamment la fonction f devient
$$f(a,b) = \frac{1}{n} \sum_{j=1}^{d} n_j (m_j - ax_j - b)^2.$$
Elle atteint son minimum en
$$a = \frac{\overline{xm} - \overline{x} \cdot \overline{m}}{\overline{x^2} - \overline{x}^2} \qquad \text{et} \qquad b = \overline{m} - a\overline{x}$$
où la barre désigne la moyenne sur les indices $j = 1, \ldots d$, pondérée des poids n_j/n. On a toujours
$$\min_{a,b} f(a,b) = \overline{m^2} - \overline{m}^2 - \frac{(\overline{xm} - \overline{x} \cdot \overline{m})^2}{\overline{x^2} - \overline{x}^2}.$$
Le raisonnement se déroule de façon tout à fait similaire au cas des échantillons de même taille, à condition de mettre les pondérations n_j/n dans les définitions de $\hat{A}$ et $\hat{B}$. En supposant $\sum_j n_j x_j = 0$ et en posant $Z_j = \sqrt{n_j}(\overline{Y}_j - \hat{A}x_j - \hat{B})$, on a
$$\vec{Z} = (I - \vec{p} \cdot \vec{p}^* - \vec{q} \cdot (\vec{q})^*)\vec{Y}'$$
avec $Y'_j = \sqrt{n_j}\overline{Y}_j$ et où $\vec{p}$ et $\vec{q}$ sont modifiés de la façon suivante
$$\vec{p} = \Big(\frac{x_j \sqrt{n_j}}{\sqrt{\sum_j n_j x_j^2}}\Big)_j \qquad \text{et} \qquad \vec{q} = \Big(\sqrt{\frac{n_j}{n}}\Big)_j.$$
Pour que le test soit convergent, il faut que les tailles des échantillons tendent vers l'infini en respectant la minoration $n_j \geq \epsilon n$ avec $\epsilon > 0$ comme dans l'exercice 3.9. En effet, si ce n'était pas le cas, les échantillons pour lesquels $n_j/n \to 0$ deviendraient asymptotiquement inexistant pour le test.

Corrigé de l'exercice 3.12 page 76

1. On a
$$\mathrm{Cov}(Y_{i,j} - \overline{Y}_j, \overline{Y}_k) = \mathrm{Cov}(Y_{i,j}, \overline{Y}_k) - \mathrm{Cov}(\overline{Y}_j, \overline{Y}_k).$$
En explicitant les moyennes empiriques puis en développant les covariances, on vérifie que ceci est nul dans les deux cas $j = k$ et $j \neq k$. Comme ces variables

aléatoires sont des combinaisons linéaires d'un même vecteur gaussien, ce calcul prouve leur indépendance. Cela démontre que les statistiques $\overline{S^2}$ et $S^2_{\overline{Y}}$ sont indépendantes, puisqu'elles sont respectivement fonctions des $Y_{i,j} - \overline{Y}_j$ et des $\overline{Y}_k$. En effet les statistiques $\hat{A}$, $\hat{B}$ et $\overline{\overline{Y}}$ qui interviennent dans le calcul de $S^2_{\overline{Y}}$ s'expriment toutes en fonction des $\overline{Y}_k$.

2. On a vu dans l'exercice 3.11 précédent que $S^2_{\overline{Y}}$ suit, à un coefficient multiplicatif près, la loi du chi-carré à $d-2$ degrés de liberté. D'autre par $\overline{S^2}$ est, à un coefficient multiplicatif près, la somme de d variables aléatoires indépendantes $(n_j - 1)S_j^2$ suivant elles-même la loi du chi-carré à $n_j - 1$ degrés de liberté. Donc $\overline{S^2}$ suit, à un coefficient multiplicatif près, la loi du chi-carré à $n-d$ degrés de liberté. La loi exacte de la statistique $F_{\vec{n}}$, lorsque l'hypothèse d'égalité des moyennes est vérifiée, est donc la loi de Fisher $\mathcal{F}(d-2, n-d)$.
3. Le test $\phi_{\vec{n}}$ consiste à rejeter l'hypothèse d'égalité des moyennes lorsque

$$F_{\vec{n}} > c_{\alpha,d-2,n-d},$$

où $c_{\alpha,d-2,n-d}$ est le quantile d'ordre $1-\alpha$ de la loi de Fisher $\mathcal{F}(d-2, n-d)$.
4. Le calcul de la moyenne et de la variance empiriques pour chaque échantillon donne

j	1	2	3	4
x_j	2	4	6	8
$\overline{y}_j$	1.9144	3.7532	5.8988	7.9626
s_j^2	0.0921613	0.3033242	0.1069507	0.2394128

De sorte que $\overline{x} = 5$, $\overline{\overline{y}} = 4.88225$, $\overline{x\overline{y}} - \overline{x} \cdot \overline{\overline{y}} = 5.07255$, et $\overline{x^2} - \overline{x}^2 = 5$. D'où l'on calcule

$$\hat{a} = \quad 5.07255/5 = 1.01451$$
$$\hat{b} = \quad 4.88225 - 1.01451 \cdot 5 = -0.1903$$

Cela permet le tracé de la droite (voir figure 5.2, les moyennes empiriques de chaque échantillon sont représentées par les petits losanges pleins.).

On en déduit aussi les moyennes estimées $\hat{y}_j = \hat{a}x_j + \hat{b}$, indiquées ci-dessous avec le rappel des valeurs de $\overline{y}_j$ correspondantes.

j	1	2	3	4
$\hat{y}_j$	1.83872	3.86774	5.89676	7.92578
$\overline{y}_j$	1.9144	3.7532	5.8988	7.9626

Donc $s^2_{\overline{y}} = \frac{5}{2}\sum(\overline{y}_j - \hat{y}_j)^2 = 0.05051687$.

Enfin $\overline{s^2}$ est la moyenne des s_j^2, soit $\overline{s^2} = 0.1854623$. D'où

$$f_{\vec{n}} = \frac{0.05051687}{0.1854623} = 0.2723835.$$

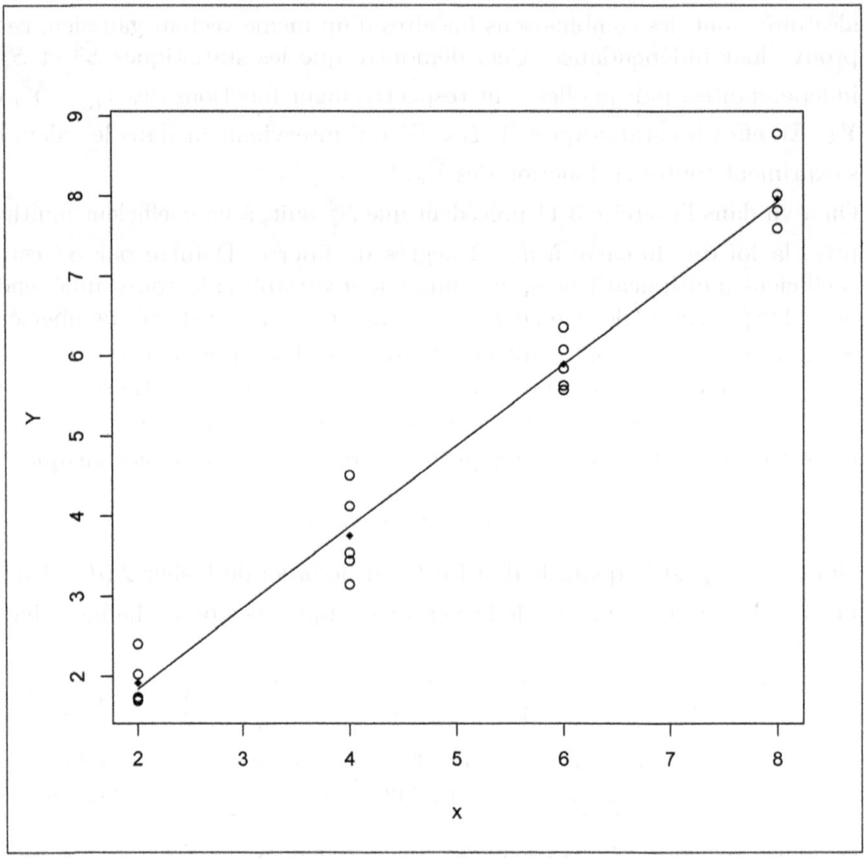

FIGURE 5.2. Droite de régression

Au niveau $\alpha = 5\%$, on lit dans la table C.3 que le quantile d'ordre $1 - \alpha = 0.95$ de la loi du chi-carré à $d - 2 = 2$ degrés de liberté vaut $k_2(0.95) = 5.991$. Donc le seuil approché c vaut $c = k_2(0.95)/2 = 2.9955$. L'hypothèse d'alignement des moyennes n'est donc pas rejetée.
Le seuil exact est le quantile d'ordre $1 - \alpha$ de la loi de Fisher $\mathcal{F}(2, 16)$. Il est calculé avec un ordinateur dans l'exemple numérique B.10, page 151.

5.4 Corrigés des exercices du chapitre 4

Corrigé de l'exercice 4.1 page 87 *AFC sur un facteur.*— Les sommes des colonnes et des lignes sont reportées ci-dessous, en indiquant chaque colonne et chaque ligne par un nom abrégé.

Droi	ScEc	Lett	Scie	Medd	Phar	Plur	IUT
1592	639	3093	1490	2005	404	206	571

ExpA	SalA	Patr	LiCS	CadM	Empl	Ouvr	Serv	Autr
511	39	1035	3031	1552	850	1131	80	1771

Les matrices diagonales D_c et D_l sont celles dont les coefficients diagonaux sont donnés par les tableaux ci-dessus. On en déduit la matrice $A = \sqrt{D_l^{-1}}N\sqrt{D_c^{-1}}$, obtenue en divisant par $\sqrt{n_{i,.}n_{.,j}}$ chaque coefficient $n_{i,j}$. Celle-ci est reportée figure 5.3.

	Droi	ScEc	Lett	Scie	Medd	Phar	Plur	IUT
ExpA	0.0887	0.0630	0.1066	0.1135	0.0642	0.0616	0.0339	0.1074
SalA	0.0241	0.0127	0.0432	0.0249	0.0143	0.0080	0.0112	0.0268
Patr	0.1309	0.0910	0.1744	0.1103	0.1444	0.0820	0.0455	0.0806
LiCS	0.2140	0.1372	0.2632	0.1882	0.3553	0.1482	0.0569	0.0601
CadM	0.1501	0.0994	0.2250	0.1736	0.1593	0.0707	0.0637	0.0924
Empl	0.1246	0.0706	0.1733	0.1182	0.1034	0.0512	0.0478	0.0775
Ouvr	0.1237	0.0753	0.2144	0.1487	0.0843	0.0340	0.0580	0.1605
Serv	0.0448	0.0265	0.0543	0.0319	0.0200	0.0111	0.0156	0.0374
Autr	0.1816	0.1081	0.2666	0.1521	0.1597	0.0556	0.0695	0.0895

FIGURE 5.3. Matrice A (exercice 4.1)

La diagonalisation de la matrice symétrique de taille huit $A^* \cdot A$ permet d'obtenir les huit valeurs propres suivantes

$$\begin{array}{cccc} 1.000 & 3.973 \cdot 10^{-2} & 5.451 \cdot 10^{-3} & 1.129 \cdot 10^{-3} \\ 9.603 \cdot 10^{-4} & 1.332 \cdot 10^{-4} & 5.356 \cdot 10^{-5} & 1.057 \cdot 10^{-6} \end{array}$$

On s'intéresse au vecteur propre $\vec{f}_2$ associé à la valeur propre $\lambda_2 = 3.973 \cdot 10^{-2}$. Le calcul de ce vecteur donne

Droi	ScEc	Lett	Scie	Medd	Phar	Plur	IUT
−0.0071	0.0145	−0.2518	−0.1850	0.7039	0.2510	−0.1277	−0.5719

Cela permet de calculer le vecteur des facteurs principaux $\vec{b}_2 = \sqrt{n}\sqrt{D_c^{-1}}\vec{f}_2$, obtenu en multipliant chaque coordonnée $\vec{f}_{2,j}$ de $\vec{f}_2$ par $\sqrt{n/n_{.,j}}$,

Droi	ScEc	Lett	Scie	Medd	Phar	Plur	IUT
−0.017	0.057	−0.452	−0.479	1.572	1.249	−0.890	−2.393

On en déduit celui des composantes principales des profils-colonne $\sqrt{\lambda_2}\vec{b}_2$ en multipliant par $\sqrt{\lambda_2}$,

Droi	ScEc	Lett	Scie	**Medd**	Phar	Plur	**IUT**
−0.003	0.011	−0.090	−0.095	**0.313**	0.249	−0.177	**−0.477**

On a indiqué en gras les coordonnées extrêmes. Elles correspondent aux colonnes dont les profils sont les plus différents. Cela permet d'interpréter le premier axe comme opposant les filières médecine-dentaire et IUT.

Le vecteur des composantes principales des profils-ligne $\sqrt{\lambda_2}\vec{a}_2$ peut se calculer avec la formule de dualité $\sqrt{\lambda_2}\vec{a}_2 = L \cdot \vec{b}_2$ où $L = D_l^{-1}N$. On obtient

ExpA	SalA	Patr	**LiCS**	CadM	Empl	**Ouvr**	Serv	Autr
−0.232	−0.322	0.019	**0.263**	−0.049	−0.103	**−0.334**	−0.291	−0.068

On constate que l'axe oppose les étudiants dont les parents ont des professions libérales ou sont cadres supérieurs (catégorie LiCS), à ceux dont les parents sont ouvriers. En comparant les composantes principales des lignes à celles des colonnes, on peut s'attendre à ce que la fréquence des études en IUT soit la plus forte pour la catégorie « Ouvr », et la plus faible pour la catégorie « LiCS ». Cela se vérifie en détaillant la colonne « IUT » de la matrice des profils-ligne L, qui est reportée figure 5.4. Inversement, les enfants de médecins font plus souvent des études de médecine que ceux dont les parents appartiennent à d'autres catégories socio-professionelle.

	Droi	ScEc	Lett	Scie	Medd	Phar	Plur	IUT	Totaux
ExpA	0.1565	0.0704	0.262	0.1937	0.1272	0.0547	0.0215	0.1135	1
SalA	0.1538	0.0512	0.3846	0.1538	0.1025	0.0256	0.0256	0.1025	1
Patr	0.1623	0.0714	0.3014	0.1323	0.2009	0.0512	0.0202	0.0599	1
LiCS	0.1550	0.0630	0.2659	0.1319	**0.2890**	0.0541	0.0148	**0.0260**	1
CadM	0.1520	0.0637	0.3176	0.1701	0.1810	0.0360	0.0231	0.0560	1
Empl	0.1705	0.0611	0.3305	0.1564	0.1588	0.0352	0.0235	0.0635	1
Ouvr	0.1467	0.0565	0.3545	0.1706	0.1122	0.0203	0.0247	**0.1140**	1
Serv	0.2000	0.0750	0.3375	0.1375	0.1000	0.0250	0.0250	0.1000	1
Autr	0.1722	0.0649	0.3523	0.1394	0.1699	0.0265	0.0237	0.0508	1

FIGURE 5.4. Matrice L des profils-ligne (données du tableau 4.2)

Le graphe illustrant les calculs ci-dessus est donné figure 5.5, page 131.

On peut de même faire une représentation sur deux axes, en effectuant le même travail sur la valeur propre $\lambda_3 = 5.451 \cdot 10^{-3}$. Ceci est traité dans l'exemple numérique B.11. On obtient la figure B.5 page 155.

Corrigé de l'exercice 4.2 page 88 Pour les questions 1 à 6, on renvoie à l'exemple numérique B.12 page 155. Seule la question 7 est corrigée ici.

Soit $A = PDQ^*$ la décomposition en valeurs singulières de A. La j-ème colonne de la matrice QD est le vecteur $\lambda_j \vec{f}_j$. Elle contient la suite des j-èmes composantes principales de chaque caractère. Donc pour chaque caractère, la somme des carrés de toutes ses composantes principales est l'élément diagonal correspondant dans la matrice $QD(QD)^*$. Cette dernière matrice vaut $A^* \cdot A$. Les éléments diagonaux de

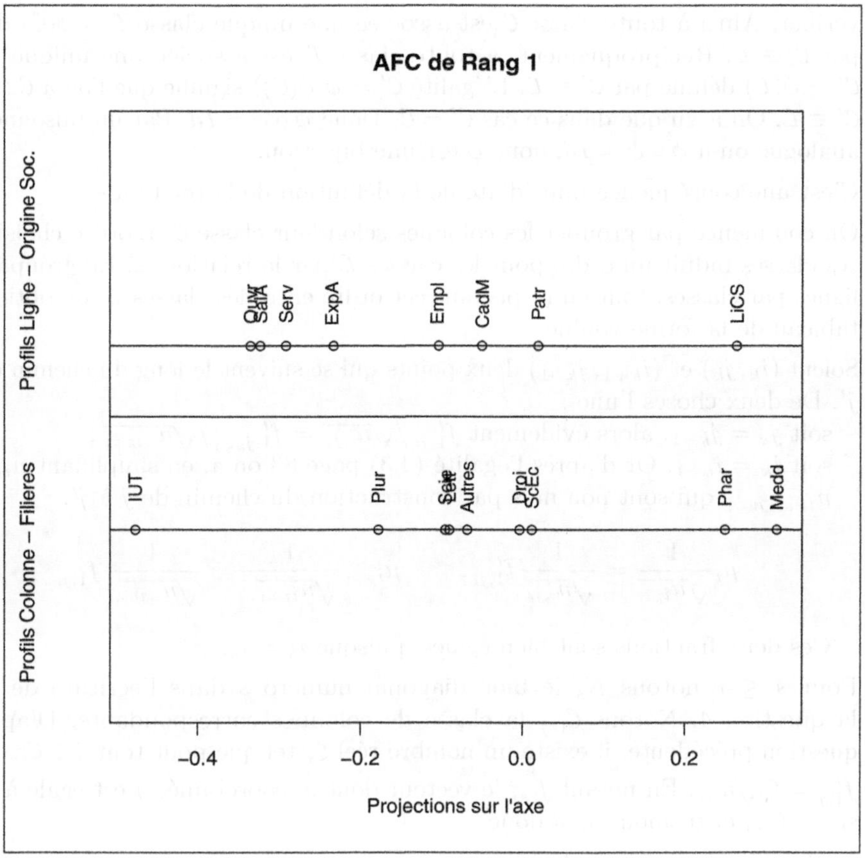

FIGURE 5.5. AFC de rang 1 (données figure 4.2)

cette matrice sont tous égaux à 1, puisque les colonnes de A sont centrées réduites par construction. Cela démontre que la somme des carrés de toutes les composantes principales d'un caractère vaut 1. La somme des carrés des deux premières composantes est donc ≤ 1, ce qui démontre que les points sont à l'intérieur du disque de rayon 1.

Corrigé de l'exercice 4.3 page 88

1. Si $\mathcal{C} \equiv \mathcal{L}$, il existe $i \in \mathcal{L}$ et $j \in \mathcal{C}$ tels que $n_{i,j} \neq 0$. Si $\mathcal{C} \equiv \mathcal{L}'$, il existe $i' \in \mathcal{L}'$ et $j' \in \mathcal{C}$ tels que $n_{i',j'} \neq 0$. Du fait que $j, j' \in \mathcal{C}$, on déduit qu'il existe un chemin de j à j'. Du fait que $n_{i,j}$ et $n_{i',j'}$ sont non nuls, il découle que ce chemin peut être prolongé d'un pas à chaque extrémité pour constituer un chemin de i à i'. Cela démontre bien que $\mathcal{L} = \mathcal{L}'$. Notons que le même raisonnement peut être tenu en échangeant le rôle des lignes et des colonnes.

2. Soient $\mathcal{C}$ une classe, et $j \in \mathcal{C}$. On a supposé que l'effectif de la colonne $n_{\cdot,j}$ est non nul. Donc il existe i tel que $n_{i,j} \neq 0$. La classe $\mathcal{L}$ contenant i vérifie donc $\mathcal{C} \equiv \mathcal{L}$. De plus, d'après la question précédente, elle est l'unique classe à le

vérifier. Ainsi à toute classe $\mathcal{C}$ est associée une unique classe $\mathcal{L} = \phi(\mathcal{C})$ définie par $\mathcal{C} \equiv \mathcal{L}$. Réciproquement, à toute classe $\mathcal{L}$ est associée une unique classe $\mathcal{C}' = \psi(\mathcal{L})$ définie par $\mathcal{C}' \equiv \mathcal{L}$. L'égalité $\mathcal{C}' = \psi(\phi(\mathcal{C}))$ signifie que l'on a $\mathcal{C} \equiv \mathcal{L}$ et $\mathcal{C}' \equiv \mathcal{L}$. On a vu que dans ce cas $\mathcal{C}' = \mathcal{C}$. Donc $\psi \circ \phi = Id$. Par un raisonnement analogue on a $\phi \circ \psi = Id$, donc ϕ est une bijection.

3. C'est une conséquence immédiate de la définition de la relation $\equiv$.

4. On commence par grouper les colonnes selon leur classe $\mathcal{C}$. L'ordre choisi pour ces classes induit un ordre pour les classes $\mathcal{L}$ par la relation $\equiv$. En groupant les lignes par classes, tout en respectant cet ordre entre les classes $\mathcal{L}$, on obtient un tableau de la forme voulue.

5. Soient (i_k, j_k) et (i_{k+1}, j_{k+1}) deux points qui se suivent le long du chemin de j à j'. De deux choses l'une :
   - soit $j_k = j_{k+1}$, alors évidement $f'_{1,j_k}/\sqrt{n_{.,j_k}} = f'_{1,j_{k+1}}/\sqrt{n_{.,j_{k+1}}}$;
   - soit $i_k = i_{k+1}$. Or d'après l'égalité (4.3) page 83 on a, en simplifiant n_{i_k,j_k} et $n_{i_{k+1},j_{k+1}}$ qui sont non nuls par construction du chemin de j à j',

   $$\mu_i \frac{1}{\sqrt{n_{i_k,.}}} = \frac{1}{\sqrt{n_{.,j_k}}} f'_{1,j_k}, \qquad \mu_{i_{k+1}} \frac{1}{\sqrt{n_{i_{k+1},.}}} = \frac{1}{\sqrt{n_{.,j_{k+1}}}} f'_{1,j_{k+1}}$$

   Ces deux fractions sont bien égales, puisque $i_k = i_{k+1}$.

6. Pour $s \leq r$ notons N_s le bloc diagonal numéro s dans l'écriture de N de la question 4. Notons $\mathcal{C}_{(s)}$ la classe de colonnes correspondante. D'après la question précédente, il existe un nombre réel ξ_s tel que pour tout $j \in \mathcal{C}_{(s)}$, on a $f'_{1,j} = \xi_s \sqrt{n_{.,j}}$. En notant $\vec{f}_{(s)}$ le vecteur dont la coordonnée j est égale à $\sqrt{n_{.,j}}$ si $j \in \mathcal{C}_{(s)}$ et 0 sinon, on a donc

   $$\vec{f}'_1 = \sum_{s=1}^{r} \xi_s \vec{f}_{(s)}.$$

   Cela démontre bien que la multiplicité de la valeur propre 1 est égale à r, qui est le nombre de blocs.

Conclusion

L'EXPOSÉ SUR LES STATISTIQUES que constitue ce manuel se veut rigoureux, tout en évitant les chapitres préliminaires qui auraient pu paraître indigestes pour une première approche des statistiques. Cet objectif nous a conduit à limiter l'exposé à des situations précises. Nous avons sélectionné les plus fondamentales, qui introduisent les outils les plus utiles : la loi de Gauss pour le chapitre 1 sur la statistique inférentielle, et la loi de Bernoulli pour le chapitre 2 sur la théorie de la décision. Les théorèmes et définitions qui apparaissent dans ces chapitres se généralisent à de nombreuses autres situations. Le lecteur voulant approfondir pourra retrouver les résultats énoncés ici sous une forme plus conceptuelle faisant intervenir l'exhaustivité, la complétude, le modèle exponentiel, l'information de Fisher... dans les ouvrages classiques de statistique mathématique comme [Bar71] ou [DCD82]-[DCD83], ou plus récents comme [Lej04], [Mil01], [Mon97]. Du côté des ouvrages en anglais on peut mentionner le grand classique [Leh59]. Enfin, spécifiquement sur la statistique bayésienne, l'ouvrage [Rob06] est très fourni. En particulier, à propos du débat sur la statistique bayésienne, on y trouvera un chapitre intitulé « Une défense du choix bayésien ». Les grands classiques sur la statistique bayésienne sont les livres en anglais [Sav72] et [Wal71].

Dans le présent ouvrage, le chapitre 3 sur la statistique asymptotique se limite au test d'indépendance du chi-carré, qui est le plus utile. Les notions d'efficacité asymptotique et de normalité asymptotique, la convergence des estimateurs de maximum de vraisemblance, ou celle des tests de rapport de vraisemblance, nécessitent trop de préliminaires mathématiques pour être présentés de manière rigoureuse dans un ouvrage d'introduction. Ce seront les prolongements naturels de ce chapitre. On renvoie à nouveau aux livres cités ci-dessus, ainsi qu'aux ouvrages en anglais [vdV98] et [Wil62].

Toujours dans le même esprit, c'est pour pouvoir être rigoureux tout en restant abordable que le chapitre 4 sur l'analyse des données ne traite que d'une méthode. Notre choix s'est porté sur l'analyse des correspondances, pour son remarquable caractère visuel. Nous recommandons à ce propos un coup d'œil sur le livre [Ben80]. L'analyse en composantes principales, l'analyse discriminante... sont autant de méthodes, adaptées à tout un panorama de problématiques et basées sur les mêmes principes de géométrie euclidienne. On pourra aussi les découvrir dans [Sap90].

Nous n'avons pas voulu aborder un certain nombre de domaines, comme les méthodes séquentielles, les séries chronologiques, la statistique non paramétrique... ni enfin le délicat problème du recueil des données. En effet ces thèmes sont trop spécialisés pour faire partie du bagage statistique de base du mathématicien. Il ne peut cependant qu'être bénéfique d'avoir une vue d'ensemble au-delà de ce que l'on peut comprendre dans le détail mathématique. Nous conseillons pour cela l'article « Statistique » de l'Encyclopædia Universalis [Mor98], ainsi que l'ouvrage historique [DT90] de la collection « Que sais-je ? ».

Les statistiques reposent sur de multiples outils mathématiques. Aucune de ses branches, des plus théoriques comme la théorie de la décision, aux plus appliquées comme l'analyse des données, n'échappe à une certaine tension due aux exigences contradictoires de la rigueur et de l'efficacité. Cette tension, qui suscite de nombreux débats chez les statisticiens, constitue une des richesses de cette science.

Annexes

ANNEXE A

Démonstration du théorème de von Neumann

Cette annexe est dédiée à la démonstration du théorème du minimax de von Neumann (théorème 2.11 page 45)

Démonstration Nous exposerons la démonstration de J. Ville, plus simple que la première preuve de von Neumann (et reprise par ce dernier dans son livre [vNM53]). Cette démonstration relève de l'algèbre linéaire. Les probabilités sont notées comme des vecteurs colonnes $\vec{\mu} = (\mu_i)_{1 \leq i \leq k} \in \mathbb{R}^k$ et $\vec{\nu} = (\nu_j)_{1 \leq j \leq \ell} \in \mathbb{R}^\ell$. Le tableau des scores est considéré comme une matrice $K = (K_{i,j})_{1 \leq i \leq k, 1 \leq j \leq \ell}$ de taille (k, ℓ). La transposition est notée avec une étoile, de sorte que $\vec{\mu}^*$ désigne le vecteur ligne dont les coefficients sont $(\mu_i)_{1 \leq i \leq k}$. On a alors, avec les notations du produit matriciel,

$$\sum_{i=1}^{k} \sum_{j=1}^{\ell} \mu_i K(a_i, b_j) \nu_j = \vec{\mu}^* K \vec{\nu}.$$

Enfin on note Δ_k le simplexe de $\mathbb{R}^k$ de dimension $k-1$, c'est-à-dire l'ensemble des vecteurs $\vec{\mu} \in \mathbb{R}^k$ dont les coefficients sont ≥ 0 et de somme $= 1$. Ainsi l'égalité à démontrer se réécrit algébriquement

$$\max_{\vec{\mu} \in \Delta_k} \min_{\vec{\nu} \in \Delta_\ell} \vec{\mu}^* K \vec{\nu} = \min_{\vec{\nu} \in \Delta_\ell} \max_{\vec{\mu} \in \Delta_k} \vec{\mu}^* K \vec{\nu}.$$

Commençons par remarquer que l'inégalité $\leq$ est immédiate. En effet, pour tous vecteurs $\vec{\mu}_0 \in \Delta_k$ et $\vec{\nu} \in \Delta_\ell$, on a

$$\vec{\mu}_0^* K \vec{\nu} \leq \max_{\vec{\mu} \in \Delta_k} \vec{\mu}^* K \vec{\nu}.$$

Cela reste donc vrai pour les minima en $\vec{\nu}$, puis pour le maximum en $\vec{\mu}_0$, ce qui montre bien que

$$\max_{\vec{\mu}_0 \in \Delta_k} \min_{\vec{\nu} \in \Delta_\ell} \vec{\mu}_0^* K \vec{\nu} \leq \min_{\vec{\nu} \in \Delta_\ell} \max_{\vec{\mu} \in \Delta_k} \vec{\mu}^* K \vec{\nu}.$$

Démontrons maintenant qu'il y a égalité. Lorsque l'on soustrait une constante à tous les coefficients de K, le nombre réel $\vec{\mu}^* K \vec{\nu}$ est réduit d'autant [1]. On peut donc supposer que le membre de gauche de l'inégalité ci-dessus est nul.

[1] C'est une conséquence immédiate du fait que la somme des coefficients de $\vec{\mu}$ (et de $\vec{\nu}$) est égale à 1.

On fait une démonstration par l'absurde. Supposons donc que l'inégalité ci-dessus est stricte, soit

$$\max_{\vec{\mu}\in\Delta_k}\min_{\vec{\nu}\in\Delta_\ell}\vec{\mu}^*K\vec{\nu}=0<\min_{\vec{\nu}\in\Delta_\ell}\max_{\vec{\mu}\in\Delta_k}\vec{\mu}^*K\vec{\nu}. \tag{A.1}$$

Considérons les vecteurs de la forme $t\vec{\mu}+(1-t)K\vec{\nu}$. Leur norme euclidienne (notée $\|\cdot\|$) est positive, d'où l'on déduit

$$\min_{t\in[0,1],\vec{\mu}\in\Delta_k,\vec{\nu}\in\Delta_\ell}\|t\vec{\mu}+(1-t)K\vec{\nu}\|\geq 0. \tag{A.2}$$

Ce minimum est atteint, puisqu'il est pris sur un ensemble fermé borné d'un espace vectoriel de dimension finie. Si ce minimum était nul, il existerait $t\in[0,1]$, $\vec{\mu}\in\Delta_k$ et $\vec{\nu}\in\Delta_\ell$ tels que $(1-t)K\vec{\nu}=-t\vec{\mu}$. Notons que $t\neq 1$, car sinon on aurait $\vec{\mu}=\vec{0}$, ce qui est impossible puisque $\vec{0}\notin\Delta_k$. On en déduit que $K\vec{\nu}=-\frac{t}{1-t}\vec{\mu}$. Il s'en suit que toutes les coordonnées de $K\vec{\nu}$ sont ≤ 0. On a donc $\vec{\mu}^*K\vec{\nu}\leq 0$ pour tout $\vec{\mu}\in\Delta_k$, ce qui contredit l'inégalité de l'hypothèse (A.1).

Ainsi le minimum de l'inégalité (A.2) est non nul. Soient t_0, $\vec{\mu}_0$, et $\vec{\nu}_0$ les paramètres du point $\vec{g}$ où ce minimum est atteint. Notons $\vec{g}=t_0\vec{\mu}_0+(1-t_0)K\vec{\nu}_0$. On a

$$\|t\vec{\mu}+(1-t)K\vec{\nu}\|\geq\|\vec{g}\|>0.$$

On note $(\vec{e}_i)_{1\leq i\leq k}$ la base canonique de $\mathbb{R}^k$. Soient $\alpha\in]0,1[$ et $i\leq k$. Considérons le point $\alpha\vec{e}_i+(1-\alpha)\vec{g}\in\mathbb{R}^k$. Par convexité [2], il existe $t\in[0,1]$, $\vec{\mu}\in\Delta_k$ et $\vec{\nu}\in\Delta_\ell$ tels que ce point s'écrive $t\vec{\mu}+(1-t)K\vec{\nu}$. On a donc d'après l'inégalité ci-dessus

$$\|\alpha(\vec{e}_i-\vec{g})+\vec{g}\|\geq\|\vec{g}\|.$$

En élevant au carré, et en développant, cela s'écrit

$$\alpha^2\|\vec{e}_i-\vec{g}\|^2+\alpha 2(\vec{e}_i-\vec{g})^*\vec{g}\geq 0.$$

En divisant par $\alpha>0$ puis en laissant tendre α vers 0, il en découle $(\vec{e}_i-\vec{g})^*\vec{g}\geq 0$, soit $g_i\geq\|g\|^2$. Comme $\|\vec{g}\|>0$, on a donc, pour tout $i\leq k$

$$g_i>0. \tag{A.3}$$

En faisant le même raisonnement à partir du point $\alpha K\vec{f}_j+(1-\alpha)\vec{g}$, où la famille de vecteurs $(\vec{f}_j)_{1\leq j\leq\ell}$ désigne la base canonique de $\mathbb{R}^\ell$, on obtient $(K\vec{f}_j-\vec{g})^*\vec{g}\geq 0$, soit

$$(K^*g)_j\geq\|\vec{g}\|^2>0, \tag{A.4}$$

pour tout $j\leq\ell$. En posant $\vec{\mu}=\vec{g}/(\sum_i g_i)$, il découle de (A.3) que $\vec{\mu}\in\Delta_k$ et de (A.4) que toutes les coordonnées de $\vec{\mu}^*K$ sont >0. Ceci est en contradiction avec l'égalité de l'hypothèse (A.1).

On a démontré que cette hypothèse (A.1) conduit à une contradiction, ce qui achève la démonstration du théorème du minimax. □

[2] Il suffit de prendre $t=\alpha+t_0(1-\alpha)$, $\vec{\nu}=\vec{\nu}_0$, et $\vec{\mu}=t^{-1}(\alpha\vec{e}_i+t_0(1-\alpha)\vec{\mu}_0)$.

ANNEXE B

Exemples numériques en langage « R »

Les codes informatiques des solutions de quelques exercices des chapitres précédents sont présentés dans cette annexe. On donne aussi les codes grâce auxquels ont été tracées les figures de ce livre. Le langage informatique utilisé est « R ». Bien que fortement développé vers les statistiques, ce langage de programmation est fondé sur une base généraliste, utilisable pour beaucoup de problèmes numériques. Un logiciel d'implémentation de ce langage, fonctionnant sur la plupart des ordinateurs et des systèmes d'exploitation, peut être téléchargé librement à l'adresse `http://www.r-project.org/`.

Le langage R

Le langage « R » ne fait pas nécessairement partie des langages informatiques étudiés en licence de mathématiques. Nous en donnons donc une rapide présentation. Pour plus de détails, on renvoie à l'ouvrage [BB10], ou au manuel de référence en anglais [R D10]. Enfin, une aide en ligne est disponible.

Lorsque le logiciel est lancé, ce dernier affiche sur l'écran quelques informations, puis le caractère d'invite « > ». L'utilisateur entre alors au clavier une commande. Le logiciel l'exécute, affiche un éventuel résultat. Puis le caractère « > » est à nouveau affiché au début d'une nouvelle ligne, indiquant l'attente de la commande suivante.

L'affectation en mémoire a de la valeur b s'écrit `a <- b`. Voici un petit exemple montrant la syntaxe. On enregistre la valeur 1 dans la mémoire a, puis on calcule sin(a)/a.

```
> a <- 1
> sin(a)/a
[1] 0.841471
```

Notons que lors de l'affectation en mémoire, le logiciel n'affiche pas le résultat.

Lorsqu'une commande est trop longue pour tenir sur une ligne, on en tape le début, puis la touche « entrée ». Le caractère « + » s'affiche au début de la nouvelle ligne, indiquant que le logiciel a compris que la commande est incomplète, et que la ligne suivante en est la suite. On peut entrer ainsi une commande sur plusieurs ligne. Voici un petit exemple :

```
> sin(a)/
```

```
+     a
[1] 0.841471
```

Bien que cela vient d'être dit, nous insistons sur le fait que pour lire ces lignes, il faut retenir que celles commençant par le caractère `>` ou `+` ont été entrées par l'utilisateur, sauf le premier caractère, toutes les autres constituant les réponses du logiciel (celle commençant par `[1]` sur l'exemple précédent).

Présentons aussi rapidement sur un petit exemple élémentaire la syntaxe utilisée par le logiciel pour les programmes. Pour enregistrer dans la mémoire dénommée `DeltaSin`, le programme calculant `sin(x)/x`, dont l'exécution dépend de l'entrée `x`, taper

```
> DeltaSin <- function( x )
+   sin(x) / x
```

Pour l'exécuter avec la valeur 1 en entrée, taper

```
> DeltaSin( 1 )
[1] 0.841471
```

Pour en afficher le code (comme c'est fait ci-dessous pour toutes les fonctions, afin d'éviter d'avoir l'invite « + » à chaque début de ligne), taper seulement le nom de la fonction *sans les parenthèses* `(...)` à la fin.

```
> DeltaSin
```

Le logiciel n'exécute pas la fonction, mais en rappelle alors le code :

```
function(x)
sin(x) / x
```

Il est nécessaire d'insister sur l'importance de l'absence des parenthèses ci-dessus, qui sera très utilisée dans la suite. Donnons un exemple supplémentaire. Pour exécuter une fonction n'ayant pas de paramètre, comme `quit` qui permet de fermer le logiciel, on la tape avec des parenthèses vides :

```
> quit()
```

En effet, si l'on ne met pas de parenthèse, le logiciel n'exécute pas la fonction, mais en affiche le code :

```
> quit
function (save = "default", status = 0, runLast = TRUE)
.Internal(quit(save, status, runLast))
<environment: namespace:base>
```

Indiquons enfin, car nous utiliserons cette fonctionnalité pour tracer les courbes, que la plupart des fonctions numériques peuvent être appliquées directement à des listes. Voici comment obtenir la liste des nombres de 0 à 1 par pas de 1/10, et celle des valeurs de $\sin(x)/x$ correspondantes.

```
> seq(0,1,.1)
 [1] 0.0 0.1 0.2 0.3 0.4 0.5 0.6 0.7 0.8 0.9 1.0
> DeltaSin(seq(0,1,.1))
 [1]       NaN 0.9983342 0.9933467 0.9850674 0.9735459
 [6] 0.9588511 0.9410708 0.9203110 0.8966951 0.8703632
[11] 0.8414710
```

On remarque que lorsque l'affichage d'une liste nécessite plusieurs lignes, le numéro d'ordre du premier nombre de chaque ligne est affiché entre crochet en début de ligne.

Pour faire afficher les points correspondants sur un graphe, on peut utiliser `matplot` :

```
> matplot(seq(0,1,.1),DeltaSin(seq(0,1,.1)))
```

Le premier point n'est pas tracé, puisque son ordonnée est manquante à cause de la division par 0.

Exemples numériques sur le chapitre 1

Exemple numérique B.1. *Test de Student.*— On reprend les données de l'exercice 1.1. On désire tester l'hypothèse $\Theta_0 = \{m = 0\}$ contre $\Theta_1 = \{m \neq 0\}$.

Pour enregistrer la suite des données dans une liste, on utilise la fonction de concaténation `c()`.

```
> ListeDonnees<-c(1.061, -0.070, 1.049 ,-0.669, 0.212,
+         0.122 , 0.877 , 1.660, -1.639 , 1.485)
```

Bien que ce ne soit pas une nécessité pour appliquer le test de Student, donnons à cette liste `ListeDonnees` une structure de type « data », à l'aide de la fonction `as.data.frame()`. On enregistre le résultat dans une mémoire nommée `Echant`, puis on donne le nom de `x` au caractère numérique.

```
> Echant<-as.data.frame(ListeDonnees)
> names(Echant)<-"x"
```

Pour obtenir le résultat du test de Student de l'hypothèse $m = 0$ contre $m \neq 0$, on utilise la commande `t.test()` :

```
> t.test( Echant$x , alternative = "two.sided" , mu = 0 )
```

Le logiciel donne en réponse la valeur de la statistique T de Student, le nombre de degrés de liberté, la « p-value » (notion décrite ci-dessous), rappelle l'hypothèse alternative Θ_1, donne un intervalle de confiance, et la moyenne de l'échantillon :

```
One Sample t-test
data:  Echant
t = 1.2594, df = 9, p-value = 0.2396
alternative hypothesis: true mean is not equal to 0
95 percent confidence interval:
-0.3255213  1.1431213
sample estimates:
mean of x
     0.4088
```

La « p-value », affichée à la fin de la troisième ligne, est la probabilité d'observer une réalisation de la statistique $|T|$ (voir théorème 1.21) aussi grande, sous Θ_0. Elle permet de savoir si l'hypothèse Θ_0 est rejetée ou non, sans avoir à calculer le seuil c du théorème : si elle est supérieure au niveau que l'on s'est fixé (ce qui est le cas ici pour un niveau de 5%), l'hypothèse Θ_0 est acceptée. Pour avoir uniquement la p-value :

```
> t.test(Echant$x,alternative="two.sided",mu = 0)$p.value
```

Le logiciel répond

```
[1] 0.2395821
```

Valeur de la statistique T seule :

```
> t.test(Echant$x,alternative="two.sided",mu = 0)$statistic
       t
1.259353
```

Pour avoir la valeur de la constante c du théorème de Student (théorème 1.21), on utilise la fonction `qt` donnant les quantiles de la loi de Student :

```
> qt(1-.05/2, df=9)
[1] 2.262157
```

donc $c = 2.262157$. On vérifie à nouveau que, la valeur de $|T|$ sur l'échantillon considéré étant bien $< c$, l'hypothèse $m = 0$ n'est pas rejetée.

Exemple numérique B.2. *Courbe de puissance du test de Student.*— Le graphe de la puissance du test de Student peut être tracé à l'aide de la fonction `power.t.test()`. Notons que le paramètre (m, σ^2) est de dimension 2, ce qui complique un peu le graphe. Traçons le graphe pour $\sigma = 1$. On met la suite des valeurs de m dans une mémoire `m`, et la suite des valeurs correspondantes $\beta(m)$ dans une mémoire `w`.

```
>  m <- seq(-3,3,.01)
>  w <- power.t.test(9, delta=m, sd =1, alternative = "two.sided",
+  sig.level = 0.05,strict = TRUE )$power
```

Pour ouvrir une fenêtre graphique contenant les points de coordonnées $(-3, 0)$ et $(3, 1)$, le titre et les noms des axes, puis ajouter les axes

```
> plot( c( -3 , 3 ) , c( 0 , 1 ) , type = "n" ,
+  main="Puissance du test de Student, n=10",
+ xlab=expression("m"),
+ ylab=expression("p"))
>  lines(c(0,0),c(0.0,1));lines(c(-3,3),c(0.0,.0))
```

Enfin pour y tracer le graphe de la courbe de puissance et de la droite du niveau $\beta = 5\%$, les deux séries de valeurs des ordonnées (celle de la courbe et celle de la droite) sont concaténées en colonne à l'aide de la fonction `cbind()`, puis les courbes sont tracées avec `matlines()` (pour faire une liste contenant la coordonnée 0.05 autant de fois qu'il y a de termes dans la suite `w`, on utilise la fonction de répétition `rep()`).

```
> y<-cbind(w,rep(0.05,length(w)))
> matlines(m,y,type="l",col=1)
```

Le résultat est la figure B.1.

Exemple numérique B.3. *Tests sur la variance d'une loi de Gauss.*— Sur le même échantillon que celui de l'exemple B.1, on veut tester l'hypothèse $\Theta_0 = \{\sigma^2 = 1\}$ contre $\{\sigma^2 \neq 1\}$.

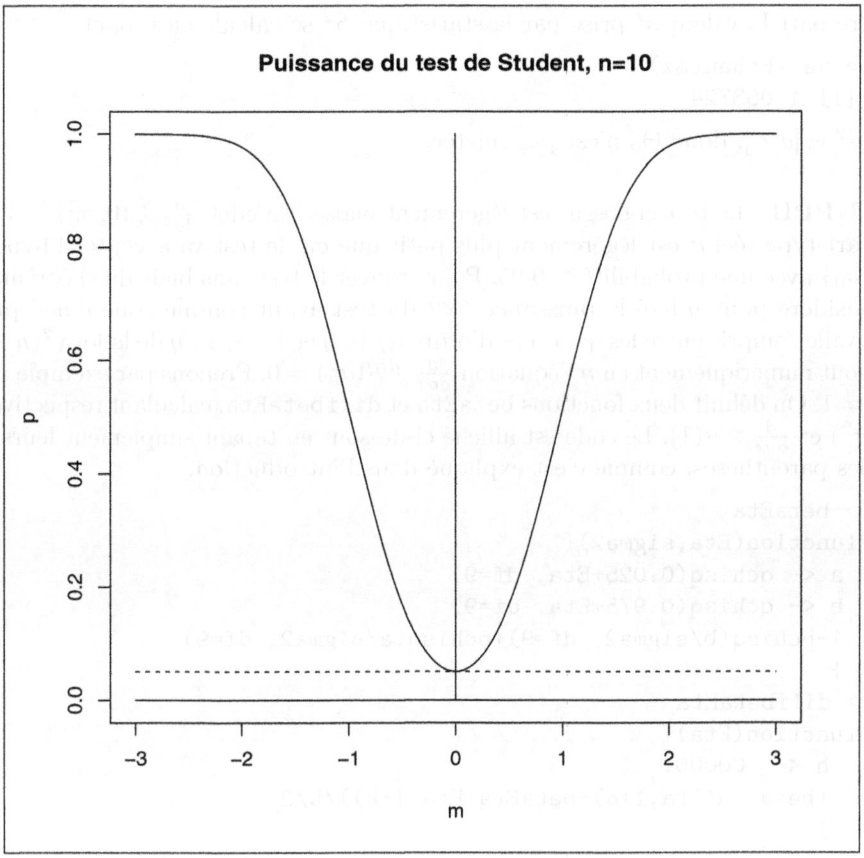

FIGURE B.1. Puissance du test de Student

Test symétrique Comme cela a été remarqué à la suite de l'énoncé du théorème 1.24, un test approchant bien le test UPPB et plus facile à mettre en place est le test consistant à accepter l'hypothèse $\Theta_0 = \{\sigma_0^2\}$ si S^2 est dans l'intervalle compris entre les quantiles de d'ordre $\alpha/2$ et $1-\alpha/2$ de la loi $\chi^2(n-1)$, au facteur $\sigma_0^2/(n-1)$ près. Sur l'échantillon précédent, les bornes c et c' de l'intervalle d'acceptation se calculent par les commandes suivantes, faisant appel à la fonction `qchisq` donnant les quantiles de la loi du chi-carré :

```
> list( c = qchisq( .05/2 , 9) / 9 ,
+                cprime = qchisq( 1-.05/2 , 9) / 9 )
```

ce qui affiche le résultat

```
$c
[1] 0.3000433

$cprime
[1] 2.113641
```

D'autre part la valeur s^2 prise par la statistique S^2 se calcule en tapant

```
> var(Echant$x)
[1] 1.053724
```

On a $s^2 \in [c, c']$, donc Θ_0 n'est pas rejetée.

Test UPPB Le test ci-dessus est légèrement biaisé. En effet $\frac{\mathrm{d}}{\mathrm{d}\sigma^2}\beta_\phi(0, \sigma_0^2) > 0$. Donc si l'écart-type réel σ est légèrement plus petit que σ_0, le test va accepter l'hypothèse $\{\sigma = \sigma_0\}$ avec une probabilité > 0.95. Pour trouver le test sans biais du théorème 1.24, on considère pour η fixé la puissance $\beta^{(\eta)}$ du test ayant comme zone d'acceptation l'intervalle compris entre les quantiles d'ordre $\alpha/2+\eta$ et $1-\alpha/2+\eta$ de la loi $\chi^2(n-1)$, et on résout numériquement en η l'équation $\frac{\mathrm{d}}{\mathrm{d}\sigma^2}\beta^{(\eta)}(\sigma_0^2) = 0$. Prenons par exemple $n = 10$ et $\sigma_0 = 1$. On définit deux fonctions **betaEta** et **diffbetaEta**, calculant respectivement $\beta^{(\eta)}(\sigma^2)$ et $\frac{\mathrm{d}}{\mathrm{d}\sigma^2}\beta^{(\eta)}(1)$. Le code est affiché ci-dessous en tapant simplement leurs noms sans les parenthèses, comme c'est expliqué dans l'introduction.

```
> betaEta
function(Eta,sigma2){
 a <- qchisq(0.025+Eta, df=9)
 b <- qchisq(0.975+Eta, df=9)
 1-pchisq(b/sigma2, df=9)+pchisq(a/sigma2, df=9)
 }
> diffbetaEta
function(Eta){
  h <- .000001
  (betaEta(Eta,1+h)-betaEta(Eta,1-h))/h/2
  }
```

À l'aide de ces fonctions, on calcule η en résolvant l'équation $\frac{\mathrm{d}}{\mathrm{d}\sigma^2}\beta^{(\eta)}(\sigma_0^2) = 0$, d'inconnue $\eta \in]-\alpha/2, \alpha/2[$. Cela se fait grâce à la procédure **uniroot**.

```
> ( Eta <- uniroot(diffbetaEta,c(-.024,.024))$root )
[1] 0.008878224
```

on trouve $\eta = 0.008878224$. La zone d'acceptation du test UPPB est donc l'intervalle $[c, c']$ calculé par la commande suivante

```
> list(c=qchisq(0.025+Eta, 9)/9,
+ cprime=qchisq(0.975+Eta, 9)/9)
```

ce qui affiche le résultat suivant

```
$c
[1] 0.3281326

$cprime
[1] 2.256089
```

Il y a une légère différence avec l'intervalle du test symétrique précédent, mais sur l'échantillon qui nous sert d'exemple, l'hypothèse $\{\sigma = 1\}$ est à nouveau acceptée par ce test.

Exemple numérique B.4. *Graphe de la puissance des tests sur la variance.*— La fonction puissChi2 suivante, dont le code est affiché en tapant son nom sans les parenthèses, superpose les graphes des deux tests sur la variance vus ci-dessus, au niveau $\alpha = 5\%$ (voir figure 1.1 page 21).

```
> puissChi2
function(){
# liste des valeurs de sigma^2
  sigma2<-seq(0.01,3,.01)
# puissance du test symetrique
  a<-qchisq(0.025, df=9)
  b<-qchisq(0.975, df=9)
  puissance<-1-pchisq(b/sigma2, df=9)+pchisq(a/sigma2, df=9)
# puissance du test UPPB
  y<- 0.008878224
  a<-qchisq(0.025+y, df=9)
  b<-qchisq(0.975+y, df=9)
  puiss2<-1-pchisq(b/sigma2, df=9)+pchisq(a/sigma2, df=9)
# Fenetre graphique avec legendes
  plot(c(0,3),c(0,1),type="n",
  main="Puissance Chi2 Symetrique et UPPB, n=10",
  xlab=expression(paste("Variance ",sigma^2)),
  ylab=expression(paste("puissance   ",beta(sigma^2))))
#  axes et droite H0
  lines(c(0,0),c(0,1))
  lines(c(0,3),c(0,0))
  lines(c(1,1),c(0,1))
# Graphe
  gr<-cbind(puissance,puiss2,rep(0.05,length(sigma2)))
  matlines(sigma2,gr,col=1)
# texte sur le graphe
  text(1.5,.3,label="Symetrique")
  text(2,.25,label="UPPB")
}
```

On l'exécute en tapant

```
> puissChi2()
```

Exemples numériques sur le chapitre 2

Exemple numérique B.5. *Tracé de risques.*— Cet exemple détaille le code qui a permis de tracer les courbes de risque de quelques estimateurs de la forme $Y = \frac{\overline{X}+a}{n+a+b}$ de la figure 2.1, page 39.

La fonction calculant le risque de l'estimateur Y comme somme de la variance var et du carré du biais biais est affichée ci-dessous en tapant son nom sans les parenthèses.

```
> risquebayes
function(n,a,b,x){
biais=(n*x+a)/(n+a+b)-x
var=n*x*(1-x)/(n+a+b)^2
return(var+biais^2)
}
```

Pour faire un graphe de quelques courbes de risque, on commence par ouvrir la fenêtre graphique :

```
> # valeurs de theta
> theta<-seq(0,1,0.01)
> # ouverture de la fenetre graphique
> plot(theta,risquebayes(10,0,0,theta),type="n",
+ xlab=expression(paste("Proba. de succes ",theta)),
+ ylab=expression(paste("Risque   R",(theta))),
+ main=expression(
+ paste("Risque de quelques estimateurs admissibles,
+  ",n,"=",10)))
```

Calcul et tracé de quatre courbes. Les valeurs choisies pour les paramètres (a, b) sont

- $(0, 0)$, soit $Y = \overline{X}$;
- $(5000, 1000)$, qui est l'estimateur bayésien de la loi bêta de mêmes paramètres, c'est-à-dire approximativement de la masse de Dirac au point $5/6$;
- $(\sqrt{n}/2, \sqrt{n}/2)$, qui est l'estimateur minimax ;
- $(1, 1)$, qui est l'estimateur bayésien de la loi uniforme sur $[0, 1]$.

Les quatre séries de valeurs des ordonnées sont concaténées en colonne à l'aide de la fonction `cbind`, puis les courbes sont tracées avec `matlines` :

```
> # Calcul
> RisqueB<-cbind( risquebayes(10,0,0,theta),
+ risquebayes(10,5000,1000,theta),
+ risquebayes(10,sqrt(10)/2,sqrt(10)/2,theta),
+ risquebayes(10,1,1,theta))
> # Trace
> matlines(theta,RisqueB,type="l",col=1)
```

Tracé du cadre :

```
> lines(c(0,1),c(0,0),type="l")
> lines(c(0,0),c(0,1),type="l")
> lines(c(1,1),c(0,1),type="l")
```

Texte sur le graphe, permettant de repérer les courbes :

```
> text(.4,.0151,label="Est. minimax")
> text(.2,.02,label="ESBVM")
> text(.5,.0178,label="Bayes-uniforme")
> text(.7,.0025,label="Bayes-Dirac")
```

Le résultat est la figure 2.1, page 39.

Exemple numérique B.6. *Risque et densité de Bayes.*— Pour superposer la courbe de risque d'un estimateur bayésien à celle de la densité de la loi bêta correspondante, on crée une fonction calculant la densité de la loi bêta (au facteur $\beta(a,b)$ près), dont le code est affiché ci-dessous selon la méthode habituelle.

```
> gam
  function(a,b,x){
  return(x^(a-1)*(1-x)^(b-1)) }
```

Puis on fait ouvrir la fenêtre graphique :

```
> theta<-seq(0,1,.01)
> plot(c(0,1),c(0,0.02),type="n",
+  main="Risque et densite, Est. Minimax, n=10",
+   xlab=expression(paste("Proba. de succes ",theta) ) ,
+   ylab= "Risque")
```

Dessin du cadre :

```
> lines(c(0,0),c(0,1),type="l");
> lines(c(0,1),c(0,0),type="l");
> lines(c(1,1),c(0,1),type="l");
```

Texte sur le graphe :

```
> text(.2,.015,label="Risque")
>  text(.35,.01,label="Densite a priori / 100")
```

Enfin, tracé des deux courbes :

```
> matlines( theta, cbind(
+ risquebayes(10,sqrt(10)/2,sqrt(10)/2,theta),
+ gam(sqrt(10)/2,sqrt(10)/2,theta)/100/beta(sqrt(10)/2,sqrt(10)/2)
+ ), col=1)
```

Le résultat est la figure B.2. D'autres valeurs des paramètres a et b ont donné les figures B.3 et B.4.

Exemples numériques sur le chapitre 3

Exemple numérique B.7. *Test de Pearson du théorème 3.8.*— On désire tester si un dé est équilibré, à partir des résultats de $n = 100$ lancés. Les faces obtenues sont celles de l'exercice 3.1.

Pour entrer les effectifs et les noms des faces :

```
> Eff<-as.table(c( 16, 20, 18, 14, 14, 18))
> names(Eff)<-c("1","2","3","4","5","6")
```

Pour tester la conformité par le test du chi-carré de l'hypothèse $\Theta_0 = \{\vec{p}_0\}$ d'équiprobabilité $\vec{p}_0 = (1/6, 1/6, 1/6, 1/6, 1/6, 1/6)$:

```
> chisq.test(Eff,p=c(1/6,1/6,1/6,1/6,1/6,1/6))
```

Le logiciel rappelle le nom de la mémoire contenant les données `data`, donne en réponse la valeur de la statistique de Pearson `X-squared`, le nombre de degrés de liberté `df`,

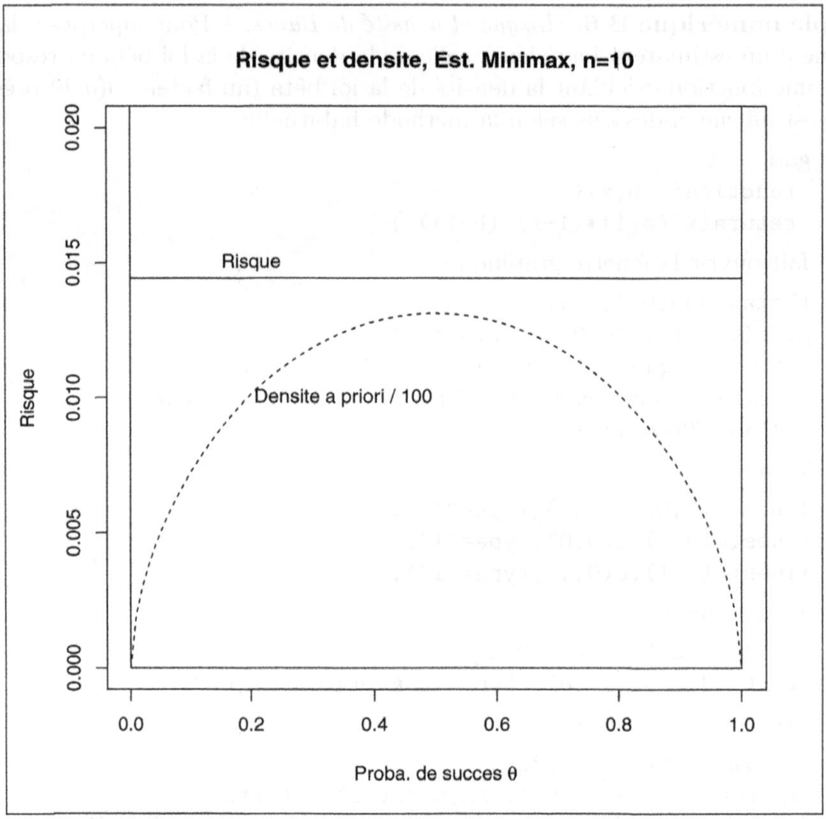

FIGURE B.2. Densité et risque bayésien, $n = 10$, $a = b = \sqrt{10}/2$ (estimateur minimax)

la « p-value » `p-value` (notion décrite ci-dessous) :

```
Chi-squared test for given probabilities
data:  Eff
X-squared = 1.76, df = 5, p-value = 0.8813
```

La « p-value », affichée à la fin de la troisième ligne, est la probabilité d'observer une réalisation de la statistique T_n (voir théorème 3.8) aussi grande sous Θ_0. Si elle est supérieure au seuil que l'on s'est fixé (ce qui est le cas ici pour un seuil de 5%), l'hypothèse Θ_0 n'est pas refusée.

Pour calculer le seuil c du théorème 3.8 de Pearson au niveau $\alpha = 5\%$, on fait à nouveau appel à la fonction `qchisq` déjà utilisée dans l'exemple du test sur la variance :

```
> ( c <- qchisq( p = 1-.05, df = 5 ) )
[1] 11.07050
```

Pour faire afficher si il y a rejet de l'hypothèse Θ_0, il y a deux possibilités. Soit en testant si la « p-value » est inférieure au niveau α :

```
> chisq.test(Eff,p=c(1/6,1/6,1/6,1/6,1/6,1/6))$p.value < .05
[1] FALSE
```

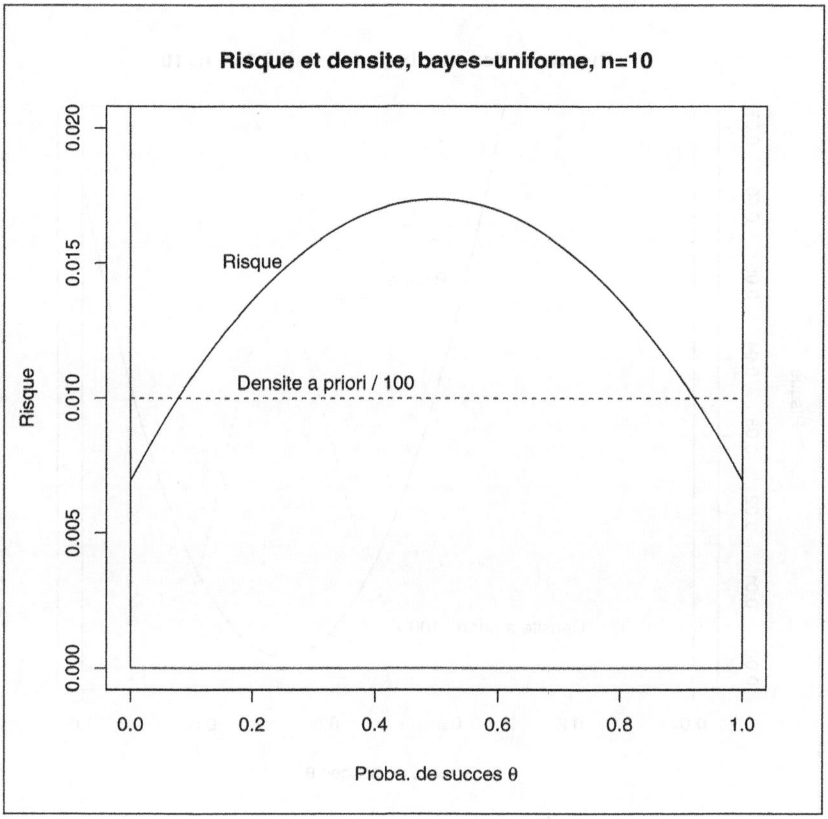

FIGURE B.3. Densité et risque bayésien, $n = 10$, $a = b = 1$ (probabilité de Bayes uniforme)

soit en testant si la statistique de Pearson est supérieure au seuil c :

```
> chisq.test(Eff,p=c(1/6,1/6,1/6,1/6,1/6,1/6))$statistic > c
X-squared
    FALSE
```

Exemple numérique B.8. *Test d'indépendance du théorème 3.10.*— On reprend les données de l'exercice 3.2.

Pour entrer les effectifs dans la mémoire TABLEAUDES, et spécifier les noms des faces :

```
> TABLEAUDES<-as.table(rbind(c(25, 32, 14, 25, 29, 35),
+  c(23 ,30 ,25, 35, 25, 37),
+  c(22, 32, 24,21 ,20, 33),
+  c(33 ,22, 29, 20 ,33 ,28),
+  c(26,22, 38, 30, 20 ,24),
+  c(33 ,35 ,29, 31 ,31, 29)))
> rownames(TABLEAUDES)<-c("1","2","3","4","5","6")
> colnames(TABLEAUDES)<-c("1","2","3","4","5","6")
```

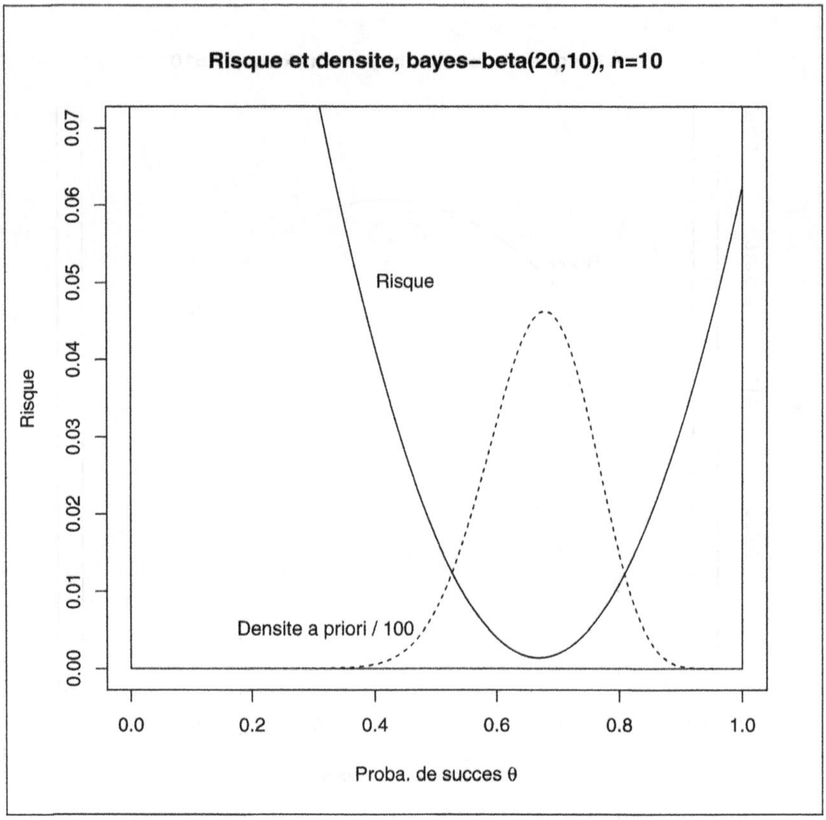

FIGURE B.4. Densité et risque bayésien, $n = 10$, $a = 20$, $b = 10$ (probabilité de Bayes chargeant fortement le voisinage du point 2/3)

Pour faire le test d'indépendance du chi-carré associé :

```
> chisq.test(TABLEAUDES)
```

Le logiciel répond

```
Pearson's Chi-squared test

data:  TABLEAUDES
X-squared = 33.3631, df = 25, p-value = 0.1222
```

La « p-value » est $> 5\%$, donc l'hypothèse d'indépendance n'est pas rejetée à ce niveau. Si l'on veut calculer le seuil c du théorème 3.10 au niveau 5% :

```
> qchisq( p = 1-.05, df = 25 )
[1] 37.65248
```

Exemple numérique B.9. *Analyse de la variance.*— On reprend les données de l'exercice 3.10. Pour entrer les données de chaque échantillon, on peut utiliser la fonction de concaténation `c()` :

```
> E1<-c(+1.061, -0.070, +1.049, -0.669, +0.212, +0.122)
> E2<-c(+1.660, -1.639, +1.485, -0.370, +1.014, -0.109)
> E3<-c(-0.583, +1.005, +1.529, -0.380, -1.491, +0.566)
```

Pour faire la liste des numéros des échantillons, on utilise la fonction de répétition `rep()` :

```
> ListeEch<-c(rep(1,length(E1)),
+  rep(2,length(E2)),rep(3,length(E3)) )
```

Pour associer ces deux listes en un tableau à deux colonnes, on utilise la fonction `cbind()`. Ensuite on fait de ce tableau un objet de type `data.frame` à l'aide de la fonction `as.data.frame()`. Puis on définit les noms à l'aide de la fonction `names()` :

```
> LesEch<-as.data.frame( cbind(ListeEch ,c(E1,E2,E3)))
> names(LesEch)<-c("NoEch","X")
```

La valeur $f_{\vec{n}}$ prise par la statistique $F_{\vec{n}}$ se calcule avec la fonction `oneway.test()` :

```
> oneway.test(X~NoEch, LesEch, var.equal = TRUE)

One-way analysis of means

data:  X and NoEch
F = 0.0794, num df = 2, denom df = 15, p-value = 0.924
```

On a donc $f_{\vec{n}} = 0.0794$. Pour avoir le seuil exact au niveau $\alpha = 5\%$ avec la loi de Fisher :

```
> qf(1-.05, df1=2, df2=15)
[1] 3.68232
```

et le seuil approché avec la loi du chi-carré :

```
> qchisq(1-.05,df=2)/2
[1] 2.995732
```

Dans les deux cas, l'hypothèse d'égalité des moyennes n'est pas rejetée, comme cela se lit sur la p-value ci-dessus (correspondant à la loi exacte).

Exemple numérique B.10. *Droite de régression.—* On reprend les données de l'exercice 3.12. Pour entrer les données de chaque échantillon, on peut utiliser la fonction de concaténation `c()` :

```
> E1<-c(1.733, 1.716, 2.023, 1.698, 2.402)
> E2<-c(3.446, 3.539, 3.149, 4.123, 4.509)
> E3<-c(5.576, 5.844, 6.364, 5.631, 6.079)
> E4<-c(7.820, 8.778, 8.023, 7.596, 7.596)
```

Pour faire un objet de type `data.frame` contenant la liste de ces valeurs, associées aux valeurs de x correspondantes, on utilise la fonction `as.data.frame()` :

```
>  LesEchRegLin<-as.data.frame( cbind(c(rep(2,length(E1)),
+  rep(4,length(E2)),rep(6,length(E3)),rep(8,length(E4)) ) ,
+  c(E1,E2,E3,E4)))
> names(LesEchRegLin)<-c("x","Y")
```

Les valeurs $\hat{a}$ et $\hat{b}$ prises par les statistiques $\hat{A}$ et $\hat{B}$ se calculent avec la fonction `lm()` :

```
> lm(Y~x+1,LesEchRegLin)$coef
(Intercept)           x
   -0.19030     1.01451
```

On a donc $\hat{a} = 1.0145$ et $\hat{b} = -0.1903$.

Pour calculer $S^2_{\overline{Y}}$ on commence par faire l'échantillon des moyennes $\overline{Y}_j$, associées aux x_j. On utilise pour cela la fonction `tapply()` qui permet d'appliquer une fonction (la fonction `mean()` ici) séparément aux différents échantillons, repérés à la valeur de x :

```
> xBarY<-as.data.frame(cbind(c(2,4,6,8),
+  tapply(LesEchRegLin$Y,LesEchRegLin$x,mean)))
> names(xBarY)<-c("x","BarY")
```

On en fait un objet `lm`, dans lequel on précise les effectifs des échantillons :

```
> Modele<-lm(BarY~x+1,xBarY,weights=c(5,5,5,5))
```

Puis on calcule la valeur $s^2_{\overline{y}}$ prise par la statistique $S^2_{\overline{y}}$:

```
> deviance(Modele)/df.residual(Modele)
[1] 0.05051687
```

On a donc $s^2_{\overline{y}} = 0.05051687$.

Pour la moyenne des variances empiriques, on utilise à nouveau la commande `tapply()` :

```
> mean(tapply(LesEchRegLin$Y,LesEchRegLin$x,var))
[1] 0.1854623
```

Donc la statistique $\overline{S^2}$ prend la valeur $\overline{s^2} = 0.1854623$. D'où la valeur de la statistique $F_{\vec{n}}$:

```
 > 0.05051687/0.1854623
[1] 0.2723835
```

Pour avoir le seuil exact au niveau $\alpha = 5\%$ avec la loi de Fisher :

```
> qf(1-.05, df1=2, df2=16)
[1] 3.633723
```

et le seuil approché avec la loi du chi-carré :

```
> qchisq(1-.05,df=2)/2
[1] 2.995732
```

Dans les deux cas, l'hypothèse d'alignement des moyennes n'est pas rejetée.

Enfin, pour faire le graphe correspondant, on commence par ouvrir une fenêtre graphique avec les légendes et les points :

```
> plot(LesEchRegLin$x,LesEchRegLin$Y,type="p",
+ xlab=expression(x), ylab=expression(Y))
```

puis on fait tracer la droite et les moyennes empiriques des échantillons :

```
> lines(xBarY$x,fitted(Modele))
> points(xBarY$x,xBarY$BarY, pch=18)
```

Le résultat est la figure 5.2 page 128.

Exemples numériques sur le chapitre 4

Exemple numérique B.11. On reprend les données de l'exercice 4.1. On fait l'AFC, d'abord sur un axe, puis sur deux.

Pour entrer les données dans le logiciel, sans alourdir la frappe avec les appels aux fonctions de concaténation `c()` et `cbind()` utilisées dans les exemples précédents, on peut commencer par créer un fichier contenant ces données en mettant les noms entre guillemets, et en séparant les colonnes par des virgules, comme indiqué ci-dessous.

```
,"Droi","ScEc","Lett","Scie","Medd","Phar","Plur","IUT"
"ExpA",80,36,134,99,65,28,11,58
"SalA",6,2,15,6,4,1,1,4
"Patr",168,74,312,137,208,53,21,62
"LiCS",470,191,806,400,876,164,45,79
"CadM",236,99,493,264,281,56,36,87
"Empl",145,52,281,133,135,30,20,54
"Ouvr",166,64,401,193,127,23,28,129
"Serv",16,6,27,11,8,2,2,8
"Autr",305,115,624,247,301,47,42,90
```

Ce format s'appelle le format « comma-separated values ». Ce type de fichier est repéré sur la plupart des ordinateurs grâce à des noms se terminant par `.csv`. On se facilitera les choses en respectant cette convention. Notons que la plupart des tableurs sont compatibles avec ce format. On peut donc utiliser un tableur pour saisir les données, puis enregistrer la feuille en choisissant l'option d'enregistrement au format `csv`. Il faudra veiller à choisir, dans la boîte de dialogue du filtre d'enregistrement, la virgule comme séparateur de champs, et les guillemets comme délimiteurs de noms [1].

Pour lire le fichier sous R :

```
> Donnees <-  read.csv( file.choose() ,header=TRUE,
+     row.names=1 ,sep = ",", quote = "\"")
```

Les facteurs principaux peuvent être calculés à l'aide de la fonction `corresp` du package `MASS`.

```
> require(MASS)
> corresp(Donnees)
```

Le logiciel donne la racine carrée $\sqrt{\lambda_2}$ de la première valeur propre, et les facteurs principaux a_2, pour les profils-colonne (appelées « Row scores » car leurs coefficients sont indexés par les lignes), et b_2, pour les profils-ligne (appelées « Column scores ») :

```
First canonical correlation(s): 0.1993418

 Row scores:
       ExpA        SalA        Patr         LiCS        CadM
 1.16778414  1.61921898 -0.09887933  -1.32194785  0.24858430
```

[1] Indiquons enfin que la procédure `read.xls` du package « gdata » lit les fichiers utilisés par le logiciel « Exel ».

```
         Empl        Ouvr        Serv        Autr
0.51909485  1.67976635  1.46072081  0.34193673

Column scores:
        Droi         ScEc          Lett         Scie         Medd
0.01780018 -0.05758834  0.45290175  0.47938771 -1.57210959
       Phar         Plur          IUT
-1.24918785  0.89001385  2.39362003
```

On peut repérer les points les plus éloignés sur l'axe de la première valeur propre, et interpréter ainsi ce que représente cet axe. Pour les origines socio-économiques, le premier axe est un axe opposant les professions libérales aux ouvriers, et pour les filières, c'est un axe opposant la médecine aux IUT. On peut donc s'attendre à ce que la plus forte fréquence des études de médecine soit chez les enfants de parents de professions libérales, ce que l'on vérifie aisément sur le tableau des profils-ligne, reporté figure 5.4 page 130, dans le corrigé de l'exercice 4.1. D'autres exemples d'observations sont détaillés dans ce corrigé.

Le graphique (voir figure 5.5 page 131) s'obtient avec les commandes suivantes. Pour ce graphique, les coordonnées des projections sur le premier axe s'obtiennent en multipliant les facteurs principaux $\vec{a}_2$ et $\vec{b}_2$ par la valeur singulière $\sqrt{\lambda_2}$.

```
> a2 <- corresp(Donnees)$rscore
> b2 <- corresp(Donnees)$cscore
> SqrtLambda2 <- corresp(Donnees)$cor
> # Calcul des deux series de coordonnees
> coord <- -c( a2* SqrtLambda2, b2 * SqrtLambda2)
> # ouverture de la fenetre avec legendes
> plot(coord,c(rep(0,8+9)),type="n",
+  main="AFC de Rang 1",
+  xlab="Projections sur l'axe", ylab=
+  "Profils-Colonne - Filieres  Profils-Ligne - Origine Soc.",
+  yaxt='n')
> # Ecriture des points
> points(coord,c(rep(0.25,8),rep(-0.4,9)))
> # Ecriture des noms
> text(coord,c(rep(0.4,8),rep(-0.25,9)),
+  names(coord),srt=+90,cex = .9)
> # trace des lignes
> lines(c(-1,1),c(0.25,0.25))
> lines(c(-1,1),c(-0.4,-0.4))
> lines(c(-1,1),c(0,0))
```

La représentation sur deux axes est programmée dans le package `ade4` de R. Pour des détails sur ce package, voir [DD07].

```
> require(ade4)
> scatter.coa(dudi.coa(Donnees,scan=FALSE),method=1,
+     clab.row = 1.25, clab.col = 0.75)
```

Le graphe obtenu est la figure B.5.

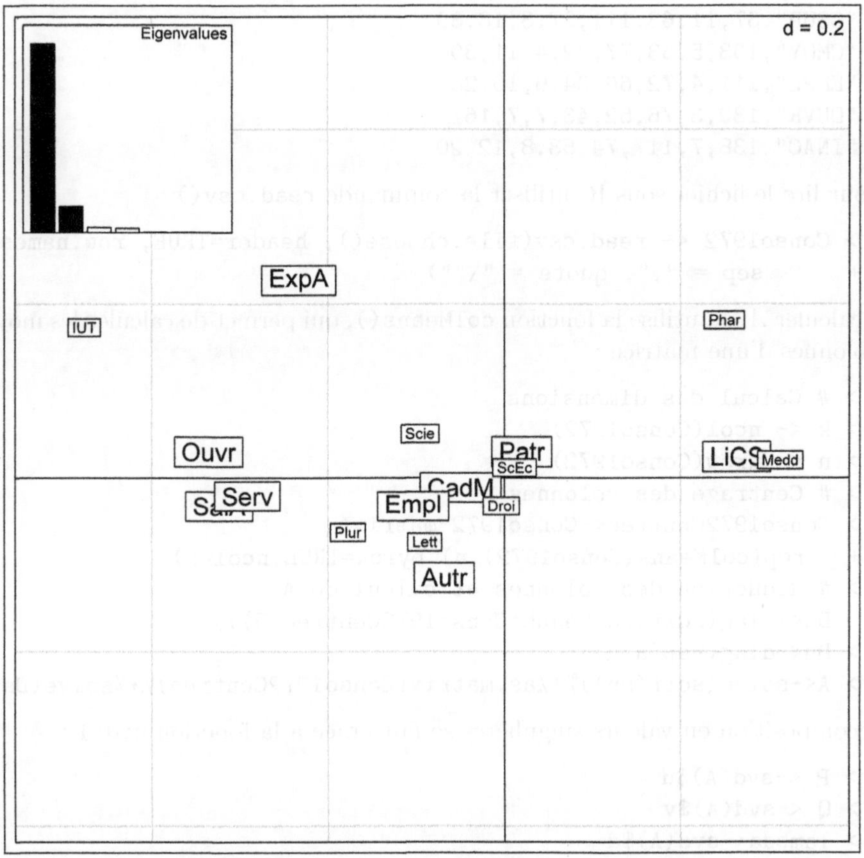

FIGURE B.5. AFC de rang 2 avec `scatter.coa` (Données figure 4.2)

À la vue de ce graphe, on repère plus facilement ce qu'il y a lieu d'aller ensuite vérifier sur le tableau de données, par exemple que les enfants de salariés agricoles, d'ouvriers, et de travailleurs dans le secteur « service » ont des répartitions de filières d'études semblables. Cela se vérifie sur la matrice des profils-ligne de la page 130.

Exemple numérique B.12. Cet exemple traite l'analyse en composantes principales (sur deux composantes) des données de l'exercice 4.2.

Pour entrer les données dans le logiciel, il est pratique de passer par un fichier au format CVS comme dans l'exemple B.11 précédent. Ce fichier doit contenir le texte suivant :

```
,"PainOr","PainA","VinOr","VinA","PdT","LegSec","Raisin","PlPrep"
"AGRI",167,1,163,23,41,8,6,6
"SalAg",162,2,141,12,40,12,4,15
"Indep",119,6,69,56,39,5,13,41
"CSUP",87,11,63,111,27,3,18,39
"CMOY",103,5,68,77,32,4,11,30
"EMPL",111,4,72,66,34,6,10,28
"OUVR",130,3,76,52,43,7,7,16
"INAC",138,7,117,74,53,8,12,20
```

Pour lire le fichier sous R, utiliser la commande `read.csv()` :

```
> Conso1972 <- read.csv(file.choose(), header=TRUE, row.names=1,
+       sep = ",", quote = "\"")
```

Pour calculer A, on utilise la fonction `colMeans()`, qui permet de calculer les moyennes des colonnes d'une matrice :

```
> # Calcul des dimensions
> k <- ncol(Conso1972)
> n <- nrow(Conso1972)
> # Centrage des colonnes
> Conso1972Centree<-Conso1972-matrix(
+   rep(colMeans(Conso1972),n),byrow=TRUE,ncol=k)
> # Reduction des colonnes et calcul de A
> Ds<-diag(sqrt(colMeans(Conso1972Centree^2)))
> Dn<-diag(rep(n,n))
> A<-solve(sqrt(Dn))%*%as.matrix(Conso1972Centree)%*%solve(Ds)
```

La décomposition en valeurs singulières se fait grâce à la fonction `svd()` :

```
> P <-svd(A)$u
> Q <-svd(A)$v
> lambda<-svd(A)$d
```

Pour faire le graphe des individus (figure B.6), il faut multiplier chacun des deux premiers vecteurs propres de la matrice P par la valeur propre correspondante :

```
> # ouverture de la fenetre
> plot(P[,1]*lambda[1],P[,2]*lambda[2],type="n",
+      xlab="",ylab="",main="Individus", asp=1)
> # Trace des noms
> text(P[,1]*lambda[1],P[,2]*lambda[2],
+   label=rownames(Conso1972))
> # Trace des axes
> lines(c(-10,10),c(0,0))
> lines(c(0,0),c(-10,10))
```

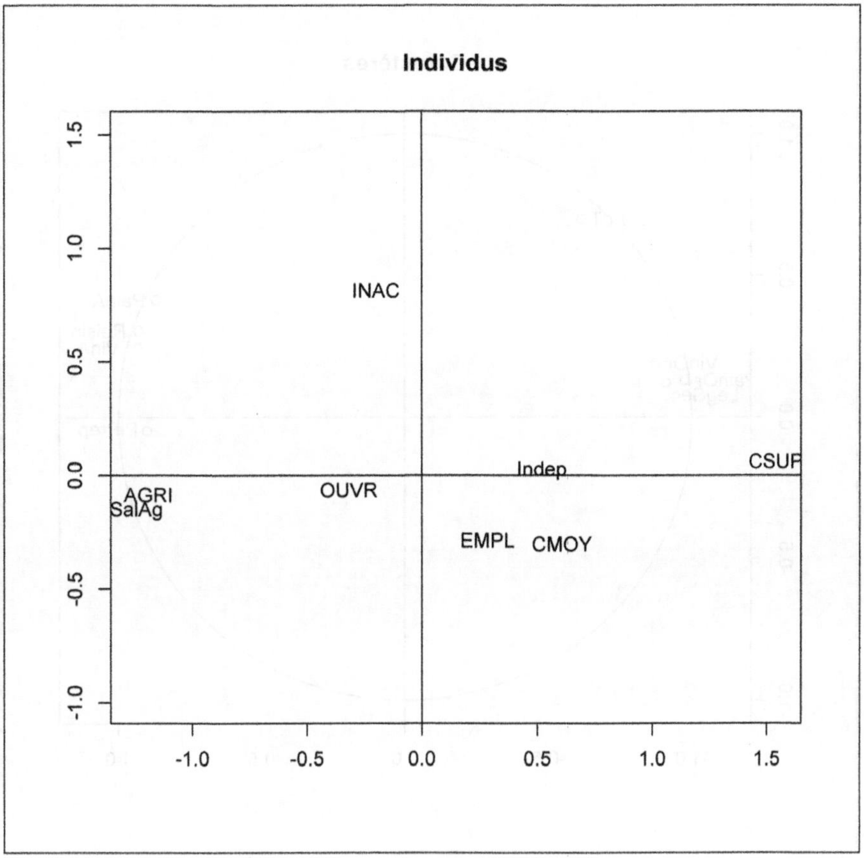

FIGURE B.6. ACP de rang 2, graphe des individus (Données figure 4.3)

Le graphe permet de constater que la première composante oppose les cadres supérieurs aux agriculteurs, et la seconde oppose les inactifs à tous les autres.

Pour faire le graphe des caractères (figure B.7), on multiplie chacun des deux premiers vecteurs propres de la matrice Q par la valeur propre correspondante. Ce graphe peut être superposé au cercle de rayon 1 :

```
> # ouverture de la fenetre et trace du cercle
> plot(rep(seq(-1,1,.01),2),c(sqrt(1-(seq(-1,1,.01))^2),
+   -sqrt(1-(seq(-1,1,.01))^2)),type="l",asp=1,
+   xlab="",ylab="",main="Caracteres")
> # Calcul des composantes
> AA<-Q%*%diag(lambda)
> # Trace des points
> points(AA[,1],AA[,2])
> # Trace des noms, a cote des points
>  text(AA[,1]*rep(1.15,k),AA[,2]-c(0,0,0,0,0,.05,0,0),
+     label=colnames(Conso1972))
```

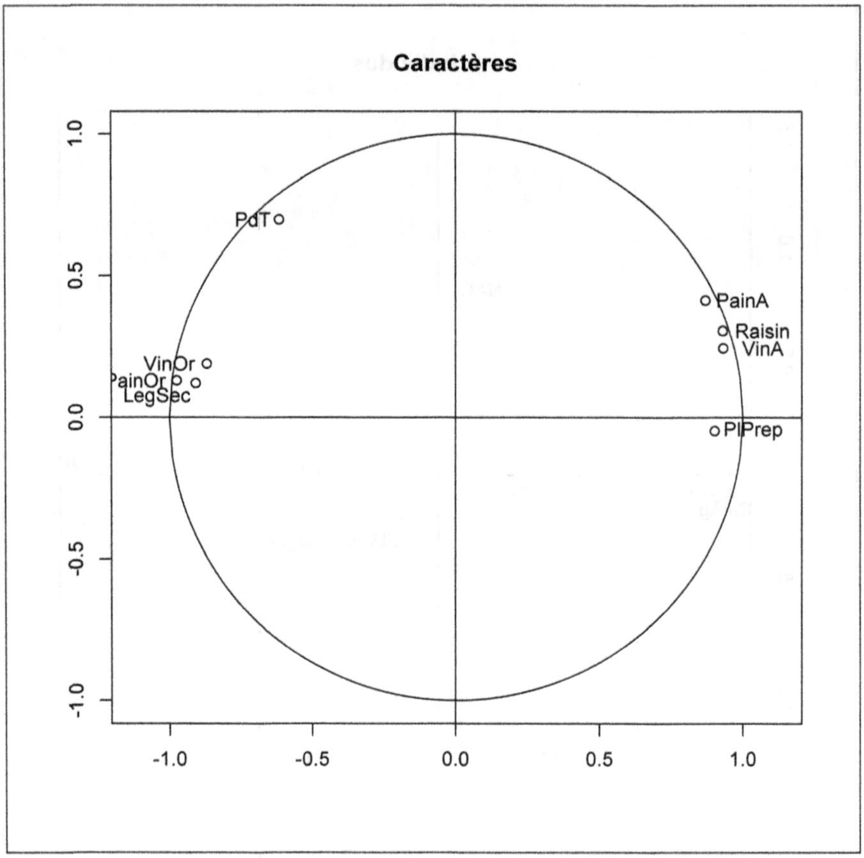

FIGURE B.7. ACP de rang 2, graphe des caractères (Données figure 4.3)

```
> # Trace des axes
>  lines(c(-10,10),c(0,0))
> lines(c(0,0),c(-10,10))
```

La première composante oppose les produits ordinaires aux produits « autres » et aux plats préparés. Le sens de la seconde est moins clair.

La comparaison des deux graphes permet de supposer par exemple que les cadres supérieurs sont plus consommateurs de plats préparés que les autres catégories, et que les agriculteurs consomment plus de pain et de vin ordinaire que ces derniers. Les inactifs se distinguent par leur consommation de pommes de terres. Cela se vérifie sur le tableau de données (figure 4.3 page 88).

Le fait que les projections des caractères soient proches du cercle de rayon 1 signifie que la réduction à deux composantes n'a pas fait perdre beaucoup d'information.

ANNEXE C

Tables statistiques

Apprendre à utiliser un logiciel prend du temps. C'est pourquoi les corrigés des exercices, présentés au chapitre 5, font appel aux tables statistiques. Nous avons joint ces dernières dans l'annexe suivante.

Table C.1 Quantiles de la loi de Gauss.

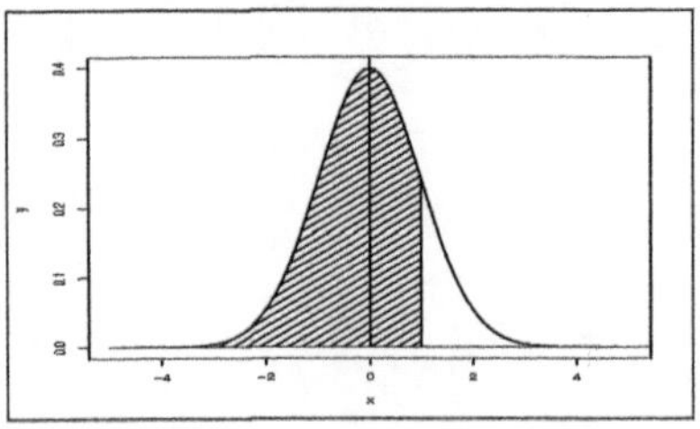

Quantiles $F^{-1}(\beta)$ d'ordre β de la loi $\mathcal{N}(0,1)$, définis par $\displaystyle\int_{-\infty}^{F^{-1}(\beta)} \frac{1}{\sqrt{2\pi}} e^{-\frac{1}{2}t^2}\, dt = \beta$. Pour $\beta < 0.5$, utiliser $F^{-1}(\beta) = -F^{-1}(1-\beta)$.

β	**0.000**	**0.001**	**0.002**	**0.003**	**0.004**	**0.005**	**0.006**	**0.007**	**0.008**	**0.009**
0.50	0.0000	0.0025	0.0050	0.0075	0.0100	0.0125	0.0150	0.0175	0.0201	0.0226
0.51	0.0251	0.0276	0.0301	0.0326	0.0351	0.0376	0.0401	0.0426	0.0451	0.0476
0.52	0.0502	0.0527	0.0552	0.0577	0.0602	0.0627	0.0652	0.0677	0.0702	0.0728
0.53	0.0753	0.0778	0.0803	0.0828	0.0853	0.0878	0.0904	0.0929	0.0954	0.0979
0.54	0.1004	0.1030	0.1055	0.1080	0.1105	0.1130	0.1156	0.1181	0.1206	0.1231
0.55	0.1257	0.1282	0.1307	0.1332	0.1358	0.1383	0.1408	0.1434	0.1459	0.1484
0.56	0.1510	0.1535	0.1560	0.1586	0.1611	0.1637	0.1662	0.1687	0.1713	0.1738
0.57	0.1764	0.1789	0.1815	0.1840	0.1866	0.1891	0.1917	0.1942	0.1968	0.1993
0.58	0.2019	0.2045	0.2070	0.2096	0.2121	0.2147	0.2173	0.2198	0.2224	0.2250
0.59	0.2275	0.2301	0.2327	0.2353	0.2378	0.2404	0.2430	0.2456	0.2482	0.2508
0.60	0.2533	0.2559	0.2585	0.2611	0.2637	0.2663	0.2689	0.2715	0.2741	0.2767
0.61	0.2793	0.2819	0.2845	0.2871	0.2898	0.2924	0.2950	0.2976	0.3002	0.3029
0.62	0.3055	0.3081	0.3107	0.3134	0.3160	0.3186	0.3213	0.3239	0.3266	0.3292
0.63	0.3319	0.3345	0.3372	0.3398	0.3425	0.3451	0.3478	0.3505	0.3531	0.3558
0.64	0.3585	0.3611	0.3638	0.3665	0.3692	0.3719	0.3745	0.3772	0.3799	0.3826
0.65	0.3853	0.3880	0.3907	0.3934	0.3961	0.3989	0.4016	0.4043	0.4070	0.4097
0.66	0.4125	0.4152	0.4179	0.4207	0.4234	0.4261	0.4289	0.4316	0.4344	0.4372
0.67	0.4399	0.4427	0.4454	0.4482	0.4510	0.4538	0.4565	0.4593	0.4621	0.4649
0.68	0.4677	0.4705	0.4733	0.4761	0.4789	0.4817	0.4845	0.4874	0.4902	0.4930
0.69	0.4959	0.4987	0.5015	0.5044	0.5072	0.5101	0.5129	0.5158	0.5187	0.5215
0.70	0.5244	0.5273	0.5302	0.5330	0.5359	0.5388	0.5417	0.5446	0.5476	0.5505
0.71	0.5534	0.5563	0.5592	0.5622	0.5651	0.5681	0.5710	0.5740	0.5769	0.5799
0.72	0.5828	0.5858	0.5888	0.5918	0.5948	0.5978	0.6008	0.6038	0.6068	0.6098
0.73	0.6128	0.6158	0.6189	0.6219	0.6250	0.6280	0.6311	0.6341	0.6372	0.6403
0.74	0.6433	0.6464	0.6495	0.6526	0.6557	0.6588	0.6620	0.6651	0.6682	0.6713
0.75	0.6745	0.6776	0.6808	0.6840	0.6871	0.6903	0.6935	0.6967	0.6999	0.7031
0.76	0.7063	0.7095	0.7128	0.7160	0.7192	0.7225	0.7257	0.7290	0.7323	0.7356
0.77	0.7388	0.7421	0.7454	0.7488	0.7521	0.7554	0.7588	0.7621	0.7655	0.7688
0.78	0.7722	0.7756	0.7790	0.7824	0.7858	0.7892	0.7926	0.7961	0.7995	0.8030
0.79	0.8064	0.8099	0.8134	0.8169	0.8204	0.8239	0.8274	0.8310	0.8345	0.8381
0.80	0.8416	0.8452	0.8488	0.8524	0.8560	0.8596	0.8633	0.8669	0.8705	0.8742
0.81	0.8779	0.8816	0.8853	0.8890	0.8927	0.8965	0.9002	0.9040	0.9078	0.9116
0.82	0.9154	0.9192	0.9230	0.9269	0.9307	0.9346	0.9385	0.9424	0.9463	0.9502
0.83	0.9542	0.9581	0.9621	0.9661	0.9701	0.9741	0.9782	0.9822	0.9863	0.9904
0.84	0.9945	0.9986	1.0027	1.0069	1.0110	1.0152	1.0194	1.0237	1.0279	1.0322
0.85	1.0364	1.0407	1.0450	1.0494	1.0537	1.0581	1.0625	1.0669	1.0714	1.0758
0.86	1.0803	1.0848	1.0893	1.0939	1.0985	1.1031	1.1077	1.1123	1.1170	1.1217
0.87	1.1264	1.1311	1.1359	1.1407	1.1455	1.1503	1.1552	1.1601	1.1650	1.1700
0.88	1.1750	1.1800	1.1850	1.1901	1.1952	1.2004	1.2055	1.2107	1.2160	1.2212
0.89	1.2265	1.2319	1.2372	1.2426	1.2481	1.2536	1.2591	1.2646	1.2702	1.2759
0.90	1.2816	1.2873	1.2930	1.2988	1.3047	1.3106	1.3165	1.3225	1.3285	1.3346
0.91	1.3408	1.3469	1.3532	1.3595	1.3658	1.3722	1.3787	1.3852	1.3917	1.3984
0.92	1.4051	1.4118	1.4187	1.4255	1.4325	1.4395	1.4466	1.4538	1.4611	1.4684
0.93	1.4758	1.4833	1.4909	1.4985	1.5063	1.5141	1.5220	1.5301	1.5382	1.5464
0.94	1.5548	1.5632	1.5718	1.5805	1.5893	1.5982	1.6072	1.6164	1.6258	1.6352
0.95	1.6449	1.6546	1.6646	1.6747	1.6849	1.6954	1.7060	1.7169	1.7279	1.7392
0.96	1.7507	1.7624	1.7744	1.7866	1.7991	1.8119	1.8250	1.8384	1.8522	1.8663
0.97	1.8808	1.8957	1.9110	1.9268	1.9431	1.9600	1.9774	1.9954	2.0141	2.0335
0.98	2.0537	2.0749	2.0969	2.1201	2.1444	2.1701	2.1973	2.2262	2.2571	2.2904
0.99	2.3263	2.3656	2.4089	2.4573	2.5121	2.5758	2.6521	2.7478	2.8782	3.0902

Table C.2 Quantiles de la loi de Student.

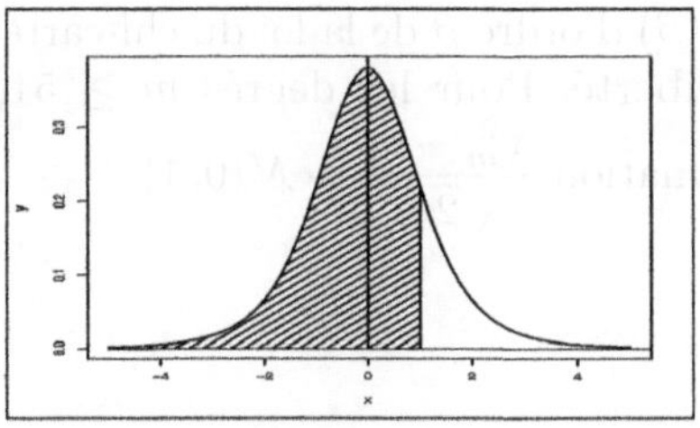

Quantiles $st_m(\beta)$ d'ordre β de la loi de Student à m degrés de liberté. Pour les degrés $m \geq 51$, utiliser la loi $\mathcal{N}(0,1)$. Pour les quantiles d'ordre $\beta < 0.5$ utiliser $st_m(\beta) = -st_m(1-\beta)$.

m β	0.60	0.70	0.80	0.90	0.95	0.9750	0.9900	0.9950	0.9990	0.9995
1	0.325	0.727	1.376	3.078	6.314	12.706	31.821	63.657	318.309	636.619
2	0.289	0.617	1.061	1.886	2.920	4.303	6.965	9.925	22.327	31.599
3	0.277	0.584	0.978	1.638	2.353	3.182	4.541	5.841	10.215	12.924
4	0.271	0.569	0.941	1.533	2.132	2.776	3.747	4.604	7.173	8.610
5	0.267	0.559	0.920	1.476	2.015	2.571	3.365	4.032	5.893	6.869
6	0.265	0.553	0.906	1.440	1.943	2.447	3.143	3.707	5.208	5.959
7	0.263	0.549	0.896	1.415	1.895	2.365	2.998	3.499	4.785	5.408
8	0.262	0.546	0.889	1.397	1.860	2.306	2.896	3.355	4.501	5.041
9	0.261	0.543	0.883	1.383	1.833	2.262	2.821	3.250	4.297	4.781
10	0.260	0.542	0.879	1.372	1.812	2.228	2.764	3.169	4.144	4.587
11	0.260	0.540	0.876	1.363	1.796	2.201	2.718	3.106	4.025	4.437
12	0.259	0.539	0.873	1.356	1.782	2.179	2.681	3.055	3.930	4.318
13	0.259	0.538	0.870	1.350	1.771	2.160	2.650	3.012	3.852	4.221
14	0.258	0.537	0.868	1.345	1.761	2.145	2.624	2.977	3.787	4.140
15	0.258	0.536	0.866	1.341	1.753	2.131	2.602	2.947	3.733	4.073
16	0.258	0.535	0.865	1.337	1.746	2.120	2.583	2.921	3.686	4.015
17	0.257	0.534	0.863	1.333	1.740	2.110	2.567	2.898	3.646	3.965
18	0.257	0.534	0.862	1.330	1.734	2.101	2.552	2.878	3.610	3.922
19	0.257	0.533	0.861	1.328	1.729	2.093	2.539	2.861	3.579	3.883
20	0.257	0.533	0.860	1.325	1.725	2.086	2.528	2.845	3.552	3.850
21	0.257	0.532	0.859	1.323	1.721	2.080	2.518	2.831	3.527	3.819
22	0.256	0.532	0.858	1.321	1.717	2.074	2.508	2.819	3.505	3.792
23	0.256	0.532	0.858	1.319	1.714	2.069	2.500	2.807	3.485	3.768
24	0.256	0.531	0.857	1.318	1.711	2.064	2.492	2.797	3.467	3.745
25	0.256	0.531	0.856	1.316	1.708	2.060	2.485	2.787	3.450	3.725
26	0.256	0.531	0.856	1.315	1.706	2.056	2.479	2.779	3.435	3.707
27	0.256	0.531	0.855	1.314	1.703	2.052	2.473	2.771	3.421	3.690
28	0.256	0.530	0.855	1.313	1.701	2.048	2.467	2.763	3.408	3.674
29	0.256	0.530	0.854	1.311	1.699	2.045	2.462	2.756	3.396	3.659
30	0.256	0.530	0.854	1.310	1.697	2.042	2.457	2.750	3.385	3.646
31	0.256	0.530	0.853	1.309	1.696	2.040	2.453	2.744	3.375	3.633
32	0.255	0.530	0.853	1.309	1.694	2.037	2.449	2.738	3.365	3.622
33	0.255	0.530	0.853	1.308	1.692	2.035	2.445	2.733	3.356	3.611
34	0.255	0.529	0.852	1.307	1.691	2.032	2.441	2.728	3.348	3.601
35	0.255	0.529	0.852	1.306	1.690	2.030	2.438	2.724	3.340	3.591
36	0.255	0.529	0.852	1.306	1.688	2.028	2.434	2.719	3.333	3.582
37	0.255	0.529	0.851	1.305	1.687	2.026	2.431	2.715	3.326	3.574
38	0.255	0.529	0.851	1.304	1.686	2.024	2.429	2.712	3.319	3.566
39	0.255	0.529	0.851	1.304	1.685	2.023	2.426	2.708	3.313	3.558
40	0.255	0.529	0.851	1.303	1.684	2.021	2.423	2.704	3.307	3.551
41	0.255	0.529	0.850	1.303	1.683	2.020	2.421	2.701	3.301	3.544
42	0.255	0.528	0.850	1.302	1.682	2.018	2.418	2.698	3.296	3.538
43	0.255	0.528	0.850	1.302	1.681	2.017	2.416	2.695	3.291	3.532
44	0.255	0.528	0.850	1.301	1.680	2.015	2.414	2.692	3.286	3.526
45	0.255	0.528	0.850	1.301	1.679	2.014	2.412	2.690	3.281	3.520
46	0.255	0.528	0.850	1.300	1.679	2.013	2.410	2.687	3.277	3.515
47	0.255	0.528	0.849	1.300	1.678	2.012	2.408	2.685	3.273	3.510
48	0.255	0.528	0.849	1.299	1.677	2.011	2.407	2.682	3.269	3.505
49	0.255	0.528	0.849	1.299	1.677	2.010	2.405	2.680	3.265	3.500
50	0.255	0.528	0.849	1.299	1.676	2.009	2.403	2.678	3.261	3.496

Table C.3 Quantiles de la loi du chi-carré.

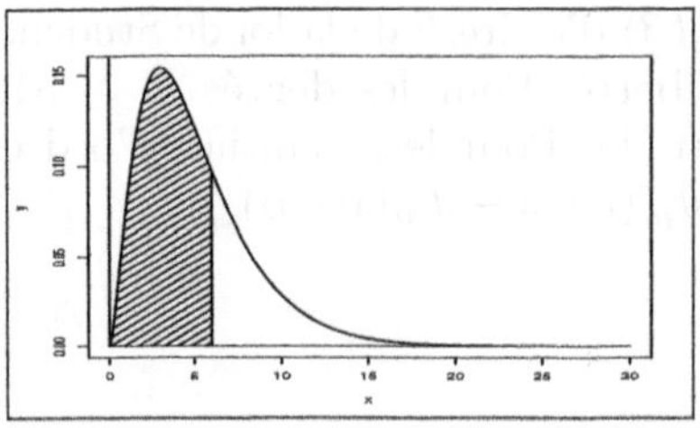

Quantiles $k_m(\beta)$ d'ordre β de la loi du chi-carré à m degrés de liberté. Pour les degrés $m \geq 51$, utiliser l'approximation $\frac{\chi^2_m - m}{\sqrt{2m}} \sim \mathcal{N}(0,1)$

m β	0.005	0.010	0.025	0.05	0.1000	0.9000	0.9500	0.9750	0.9900	0.9950
1	0.000	0.000	0.001	0.004	0.016	2.706	3.841	5.024	6.635	7.879
2	0.010	0.020	0.051	0.103	0.211	4.605	5.991	7.378	9.210	10.597
3	0.072	0.115	0.216	0.352	0.584	6.251	7.815	9.348	11.345	12.838
4	0.207	0.297	0.484	0.711	1.064	7.779	9.488	11.143	13.277	14.860
5	0.412	0.554	0.831	1.145	1.610	9.236	11.070	12.833	15.086	16.750
6	0.676	0.872	1.237	1.635	2.204	10.645	12.592	14.449	16.812	18.548
7	0.989	1.239	1.690	2.167	2.833	12.017	14.067	16.013	18.475	20.278
8	1.344	1.646	2.180	2.733	3.490	13.362	15.507	17.535	20.090	21.955
9	1.735	2.088	2.700	3.325	4.168	14.684	16.919	19.023	21.666	23.589
10	2.156	2.558	3.247	3.940	4.865	15.987	18.307	20.483	23.209	25.188
11	2.603	3.053	3.816	4.575	5.578	17.275	19.675	21.920	24.725	26.757
12	3.074	3.571	4.404	5.226	6.304	18.549	21.026	23.337	26.217	28.300
13	3.565	4.107	5.009	5.892	7.042	19.812	22.362	24.736	27.688	29.819
14	4.075	4.660	5.629	6.571	7.790	21.064	23.685	26.119	29.141	31.319
15	4.601	5.229	6.262	7.261	8.547	22.307	24.996	27.488	30.578	32.801
16	5.142	5.812	6.908	7.962	9.312	23.542	26.296	28.845	32.000	34.267
17	5.697	6.408	7.564	8.672	10.085	24.769	27.587	30.191	33.409	35.718
18	6.265	7.015	8.231	9.390	10.865	25.989	28.869	31.526	34.805	37.156
19	6.844	7.633	8.907	10.117	11.651	27.204	30.144	32.852	36.191	38.582
20	7.434	8.260	9.591	10.851	12.443	28.412	31.410	34.170	37.566	39.997
21	8.034	8.897	10.283	11.591	13.240	29.615	32.671	35.479	38.932	41.401
22	8.643	9.542	10.982	12.338	14.041	30.813	33.924	36.781	40.289	42.796
23	9.260	10.196	11.689	13.091	14.848	32.007	35.172	38.076	41.638	44.181
24	9.886	10.856	12.401	13.848	15.659	33.196	36.415	39.364	42.980	45.559
25	10.520	11.524	13.120	14.611	16.473	34.382	37.652	40.646	44.314	46.928
26	11.160	12.198	13.844	15.379	17.292	35.563	38.885	41.923	45.642	48.290
27	11.808	12.879	14.573	16.151	18.114	36.741	40.113	43.195	46.963	49.645
28	12.461	13.565	15.308	16.928	18.939	37.916	41.337	44.461	48.278	50.993
29	13.121	14.256	16.047	17.708	19.768	39.087	42.557	45.722	49.588	52.336
30	13.787	14.953	16.791	18.493	20.599	40.256	43.773	46.979	50.892	53.672
31	14.458	15.655	17.539	19.281	21.434	41.422	44.985	48.232	52.191	55.003
32	15.134	16.362	18.291	20.072	22.271	42.585	46.194	49.480	53.486	56.328
33	15.815	17.074	19.047	20.867	23.110	43.745	47.400	50.725	54.776	57.648
34	16.501	17.789	19.806	21.664	23.952	44.903	48.602	51.966	56.061	58.964
35	17.192	18.509	20.569	22.465	24.797	46.059	49.802	53.203	57.342	60.275
36	17.887	19.233	21.336	23.269	25.643	47.212	50.998	54.437	58.619	61.581
37	18.586	19.960	22.106	24.075	26.492	48.363	52.192	55.668	59.893	62.883
38	19.289	20.691	22.878	24.884	27.343	49.513	53.384	56.896	61.162	64.181
39	19.996	21.426	23.654	25.695	28.196	50.660	54.572	58.120	62.428	65.476
40	20.707	22.164	24.433	26.509	29.051	51.805	55.758	59.342	63.691	66.766
41	21.421	22.906	25.215	27.326	29.907	52.949	56.942	60.561	64.950	68.053
42	22.138	23.650	25.999	28.144	30.765	54.090	58.124	61.777	66.206	69.336
43	22.859	24.398	26.785	28.965	31.625	55.230	59.304	62.990	67.459	70.616
44	23.584	25.148	27.575	29.787	32.487	56.369	60.481	64.201	68.710	71.893
45	24.311	25.901	28.366	30.612	33.350	57.505	61.656	65.410	69.957	73.166
46	25.041	26.657	29.160	31.439	34.215	58.641	62.830	66.617	71.201	74.437
47	25.775	27.416	29.956	32.268	35.081	59.774	64.001	67.821	72.443	75.704
48	26.511	28.177	30.755	33.098	35.949	60.907	65.171	69.023	73.683	76.969
49	27.249	28.941	31.555	33.930	36.818	62.038	66.339	70.222	74.919	78.231
50	27.991	29.707	32.357	34.764	37.689	63.167	67.505	71.420	76.154	79.490

Bibliographie

[Bar71] J.-R. Barra – *Notions fondamentales de statistique mathématique*, Maîtrise de mathématiques et applications fondamentales, Dunod, Paris, 1971.

[BB10] F. Bertrand et M. M. Bertrand – *Initiation à la statistique avec R*, Dunod, Paris, 2010.

[Ben80] J.-P. Benzécri – *L'analyse des données. II, l'analyse des correspondances*, troisième éd., Dunod, Paris, 1980.

[DCD82] D. Dacunha-Castelle et M. Duflo – *Probabilités et statistiques. Tome 1, problèmes à temps fixe*, Collection Mathématiques Appliquées pour la Maîtrise, Masson, Paris, 1982.

[DCD83] —, *Probabilités et statistiques. Tome 2, problèmes à temps mobile*, Collection Mathématiques Appliquées pour la Maîtrise, Masson, Paris, 1983.

[DD07] S. Dray et A. Dufour – « The ade4 package : implementing the duality diagram for ecologists », *Journal of Statistical Software* **22** (2007), no. 4, p. 1–20.

[DT90] J.-J. Droesbeke et P. Tassi – *Histoire de la statistique*, Presse Universitaires de France, Paris, 1990.

[KF74] A. Kolmogorov et S. Fomine – *Eléments de la théorie des fonctions et de l'analyse fonctionnelle*, Éditions Mir, Moscow, 1974.

[Leh59] E. L. Lehmann – *Testing statistical hypotheses*, John Wiley & Sons Inc., New York, 1959.

[Lej04] M. Lejeune – *Statistique - la théorie et ses applications*, Springer, Paris, 2004.

[Mil01] X. Milhaud – *Statistique*, Belin, Paris, 2001.

[Mon97] A. Monfort – *Cours de statistique mathematique*, Economica, Paris, 1997.

[Mor98] G. Morlat – « Statistique », Dictionnaire des Mathématiques, vol. 2, fondements, probabilités, applications, Encyclopædia Universalis, Albin Michel, Paris, 1998, p. 613–640.

[R D10] R Development Core Team – *R : A language and environment for statistical computing*, R Foundation for Statistical Computing, Vienna, Austria, 2010.

[Rob06] C. P. Robert – *Le choix bayésien, principes et pratique*, Statistique et probabilités appliquées, Springer, New York, 2006.

[Rud80] W. Rudin – *Analyse réelle et complexe*, Masson, Paris, 1980.

[Sap90] G. Saporta – *Probabilités, analyse des données, et statistique*, Editions Technip, Paris, 1990.

[Sav72] L. J. Savage – *The foundations of statistics*, Dover Publications Inc., New York, 1972.

[vdV98] A. W. van der Vaart – *Asymptotic statistics*, Cambridge Series in Statistical and Probabilistic Mathematics, vol. 3, Cambridge University Press, Cambridge, 1998.

[vNM53] J. von Neumann et O. Morgenstern – *Theory of games and economic behavior*, Princeton University Press, Princeton, 1953.

[Wal71] A. Wald – *Statistical decision functions*, Chelsea Pub Co, New York, 1971.

[Wil62] S. S. Wilks – *Mathematical statistics*, A Wiley Publication in Mathematical Statistics, John Wiley & Sons Inc., New York, 1962.

Index

Analyse
de la variance 73
en composantes principales 88
factorielle des correspondances 77

Droite de régression 74

Échantillon 5
Estimateur 8
admissible 34
bayésien 34
de variance minimale 8
minimax 39
sans biais 8

Intervalle de confiance 29

Loi
de Fisher 123
bêta 37
de Gauss 6
de Student 27
du chi-carré 7

Modèle
linéaire gaussien 73
statistique 5

Niveau 12
asymptotique 57

Probabilité bayésienne 34
Puissance 12

Risque
bayésien 34
d'un test 13
quadratique 8

Statistique 6
complète 11
de Kolmogorov-Smirnov 64
de Pearson 62
de Student 16
exhaustive 11
sommable 6

Test 12
admissible 13
aléatoire 50, 52
asymptotique 57
convergent 57
de Pearson 62
de Student 15
du chi-carré d'indépendance 64
sans biais 15
unilatéral 30
UPP 14
UPPB 15
Théorème
d'Eckart-Young 81
de Neyman-Pearson 14, 30
de Pearson 62
de Slutsky 67
de Student 16
de von Neumann 45
de Wald 49

Achevé d'imprimer en janvier 2016
sur les presses numériques de l'Imprimerie Maury S.A.S.
Z.I. des Ondes – 12100 Millau
N° d'éditeur : 2016_1018 – N° d'imprimeur : A16/53532N
Dépôt légal : juin 2012

Imprimé en France

Certifié PEFC
Ce produit est issu de forêts gérées durablement et de sources contrôlées.
PEFC™
10-31-2774
pefc-france.org